安全技术经典译丛

数据保护权威指南

[美] 普雷斯顿·吉兹(Preston de Guise) 著

栾 浩 王向宇 吕 丽 译

清华大学出版社

北 京

北京市版权局著作权合同登记号 图字：01-2018-8448

Data Protection: Ensuring Data Availability

EISBN: 978-1-4822-4415-1

图书在版编目(CIP)数据

数据保护权威指南 / (美) 普雷斯顿·吉兹(Preston de Guise) 著；栾浩，王向宇，吕丽 译. —北京：清华大学出版社，2020.6
(安全技术经典译丛)
书名原文：Data Protection: Ensuring Data Availability
ISBN 978-7-302-55701-2

Ⅰ.①数…　Ⅱ.①普…②栾…③王…④吕…　Ⅲ.①数据保护—指南　Ⅳ.①TP309.2-62

中国版本图书馆 CIP 数据核字(2020)第 103167 号

责任编辑：王　军
封面设计：孔祥峰
版式设计：思创景点
责任校对：成凤进
责任印制：沈　露

出版发行：清华大学出版社
　　　　　网　　　址：http://www.tup.com.cn, http://www.wqbook.com
　　　　　地　　　址：北京清华大学学研大厦 A 座　　　　　邮　　编：100084
　　　　　社 总 机：010-62770175　　　　　　　　　　　　邮　　购：010-62786544
　　　　　投稿与读者服务：010-62776969, c-service@tup.tsinghua.edu.cn
　　　　　质 量 反 馈：010-62772015, zhiliang@tup.tsinghua.edu.cn
印 装 者：三河市吉祥印务有限公司
经　　销：全国新华书店
开　　本：170mm×240mm　　　　印　　张：24　　　　字　　数：484 千字
版　　次：2020 年 7 月第 1 版　　　印　　次：2020 年 7 月第 1 次印刷
定　　价：98.00 元

产品编号：084083-01

译者序

信息技术和人类生产生活已经深度融合，互联网快速普及，全球数据呈现爆炸式增长、海量集聚的特点，这些因素对经济发展、社会进步、国家治理、人民生活都产生了重大影响。

根据 IDC 预测，人类产生的数据量正在呈指数级增长，大约每两年翻一番，2020 年全球数据总量将达到44ZB；数据被广泛应用于企业、政府及民生等领域。这些海量数据在使用过程中若未得到妥善管理，不仅会造成较大的负面影响，也会直接影响数据的使用效率与效果，如政府敏感数据、个人隐私数据泄露，企业数据丢失导致业务运营中断等。数据，无疑已成为个人、企业和国家最重要的资产之一。数据所有者有义务保护数据安全。规划真正有效的数据安全保护体系不应只关注技术(如 RAID、快照、备份和恢复等)，还应充分考虑数据安全保护涉及的其他要素(如人员、流程和文档、服务水平协议、测试及培训)，结合数据全生命周期各个环节的安全性，以实现满足法律和业务运营需求的数据安全保护体系。

数据安全保护的管理者或从业人员必须认识到数据安全保护的重要性和紧迫性，思考如何在国家和国际现有的法律框架下，切实保障国家、组织、个人的数据安全，有效维护人民利益、社会稳定、国家安全。数据高速增长，数据性质和物理存储位置不断变化，业务和合规要求日趋严格，意味着数据安全保护体系不再是过去认为的那种简单的备份或恢复活动，而需要用一套完整方法论(数据生命周期保护)结合适用的技术和方案去实现。与其他任何正在发展的领域一样，现在需要更成熟、更全面的数据安全保护体系，只有这样才能成功解决企业面临的数据安全问题。本书作者普雷斯顿·吉兹一直致力于与数据恢复产品相关的设计、实施及支持工作，不仅在书中对各项数据恢复的技术进行了详尽阐述，还对管理和流程方面给出深刻、独到的见解。正在学习或从事数据安全保护的人士可通过本书全面系统地了解数据安全保护的相关概念、知识和理念，从事管理岗位的人士可通过本书了解如何规划和治理数据安全保护总体架构。

本书系统讲解如何开展数据安全保护工作，数据的全生命周期管理各个阶段的具体事项，数据安全保护实施过程中涉及的常用技术，以及应用这些技术的注意事项。对于数据安全保护解决方案，并非说最先进的才是最合适的，不同技术各有优势。虽然书中很多章节讨论与数据安全保护相关的技术，但作者并非单纯讲解技术细节，而是结合各种业务应用场景比较各种技术的区别，探讨优缺点，力求帮助读者通过阅读本书找到适合自身的解决方案。本书结合当前流行的云计算、大数据等概念，探讨数据安全保护技术的数据安全保护领域的技术和概念，介绍先进的数据安全保护的理念、基本原理和运用。希望广大读者在掌握本书内容的基础上，参考其他资料，进一步提升自身能力。

本书的翻译经过近七个月的艰苦努力才全部完成。在翻译中诸位译者力求忠于原著，尽可能传达作者的原意。在此，非常感谢栾浩先生，正是在他的努力下，这些译者才能聚集到一起，共同完成这项工作。栾浩先生投入了大量时间和精力，组织翻译工作，把控进度和质量，没有他的辛勤付出，翻译工作不能如此顺利地完成。同时感谢本书的审校单位北京梆梆青蓝科技有限公司(即梆梆大学)，梆梆大学依托于梆梆安全业界领先的移动安全、物联网安全等方面的科研技术实力，以重点行业网络安全需求为出发点，以培养实用型安全人才为服务宗旨，采用先进的"自主化、实战化、场景化、模块化"人才培养理念，潜心打造"学练考评优"的一体化人才培养体系，为政府机关、军队公安、科研院校、金融机构以及国有大中型企业提供全面的"一站式"实战人才培养服务，为中国安全行业提供人才支撑。在本书的译校过程中，梆梆公司的专家投入了大量时间进行技术校对，确保本书具有深厚的技术底蕴。最后，再次感谢清华大学出版社王军等编辑的严格把关，悉心指导，正是有了他们的辛勤努力和付出，才有了本书中文译稿的出版发行。

本书涉及内容广泛，立意精深。因译者能力有限，在翻译中难免有疏漏或不妥之处，恳请广大读者朋友不吝指正。

(ISC)²简介

(ISC)²成立于1989年，是全球专业的网络、信息、软件与基础设施安全认证会员制非营利性组织，是为信息安全专业人士职业生涯提供教育及认证服务的全球引领者，总部位于美国。(ISC)²以其一流的信息安全人才教育与培养计划，以及"金牌标准"安全认证而享誉全球。(ISC)²在全球信息安全领域的公信力与美誉度无可比拟。

上海分会是(ISC)²在中国的第一个分会组织，成立于2014月4月25日，秉承独立性、非营利的特点，为信息安全专业人士打造一个互信、交流、合作的平台。分会的宗旨是建立华东地区信息安全专业人脉圈，促进会员职业发展，推动企业信息安全水平的提升。

作者简介

普雷斯顿·吉兹(Preston de Guise)自从踏入职场，一直在数据恢复领域摸爬滚打，负责为政府、大学和各类规模的企业(小至微型企业，大至《财富》500强公司)设计和实施方案并提供技术支持；在长期的实践中，他不仅精通了各项数据恢复的技术要求，还对管理和流程方面有着深刻独到的见解。

致 谢

在开始长时间的基础知识学习之前，要明白，每本著作都是理论观点与实践反馈的有机结合。著书立说是一项长期性的创造性工作，本书更是占用了我很多本可与亲朋欢聚的时间，在此也特别感谢亲朋对完成本书给予的支持。

首先感谢我的合作伙伴 Daz Woolley，在撰写本书时，甚至在我整个职业生涯中，他都一直陪伴着我。在我近二十年的数据保护生涯中，Daz 是我重要的工作伙伴。

在我年少时，父母引领我走上 IT 之路；在我的成长过程中，父母积极鼓励我发展兴趣爱好，资助我完成大学学业，让我心无旁骛地专心学习。尊敬的 Lynne 女士和 Peter 先生，我永远也报答不完这些年来你们为我付出的一切。

如果没有 John Wyzalek 编辑的建议、反馈、鼓励以及耐心付出，本书将无法顺利付梓。多年来，我一直对他的独到见解和大力支持心怀感激。

当然，我也要感谢来自全球各地的同事，他们奉献了大量时间对本书所有内容进行审阅和反馈：Berin Smithson、Brendan Sandes、Conrad Macina、Danny Elmarji、Deborah van Petegem、Geordie Korper、German Garcia、Jerry Vochteloo、Jim Ruskowsky、Michael Arnold、Michael Levit、Mike van der Steen、Nicolas Groh、Pawel Wozniak、Peta Olson、Peter Hill-Cottingham、Rajesh Goda、Russell Brown、Steve de Bode、Tony Leung、Vedad Sapcanin 和 Warren PowerJones。这些同事都对数据保护工作充满热情，是我精神上的兄弟姐妹！

此外，我想感谢我的客户。多年来，我有幸遇到各行各业、各类规模的企业的很多客户，正是他们对我的工作和意见的信任，以及与我在数据保护项目上的合作，才使我的技术能力和业务经验更有深度和广度，并成为撰写本书的基础。

当然，最后要感谢你们，本书的读者们，感谢你们有兴趣学习更多有关数据安全保护的知识，愿意花时间阅读我对数据保护专业领域的看法。我真心希望，如果你们此前不热衷于数据保护行业，当读完本书时，我对数据保护的热情可以感染你们。

——普雷斯顿·吉兹
(Preston de Guise)

译 者 简 介

    栾浩，获得美国天普大学 IT 审计与网络安全专业理学硕士学位，持有 CISSP、CISA、CCSK、TOGAF 9、ISO27001LA 和 BS25999LA 等认证。现任融天下互联网科技(上海)有限公司 CTO&CISO 职务，负责金融科技研发、数据安全、云计算安全、区块链安全和风控审计等工作。担任 2015—2020 年度(ISC)^{2}上海分会理事。栾浩先生担任本书翻译工作的总技术负责人，负责统筹全书各项工作事务，并承担第 1~23 章的翻译工作，以及全书的校对和定稿工作。

    王向宇，获得安徽科技学院网络工程专业工学学士学位，持有 CISP、CISP-A、CCSK 和软件开发安全师等认证。现任京东集团企业信息化部高级安全工程师，负责安全事件处置与应急、数据安全治理、安全监控平台开发与运营、云平台安全和软件开发安全等工作。王向宇先生负责本书第 24 章及同步材料的翻译工作，以及全书的校对和定稿工作，同时担任本书翻译工作的项目经理。

    吕丽，获得吉林大学文学院文秘专业文学学士学位，持有 CISSP、CISA、CISM 和 CISP-PTE 等认证。现任中国银行股份有限公司吉林省分行安全与资源管理团队负责人职务，负责信息科技风险管理、网络安全技术评估、信息安全体系制度管理、业务连续性及灾难恢复体系管理、安全合规与审计等工作。吕丽女士负责本书第 25 章及同步材料的翻译工作，以及全书校对和定稿工作，并撰写了译者序。

    姚凯，获得中欧国际工商学院工商管理硕士学位，持有 CISA、CISM、CGEIT、CRISC、CISSP、CCSP、CSSLP、CEH、CIPT、CIPM、CIPP/US 和 EXIN DPO 等认证。现任欧喜投资(中国)有限公司 IT 总监职务，负责 IT 战略规划、政策程序制定、IT 架构设计及应用部署、系统取证和应急响应、数据安全备份策略规划制定、数据保护日常维护和管理、灾难恢复演练及复盘等工作。姚凯先生负责全书校对和定稿工作。

    齐力群，获得北京联合大学机械设计及自动化专业工学学士学位，持有 CISA、CIA、CISP-A 等认证。现任北京永拓工程咨询股份有限公司 CIO，负责内部 IT

管理、数据保护、信息技术风险管理，还负责为外部合作伙伴提供信息技术风险控制咨询和信息系统审计服务。担任 2020 年度北京软件造价评估技术创新联盟理事。齐力群先生负责本书的部分校对工作。

吴潇，获得中国科学技术大学信息安全专业硕士学位，持有 CISSP、CISA、PMP、ITIL 和 ISO27001 等认证。现任北京天融信网络安全技术有限公司专家级安全顾问，负责信息安全规划、数据安全、云安全、等级保护和法律合规等领域工作。吴潇女士负责部分章节的校对和定稿工作。

李继君，获得北京师范大学心理学专业学士学位，持有 CCIE-Routing、CCIE-SP、CCIE-Voice、ITIL、CISP、CISA 和 CCSK 等认证。现任京东集团高级架构师，负责京东集团网络系统及网络安全的规划、设计及建设等工作。李继君先生担任本书的部分校对工作。

吕毅，获得中国人民大学硕士学位，持有 CISSP、CISM、CISA 和 CISP 等认证。现就任于中国人民银行金融科技研究院，负责银行业信息系统及网络安全的规划、建设、管理和运维等工作。吕毅先生担任本书的部分校对工作。

赵欣，获得美国天普大学 IT 审计与网络安全专业理学硕士学位，持有 CISP 和 CISA 等认证。负责信息系统审计项目实施、风险管理和内部审计等工作。赵欣女士负责本书的部分校对工作。

鸣谢下面的各位专家参与本书工作，按工作量排名如下。

张海潮先生，持有 CISP 等认证，现任中银富登银行数据分析高级经理职务；李迪先生，持有 CCIE 和 CISP 等认证，现任北京亿赛通科技有限责任公司(绿盟科技全资子公司)技术总监职务；朱良先生，持有 ISO27001 认证，现供职于某行科技处科员职务；危国洪先生，持有 CISSP、CSSLP 和 CISA 等认证，现任恒诚科技发展(北京)有限公司资深安全架构师职务；刘建平先生，持有 ITIL Expert 和 CISP 等认证，现任职中山雅特生科技有限公司 IT 运营部经理职务；王玉斐先生，持有 CISP 认证，现任江苏省信息安全测评中心主任助理职务；刘海先生，持有 CISM 等认证，现任法尔胜泓昇集团公司 IT 经理职务；龙丹丹女士，现任安富利深圳(电子)科技有限公司信息安全基础架构部亚太区经理职务；赵锐先生，现任金拱门(中国)有限公司安全和风险负责人职务。

在本书翻译过程中，原文涉猎广泛，内容涉及下一代网络、软件开发、数据处理、大数据、云计算以及物联网等与数据安全保护相关的难点。(ISC)^2 上海分会的安全专家给予了高效专业的解答，这里衷心感谢(ISC)^2 上海分会理事会及分会会员的参与、支持和帮助。

前　言

数据保护的重要事实是：备份已死(Backup Is Dead)。

或者，更确切地说，备份和恢复不再与 IT 相关，而成为一个独立的专业领域，并且，备份和恢复已被近乎呈指数级增长的存储数据、云计算以及虚拟化技术所扼杀。

那么，什么是数据保护呢？

本书采用全面系统的、基于业务的分析方法讨论数据保护体系；阐明数据保护如何将主动式和被动式的规划、技术和活动相融合，从而有效地保证数据持续性；展示如何通盘考虑数据全生命周期和所有必需的 SLA 来真正有效地保护数据。数据保护体系既非简单的 RAID 系统，也非简单的持续可用性、复制、快照或备份技术，而是通过深思熟虑和可度量的方式，将所有这些最佳方法和实践结合在一起，进而适度保护数据的关键性要素，同时满足所有业务运营需求。

本书还讨论企业如何创造性地利用 IT 投资，推动成本优化，并逐步将数据保护作为实现这些目标的有效机制。数据保护不仅是一种保险策略，它也成为数据移动、数据复制管理和数据处理等新流程的推动者。

本书呈现的信息对于以下决策至关重要：如何保护数据免受云端和/或企业内部的损失。本书还解释在高度虚拟化的数据中心和大数据处理技术中数据恢复的变化，提供一个将数据恢复流程与 IT 治理和管理集成的融合模型，从而在整个业务运营过程中真正实现数据可恢复性目标。

目　　录

第1章 简介

　　1799 年，法国军队发现了罗塞塔石碑(Rosetta Stone)。罗塞塔石碑包含用古埃及象形文字、古埃及通俗文字以及古希腊文字所刻的相同诏书内容。在发现罗塞塔石碑之前，古埃及象形文字一直非常神秘，只能通过猜测得知含义。罗塞塔石碑用其他已知语言书写"对比文本(Comparative Text)"，帮助学者们建立了准确的翻译机制，由此让人类得以了解一个可能永远未知的文明领域。

　　在人类历史中，发生了很多数据(Data)未得到充分保护的实例。亚历山大图书馆毁灭(根据记录，这个事件发生在公元 48—642 年之间)之后，人们对于到底丢失了哪些信息(Information)的猜测层出不穷。毋庸置疑的是：在那场灾难中，人类丢失了海量的知识。

　　当前，人类正处于信息处理历史上前所未有的十字路口：需要有能力保证信息得到妥善保护，一代接一代地传下去，不能再有丝毫折损。

　　这就是"数据保护"。

　　如果不采取合理的安全措施保存信息，全球所有的存储设备都无法保证信息的持续性。在一个绝对安全的环境中，没有任何信息需要 RAID (Redundant Array of Independent Disks，独立磁盘冗余阵列)的保护，没有任何信息需要文件恢复系统，也没有任何信息需要使用保护技术应对站点故障可能导致的数据丢失。然而，现实世界并非是一个绝对安全的环境：机械故障、硬件损坏、意外删除、站点故障和恶意行为时刻都在发生。保存信息最简单的工作是存储(Store)信息，而更复杂的任务是保护(Protect)信息。

　　在纵向领域，从事数据保护工作的安全专家为银行、航空公司、搜索引擎平台、通信公司、小型企业甚至个人提供信息保护服务；但当处于横向的集合层面时，数据保护技术是信息保存的具体落实。

　　信息保存不仅是基于"为子孙后代保护数据"这一崇高但短暂而脆弱的目标，也是针对直接的、切实的商业利益考虑的。2014 年，一家领先的存储设备及技术供应商针对 24 个国家的 3300 名 IT 决策者进行了一项调研。调查发现，在短短 12 个月内，真实发生的数据丢失或与其相关的中断事件大概造成了 1.7 万亿美元的损失。参与调研企业的平均数据丢失量超过 2TB，然而，只有 64%的受访者声称数据保护对其组织的成功至关重要。[1]

1.1 背景

备份已死(Backup Is Dead)。

如果一本关于"数据保护"的专业书籍首先阐述的观点是"备份已死",读者会感到难以理解！想象一下，特别是一名在数据保护技术相关领域中工作了近二十年的技术顾问在撰写这样一本专业著作，这将是多么不可思议。

然而，数据保护现状的确是：备份已死！

或者更确切地说，备份和恢复不再与 IT 相关，而是作为一个独立的专业领域，并且，备份和恢复已经被近乎呈指数级增长的存储和数据、云计算以及虚拟化技术所扼杀，其中的每项新技术都代表着对"备份和恢复"这个独立领域的重磅攻击。当这些新技术结合起来后，备份和恢复技术根本无法与之匹敌。

起初，备份和恢复技术体系是系统管理员的职责。随着时间的推移，备份和恢复技术体系不断发展，逐步成为一个特定的工作职位。一家公司可能有数百名分布在不同地理位置的系统管理员，然而，可能只由同一个地理位置的几名管理员对备份服务进行集中操作和控制。

单纯依靠备份和恢复技术并不能为现代业务的数据保护提供足够的支撑，无论这些备份是每日全备份、每周全备份、每日增量备份、祖辈-父辈-子辈调度法(Grandfather-Father-Son，GFS)混合全备份、差异和增量备份甚至是通过永久增量及合成全备份。服务水平协议(Service Level Agreements，SLA)中所要求的日益增长的数据容量和不断缩短的时间窗口，从根本上改变了组织思考和规划数据可恢复性(Recoverability)的方式。

过去，"数据保护"通常就指"备份和恢复"技术。然而，在当今的 IT 业务环境中，数据安全保护体系已经演变为一个涵盖内容非常广泛的主题。

1.2 消失的假期？

几个月以来，一名旅客始终期盼着他的假期。为了这个假期，旅客从一年前就开始积攒旅行费用，购买了环球旅行机票，安排好了食宿，预订了位于中国、美国、英国、法国、日本和澳大利亚的数十家酒店。该旅客已经花了无数的时间规划将要访问的每个城市的旅程，并为在每个国家的旅程花光了预算。

遗憾的是，当这名旅客到达机场时，航空公司却告知没有他的预订信息。尽

---

1 EMC 全球数据保护索引，参阅 http://www.emc.com/about/news/press/2014/20141202-01.htm。

管该旅客已经打印好机票，机票上赫然显示着详细航班信息，但该旅客的座位已经被分配给其他办理登机手续的乘客。显然，航空公司丢失了该旅客的数据(信息)。

当然，上述情况不会真正发生，商家早就知道他们必须采取措施来确保数据的可恢复性。航空公司丢失预订数据、忘记支付工资以及破坏驾照具体信息等情形都是不可接受的。除了提供 IT 系统服务之外，IT 部门日常运营事务中没什么比数据安全保护工作更重要的了。

传统的备份技术已经运转了几十年。汉诺塔备份(Towers Of Hanoi Backup)计划可能已不再是有效的技术。然而，全备份(Full)、增量备份(Incremental)和差异备份(Differential)这三个级别仍然是备份和恢复技术中的主要内容。

正如一首歌中唱到的："这是一个变化(Change)的时代！" IT 服务提供的新方法、前所未见的海量数据以及 IT 运营工作的商业化模式，这些变化将传统技术的潜力发挥到极致，再难有更大的突破。

设备供应商和大型 IT 公司，尤其是那些社交媒体聚焦的领先公司，正在疯狂热衷于重新定义数据中心(Datacenter)的概念。这些公司可选择更多新技术，如传统的内部数据、内部(私有)云、混合云、托管中心或公有云等。然而，不论数据处于何处，都可能极大地超出传统工具的数据分析能力。

考虑到以上所有数据新技术选项，同时考虑到虚拟化在中端(Midrange)领域的滚雪球效应[1]，传统的备份和恢复技术已无法在费用合理的情况下进行扩展以满足所有存储需求。退一步讲，即使传统备份和恢复方法可以满足所有存储需求，也无法消除另一个挑战，即这些方法能否处理与数据存储位置相关的问题。

本书并未自以为是地给出所有答案。在问题几乎每天都在不断更新和修改的情况下，得到所有答案是不现实的。十年前，当中端虚拟化仍是一个新兴主题时，"云"还是某种使人们淋雨的东西(指云计算技术尚未诞生时)，以上假设可能成立；但现在已经不成立了。

通常，真正的知识并非来自知道每个问题的答案，而来自于知道那些无人能够回答的问题的答案。

1.3　数据中心的变化

1996 年从事备份工作时，公司的本地数据中心可能普遍使用如下设备：
- 一批 UNIX 主机(主要是 Solaris、HPUX 和 Tru64，但也有一些 AT&T UNIX 系统)

1　本节讨论的是中端(Midrange)系统，正是这些价格低廉，具有计算和存储能力的中端系统在处理海量增长的数据。目前，IT 行业很少使用大型计算机或超级计算机运行"紧耦合"的应用程序和数据。

- 一批 Windows NT4 服务器
- 一对 Tandem FT 服务器
- 一台 IBM 大型计算机
- 一批 VMS 集群
- 一批 Novell NetWare 服务器

此外，数据中心还有一批标准磁带驱动器、网络交换机和集线器，以及一些杂七杂八的附件设备，甚至还有一两个仍在使用卷到卷磁带(Reel-to-Reel Tape)的系统。每天早上，会有工程师把磁带像佩戴高科技手镯一样套在手臂上，从数据中心将这些磁带拿到外面保管。

存储全部是内部设备或 DAS (Direct Attach Storage，直连存储)设备。后来，数据中心逐渐开始应用一些存储新技术。当与 Veritas 卷管理器(VxVM)结合使用时，只要两台主机都插入同一个存储，就可将卷从一台主机迁移到另一台主机，这在当时堪称是前沿技术。

人们也许记得，IT 部门曾为配置 2×2GB 的 SCSI 硬盘而努力，目的是在新备份服务器中建立镜像，以便存储索引等备份元数据。

在此期间，VMware for Linux 工具发布了。UNIX 系统管理员可切换到 Linux 桌面，且仍能访问 Windows OS，而不必使用错误百出的仿真软件。可以说，中端虚拟化技术是改变一切 IT 运营模式的催化剂。

当今的数据中心与传统数据中心截然不同。当今的数据中心可能是非现场的，其所有权也可能不属于使用它的企业。主机托管(Colocation 或 Colo)设施提供实体托管服务；云服务供应商提供服务和平台来运行公司的核心业务应用程序，这些设备不属于正使用它的公司。与十年前相比，某些企业的本地机房可能很小，仅是共享数据中心或公有云计算设施这类大规模设施的一小部分。对其他企业而言，特别是那些聚集在迅速发展的移动和云计算平台周围的企业，甚至可能没有自己的数据中心，这些企业的所有 IT 资源均从云服务供应商租赁。当然，公有云不是所有企业的唯一选择，许多采用敏捷云计算模型的企业建立了自己的私有云，这些企业的数据中心随着 PB 级甚至是 EB 级的数据增长而不断扩建。

1.4 什么是数据保护？

采访不同工作领域的 IT 从业者，当问到"什么是数据保护"时，IT 从业者的回答有很大的差异：

- "备份"，是初级备份管理员的回答。
- "可恢复的备份"，是经验丰富的备份管理员的回答。
- "RAID"，是初级存储管理员的回答。

- "复制(Replication)和快照(Snapshot)"，是经验丰富的存储管理员的回答。
- "集群(Clustering)"，是系统管理员的回答。
- "自动数据复制"，是数据库管理员的回答。

关于以上话题唯一可确认的是，每个回答都是正确的，但都是不完整的[1]。理由很简单：数据保护并非 IT 部门的职能，而是业务部门的职能。IT 部门可能仅从事数据保护工作的某些方面。核心决策和流程应该是 IT 与业务紧密的战略结合的结果。

本书给出的定义如下：

数据保护是主动式及被动式规划、技术和活动的融合，有效地保证数据持续性(Data Continuity)。

如图 1.1 所示。

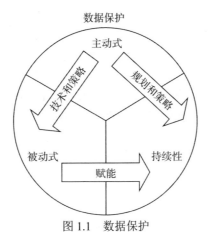

图 1.1　数据保护

主动式和被动式技术如下。

- 主动式技术：试图避免数据丢失。
  - 备份
  - RAID
  - 快照
  - 复制(Replication)
  - 持续可用性(Continuous Availability)
- 被动式技术：应对数据丢失或可能导致数据丢失的情况。
  - 还原和恢复(Restoration and Recovery)
  - 重建和重构(Rebuilding and Reconstruction)
  - 复制

---

1 值得注意的是，在 IT 运营活动中，"数据保护"并非 IT 领域的专业术语。对于其他 IT 从业者而言，"数据保护"往往是与数据安全相关的活动的总称。

然而，如果没有恰当的规划、方针和策略，上述主动式和被动式技术将无法顺利实施。数据保护工作的典型特点是"行事易，成事难"。

1.5 主要挑战

1.5.1 非结构化数据的兴起

在十年或更久之前，企业数据保护的重点一定是如何保护好核心数据库系统(Database System)。尽管存在管理以及数据保护方面的挑战，但数据库总的来说还是较简易的数据保护源，数据库标志着数据保护的核心目标：结构化数据(Structured Data)。结构化数据在同一节点保存全部数据，将数据整理并压缩到可预测的位置，并以支持高速流或数据传输的方式存储数据。

数据库和其他各种形式的结构化数据仍存在于企业中，但长久以来，非结构化数据(Unstructured Data)，如文件数据、传感器、流(Stream)和其他无组织信息，一直保持快速增长，并未呈现出增长放缓的迹象。非结构化数据本质上较难预测、结构性较差且可感知性较低，因此更难保护。IDC 白皮书预测的"数字化世界(Digital Universe)"摘录如下：

"数字化世界"的规模每两年增加一倍，到 2020 年，每年创建和复制的数据将达 44ZB。[1]

IDC 白皮书承认，这种"数字化世界"的数据大部分都具有短暂性(Transient)的特点：

"大多数"数字化世界的数据都是短暂的、瞬时的，如未保存的 Netflix 视频流、Hulu 视频流、Xbox One 游戏玩家互动、网络中的临时路由信息以及未加通告丢弃的传感器信号等。

由于数据存储的增长速度比"数字化世界"的增长速度慢，因此这种数据短暂性对于数据存储来说是福音。IDC 白皮书补充道：

"在 2013 年，可用存储容量仅能容纳数字化世界 33%的数据。到 2020 年，可用的存储容量将不超过 15%"。

现在和将来非结构化数据与结构化数据的比值，从保守估计的 50%增长到令人担忧的 80%甚至更多。

非结构化数据已在传统数据中心发展了一段时间，并提出横向扩展式网络连接存储(Scale-out Network Attached Storage，So-NAS)的概念。传统上，NAS 是通过添加磁盘架或托盘扩展的，直至阵列达到最大容量，然后部署新的 NAS 以适应

---

1 Vernon Turner, David Reinsel, John F. Gantz, Stephen Minton, *Rich data and the increasing value of the internet of things*), IDC, April 2014, IDC_1672.

新系统。NAS 适用于 TB 级数据存储，然而，随着数据的持续增长，部署 NAS
产生了过度管理、数据迁移以及管理庞大存储阵列所需人力成本持续增长的问题。
横向扩展式 NAS 的工作原理是：与单个可寻址存储系统相连的节点(物理存储设
备)数量不断增加，文件系统因添加节点而动态扩展(横向扩展)。横向扩展式 NAS
使企业可满足非结构化数据的增长，而不会导致存储管理人工成本急剧上升。横
向扩展式 NAS 允许企业在单个管理员的控制下拥有多个 PB 级存储空间。

　　横向扩展式 NAS 虽非处理非结构化数据的唯一解决方案，但确实有助于企业
调整其数据存储解决方案、供应商和产品来应对这种潜在的、无组织的数据造成
的冲击。

1.5.2　大数据技术

　　大数据的特性可用 4V 概括，即容量(Volume)、高速(Velocity)、多样性(Variety)
和准确性(Veracity)[1]：
- **容量**。需要处理的海量数据。
- **高速**。数据产生(或处理)的速度。
- **多样性**。目前可能采用的看起来无穷无尽的数据种类。
- **准确性**。对数据可靠性的度量。

上述特性对组织内的数据保护规划提出独特挑战，这些特性对于一致的、可
靠的、经济高效的保护解决方案而言，是一个巨大难题。大数据依赖于非常细致
的数据分级(Data Classification)程序，需要宏大且富有胆识的数据保护策略。关于
数据分级工作的具体内容，可参见第 2 章。

1.5.3　云计算技术

　　不必考虑特定的实施模型(私有、公有和混合云等)，各类云计算技术可能是
对传统 IT 环境最具破坏力的因素。目前，越来越多的组织开始迁移到云计算平台。
云计算技术标志着通过自助服务门户以及多层服务目录实现 IT 功能和部署模型
的商品化。云计算技术尚未迫使除微型企业外的其他企业撤销 IT 部门，然而，云
计算已对 IT 部门的运营方式产生了深远影响，云计算几乎可为所有组织的核心业
务提供服务。

　　未经专业 IT 技术培训的员工，通过使用简单的 Web 界面就可轻松部署核心
业务 IT 系统，如电子邮件、客户关系管理系统(Customer Relationship Management,
CRM)以及数据库服务器等。然而，是否考虑数据保护？数据保护的成本是多少？
上述场景衍生了"影子 IT(Shadow IT)"这个术语。在现实环境中，影子 IT 和它

1　对于以前解释大数据的 3V 方法来说，准确性(Veracity)是一个较新的补充。

的名字听起来一样令人担忧。

案例说明：

现在，大多数国家对于驾驶汽车的强制性要求是：获得政府机构正式批准，通过考核并领取驾驶执照。驾驶员拥有驾驶执照可证实已获得足够的道路行车法规知识，证明该驾驶员拥有在道路上驾车的能力。然而，影子 IT 类似于：任何人都可以在没有驾驶执照的情况下驾驶汽车。技术上没有任何措施可阻止人们违规驾驶，若驾驶员在驾驶过程中因缺乏正规培训而做出错误决策，其后果可能是十分严重且危险的。

IT 业界曾流传着某些企业信任单一公有云服务提供商的故事，然而，这些企业的业务运营在云服务中断期间都陷入整体停顿。当企业仅是公有云服务提供商的数百个或数十万个客户之一时，这种通过预定义服务类别选项实现的自助服务模型可能损坏业务数据可恢复性或数据保护，导致使用看似优惠(廉价)的部署方案造成严重的安全风险隐患。许多云服务提供商也宣称提供数据保护服务，然而，此类数据保护服务仅限于保护基础设施。大多数情况下，云用户丝毫未察觉他们的数据是无法恢复的；在灾难发生时，一切为时已晚。

然而，云计算仍有其市场驱动力。IT 部门和业务运营人员必须高度关注云计算使用过程中的数据保护注意事项，否则，整个组织将面临最严峻的数据灾难安全风险。组织中的 IT 部门必须重新自我调整，能够代理云服务，从而审查可用的云计算服务，挑选或设计符合业务要求的服务，确保服务是安全的，符合服务水平协议(SLA)和/或服务水平目标(Service Level Objective，SLO)。对比之前关于驾驶执照的案例：通过控制云计算的体验，IT 部门有机会确保安全，即使有人在未经许可的情况下钻入汽车驾驶室，IT 部门也不会让整个企业处于安全风险之中。

1.5.4　虚拟化技术

IT 运营环境曾经完全是大型计算机系统的天下，现在，虚拟化(Virtualization)技术几乎是所有企业 IT 运营环境的基础组件。虚拟化允许通过高效地利用计算、存储及内存等模块实现应用程序和业务功能的高密度部署。整个虚拟化主机除了可移动的数据组合再无其他部分，因此引入了强效的管理功能。虚拟化概念在不断扩展，包含存储、网络和数据中心在内的几乎所有设备，并且每扩展一项设备都引起企业中数据保护从业人员新的思考。在过去十多年里，业界已感受到虚拟服务器、虚拟存储、虚拟网络甚至虚拟数据中心的崛起。现在看来，似乎 IT 运营中的一切事物都可用软件定义(译者注：参考"软件定义 X"的相关技术)。虚拟化技术为高度定制化的安全控制提供了新机会，然而，虚拟化同样为确保"软件定义 X"过程中的数据保护工作带来了新挑战。

1.5.5　法律、法规与监管合规

数字化数据留存(Data Retention)曾经是一项非常规工作。有些企业会从相当正式的角度来处理老旧记录的留存要求；其他企业会保存能留存的所有数据，而不考虑是否需要这些数据；还有一些企业蓄意尽快删除数据，而不理会公正的观察员是否认为这种行为是不道德的。如有可能，与 IT 部门沟通以下任意主题：

- 组织保存所有数据，仅仅因为这样做更安全。
- 组织仅为中级管理人员和更高级别的管理人员保存超过 12 个月的电子邮件。
- 出于"空间(Space)"原因，要求删除所有超过 6 个月的电子邮件。
- IT 部门不知道对数据应用何种留存方式。
- 业务部门不知道应该对数据应用何种留存方式。
- 业务部门没有告知 IT 部门，必须将数据保存多长时间；即使不询问数据的保存时间，也不会受到指责。

经过了诸多丑闻和重大金融舞弊事件后，这种放任自流的电子数据留存方式已经几乎消失。较小的组织或许还不了解其数据留存需求，但金融或法律领域的大型组织、企业和商家会密切关注他们需要留存的数据类型以及这些数据留存的时限。这是传统数据中心的一次重大调整，并引入了新的限制措施以指导建立数据保护策略，确定使用何种数据保护存储，以及业务部门需要多严格的机制以确保数据不被过早删除。

1.5.6　数据安全犯罪

就像 IT 的其他方面一样，利用 IT 技术实施的犯罪也在不断发展。过去，组织曾经担心病毒导致系统崩溃、蠕虫删除数据或拒绝服务攻击占满外部连接。如今，现代组织正处于这样一个时代：犯罪组织和个人试图造成最大损害，或勒索尽可能多的金钱。目前，能让 IT 经理和董事会成员从梦中惊醒的攻击行为是加密勒索攻击(Cryptographic Viruses)——这种病毒不会删除数据，但会加密数据。犯罪分子手中的勒索软件包会对企业产生重大财务影响："马上付费，否则永远不会再看到企业的数据。"除非支付大量赎金，一次企业内部的加密病毒攻击就能导致数百 GB 或更多的数据损失——现在，急需要将数据找回的企业常为此支付数万或数十万美元。信息安全行业已观察到激进黑客主义(Hactivism)和类似攻击正在快速增加，这是一种针对特定业务的、精心策划(或至少是精心执行)的方式。已有很多实例表明，黑客渗透进入网络系统后，在删除或加密原始系统数据前，会删除备份并破坏其他形式的数据保护技术(这种新型威胁已推动了数据安全保护实践的发展，稍后将介绍)。

1.6　数据保护简史

在本书的第 1 章中，有必要回顾一下几十年来数据保护是如何发展的，先来看一下图 1.2。

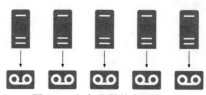

图 1.2　完全分散的备份策略

随着计算机使用规模的扩大，保护存储在计算机上的数据成为一项十分必要的工作。很多时候，这种保护是从完全分散的备份策略开始的，也就是将磁带驱动器连接至每台部署的服务器。备份在夜间运行(有时不够频繁)，这样在系统发生故障时可提供一定程度的保护。随着时间的推移，磁盘容量增加，磁盘价格缓慢下降，存储在服务器上的数据量也在增长。同样，数据对业务的重要性在提高，业务对由于硬件故障导致的持续中断的容忍度越来越低。这导致将 RAID 添加到服务器存储，以使系统即使在磁盘发生故障时也能继续运行，如图 1.3 所示。

图 1.3　RAID 技术为业务数据保护增加了新的防护层

通过使用 RAID 技术，组织可实现更高级别的安全可用性(Availability)、保护和硬件容错机制，但仍然离不开备份技术。

随着企业内服务器数量的增长，在每台服务器上部署磁带驱动器进行备份的实用性急剧下降。虽然磁带比磁盘便宜，但一般情况下服务器上的数据量比磁带容量小，因此被运送到远程站点存放的每个磁带通常都至少一半是空白的，磁带介质的浪费现象十分常见。

下一阶段是开始集中管理备份操作，如图 1.4 所示。

通过迁移到客户端/服务器架构，可将备份保护存储集中到环境中的单台主机上，更高效地使用磁带技术(在此期间，仍然主要使用磁带)。数据可更准时地填充利用磁带，而且，由于不进行业务生产活动，备份服务器可开始执行其他数据保护活动，例如，在恢复期间复制备份以获得更高级别的冗余。

这推动了使用磁带库来进一步整合资源，在中端系统市场尤其如此。不需要手动更换磁带的各个驱动器，可在多个磁带驱动器和插槽内部署越来越大的单元；随着时间的推移，数十、数百甚至数千盘磁带都在机器手臂的操作控制范围内有序工作。

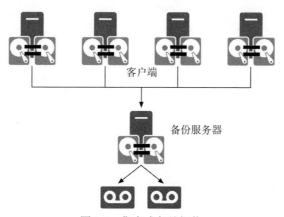

图 1.4　集中式备份拓扑

几乎同时，数据中心开始发生另一整合——集中式存储(Centralized Storage)。集中式存储使磁盘的使用更高效，管理更轻松，也让 RAID 技术可实现更多级别的组合。集中式存储还使接触数据的单台服务器与数据管理解耦——中央存储服务器将负责数据管理。最终布局类似于图 1.5。

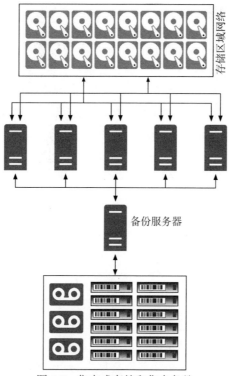

图 1.5　集中式存储和集中备份

　　集中式存储系统的出现增加了与存储相关的在线保护活动。而之前的重点只是围绕使用 RAID 技术防止个别驱动器故障。由于存储的集中化和不断降低的中断容忍度，组织需要新的技术选项；快照和复制因此进入数据中心，如图 1.6 所示。

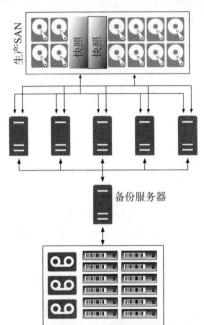

图 1.6　　复制和快照技术加入数据保护体系

　　存储在数据中心的数据量一直在爆炸式增长，集中式备份服务器越来越无力处理负载。通过引入辅助备份服务器——"介质服务器(Media Server)"或"存储节点(Storage Node)"，专门用来移动数据，并按照备份服务器的指令执行备份，该备份服务器可能仍然执行备份功能，也可能本身并不执行备份操作。光纤通道网络最初是为访问集中式存储系统而开发的，在这个过程中起到了关键作用，该网络使多个系统连接至相同的磁带基础架构(尽管通常以牺牲稳定性和可靠性为代价)。三层备份环境由此普及开来，如图 1.7 所示。

　　随着介质服务器或存储节点的引入，三层备份环境变成 3.5 层备份环境，因为相同的介质备份功能也经常被迁移到备份客户端软件中，使最大的系统也可接入到共享磁带基础架构中，以降低网络影响并加快备份速度。

　　随着磁盘容量的进一步增加，以及价格($/GB)急剧下降，磁带的固有限制变得越来越明显。虽然磁带的性能非常适合流式持续负载，但代价是随机访问或频繁地处理流中的间隙和暂停会影响磁带备份的性能。系统拥有的文件数量不断增加，达数百万或数千万之多，从此类系统读取数据的磁带备份过程受到了固有的限制。因此，业界发展出为备份而分段存储(Staging Storage)的概念——"磁盘到磁带的备份(Backup to Disk to Tape，D2T)"，如图 1.8 所示。

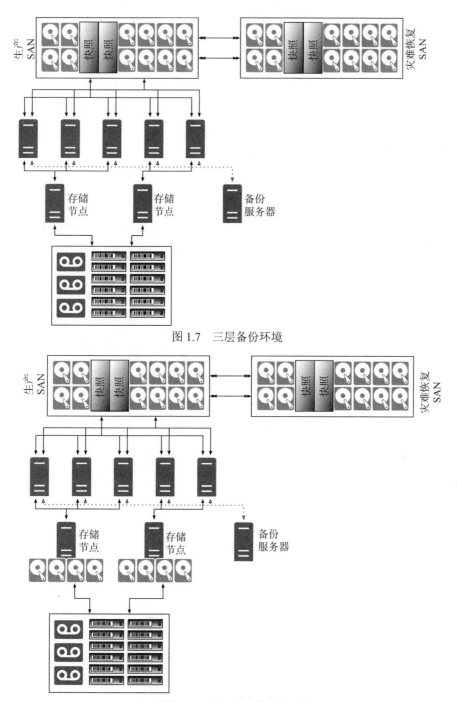

图 1.7　三层备份环境

图 1.8　　基于磁盘的备份阶段

数据安全保护行业仍在持续发展。安全专家们已经看到了如下的其他增强功能，后续章节将讨论这些功能。

- 持续可用存储。
- 持续数据保护(CDP)。即基于日志记录，支持应用程序的复制。
- 专用备份工具包(Purpose-Built Backup Appliances，PBBA)。提供高级保护选项，并通过重复数据删除(也称为"去重"，Deduplication)技术来减少整体备份存储空间。
- 集成数据保护工具包(Integrated Data Protection Appliances，IDPA)。与终端应用程序和存储系统深度集成，而非仅提供备份功能。
- 存储和虚拟化层的高级快照技术。
- 某些组织用磁盘完全替代备份用的磁带。
- 保护迁移到云环境的数据以及云环境原生的数据。

在数据保护的发展历程中，业界曾多次宣称创新已经过度或不再需要。然而，简单的事实是，随着数据量激增和关键性的提升，数据保护又重新开始了增长和创新发展。

1.7 "吝啬的"数据囤积者

在传统的备份和恢复规则中，经常听到这样一句话：多备份总比少备份安全。

对于宽泛的数据保护主题而言，情况确实如此，但更新的技术证明了这种观点的局限性。企业可能希望保留尽可能多的信息，但这未必适用于所有数据。临时数据——打印缓存文件、程序"临时"文件等——固然是数据，但临时数据的价值仅在于瞬时执行功能，在其他方面的作用几乎可以忽略不计。

由于存储设备的容量不断增加，企业能留存的数据数量惊人；但无论如何，可持有或切实管理的数据量总是存在物理和逻辑上的限制。因此，企业必须把握好尺度，在吝啬存储(不足)与囤积数据(过度)之间找到一个平衡点。

DIKW (Data, Information, Knowledge, Wisdom，数据、信息、知识及智慧)模型很好地解释了为什么组织需要关注数据保护体系，如图1.9所示。

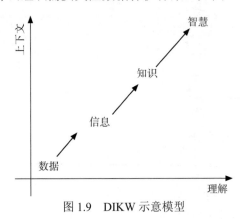

图1.9　DIKW示意模型

DIKW 模型强调的是，虽然数据可能是有用的，但数据更多是起点，而非终点。例如，企业可能生成以下模型。

- 数据：
  - 物品是红色的。
  - 物品是圆的。
  - 物品可食用。
- 信息：这个物品是番茄。
- 知识：番茄是一种水果。
- 智慧：水果沙拉里不放番茄。

对于商店里的商品而言，可能有很多数据需要跟踪和保护，但商店不太可能特别跟踪库存中红色商品的数量或圆形商品的数量。商店可能跟踪库存中食品的数量，而且肯定想跟踪库存中番茄的数量。

在最原始的层面上，企业必须在数据囤积者和吝啬存储者之间选择一条道路，必须慎重考虑数据存储不足和过度存储数据的问题，这是第 2 章的重点内容。

第2章 数据保护概论

2.1 简介

数据保护体系是一个统称，涵盖多个信息学科，包括存储、备份、恢复、系统管理以及应用程序管理等。

正如前言所述，数据保护活动分为两个不同领域：主动式保护和被动式保护。主动式数据保护活动主要指：

- 存储(Storage)：
  - RAID 技术及其他低级别保护方法
  - 快照技术(Snapshot)
  - 复制技术(Replication)
  - 持续数据保护(Continuous Data Protection，CDP)
  - 持续可用性(Continuous Availability，CA)
- 备份(Backup)：
  - 建立备份和恢复系统
  - 通过维护备份和恢复系统以及增加主机来提供保护

另一方面，被动式数据保护活动关注：

- 修复(Repair)：
  - 存储出现故障后的重建(自动或手动)
- 恢复(Recovery)：
  - 从备份系统中取回信息
- 还原(Restore)：
  - 恢复数据的完整性(通常是与数据库以及其他复杂应用程序相关的活动)[1]

为建立正确的数据保护策略，企业需要全面关注主动式和被动式数据保护活

---

1 术语"恢复(Recover)"和"还原(Restore)"看似同义，但通常被认为是完全不同的，在数据库管理领域尤其如此。这允许数据库和应用程序管理员区分数据"崩溃一致性"的行为(恢复)和将"应用程序一致性"应用于数据的行为(还原)。后续章节将讨论崩溃一致性(Crash-consistency)和应用程序一致性(Application-consistency)等术语。

动，并考虑将二者协同关联，不能只单独考虑一个方面。否则，企业虽然也可建立存储策略和备份/恢复策略，但这些策略本质上是孤立的：既缺乏效率，也缺乏能力。

合并存储和备份过程通常被视为制定有效的数据保护策略的关键方法。虽然合并存储和备份过程很重要，但对于另一个前置步骤，即"度量(Measurement)"，许多企业可能关注得不够。

包括项目管理、ITIL 和 COB IT 等在内的几乎所有流程的最核心原则之一可简单表述为：

如果无法度量(Measure)某项工作，就无法改进它。

改进(Improvement)不是随便碰运气或有根据的猜测，而是实际的有形结果，例如，能判定特定投资在成本和时间方面的预期改进百分比，然后确认是否真正实现。

数据保护也是如此，但与普遍看法相反，数据保护并非首先度量备份和/或恢复速度、或驱动器出故障后 RAID-6 系统重建所需的时长。以上指标固然重要，对于衡量业务服务水平的提供和能力也是必需的，但并非起始指标；度量的起始指标实际上源于数据分级(译者注：本书并未严格区分"数据分级"和"数据分类"概念，请参考 CISSP AIO 第 8 版中与此相关的论述)。

许多企业会竭力回避数据分级(Data Classification)，认为这项工作太难或太昂贵，或兼而有之；通常对数据分级工作避而不谈，质疑数据分级的实用性，并往往夸大分级工作的费用。对数据分级工作的否定总是来源于一种感觉，即无论何时讨论数据分级，业务中都已存在太多未分级的数据，以至于根本无法完成数据分级过程。随着企业中未分级数据量的增加，以上说法似乎成为"能够自圆其说的预言"。就像将头埋入沙子的鸵鸟一样，这只是意味着企业未意识到数据保护策略中存在的漏洞和差距，使数据保护策略建立在看似难以撼动实则摇摇欲坠的基础上。

本章将阐述为什么数据分级对于构建成功的整体数据保护策略是必不可少的。

2.2　数据分级

数据分级(Data Classification)提供了数据保护所需的基线指标，并最终通过五个基本问题来识别数据——什么、何处(哪里)、何人(谁)、何时以及如何：

- 数据是什么？
- 数据在何处？
- 何人使用数据？
- 何时使用数据？
- 如何使用数据？

在更广的范围内，数据分级在信息生命周期管理(Information Lifecycle Management，ILM)中用于处理其他方面的数据管理问题，包括访问限制以及与数据相关的法律法规的合规性。因此，一个健全的、持续运行的数据分级过程将为企业带来实质收益：既包括一线业务，也包括与之关联的后台流程。数据分级对于业务的价值远远超出数据保护所定义的范围。

2.2.1　数据是什么？

第一个度量指标(Metric)最重要，就是要知道真正需要保护的是什么(何种)数据。如果无法度量和表达这一指标，就是在盲目设计保护策略。如果企业无法准确描述"数据是什么"，那么无论备份/恢复的成功率或存储系统的可靠性等指标多么出色，都无法以任何有意义的方式证明数据受到了充分保护。

注意：
企业可通过文件级别代理对所有服务器成功实现100%的备份，但若每台服务器上都有一个数据库，那么这些备份中的每一个拷贝对于恢复来说都是无用的。

为使数据保护体系更有效，企业不仅需要了解正在保护的数据内容，还需要了解尚未保护的数据内容。这两种情况下，都需要有明确的文档记录。企业很容易理解为什么要记录已备份哪些数据，却往往难理解为什么还需要记录哪些数据未进行备份。如果将数据保护与保险单进行比较，则可立即看出原因。保险单中有关于"包括什么"和"不包括什么"的条款，总会明确写出排除和免责声明；了解房屋保险单未涵盖的事项和了解已被涵盖的事项同样重要。同样，对于文档点明尚未保护的数据，企业需要衡量所面临的风险水平，并确定这样的范围是否可接受。

除特殊情况外，企业数据不会停止增长或终止变化。企业使用数据的方式会随着时间的推移而改变，数据内容也会明显变化。具体体现为以下三种不同方式。

- **季节性(Seasonally)**：对数据的重视程度可能取决于一年中的某个特定时间周期。例如，教育机构需要在新学年最初的几个月内，对入学数据(Enrolment Data)进行严格保护。金融机构在月末(End-Of-Month，EOM)和财年末(End-Of-Financial-Year，EOFY)期间，需要对数据部署更多保护流程和措施。
- **进化性(Evolutionarily)**：一些数据将随业务的发展而增长和变化，例如，标准财务记录和文件系统数据等。
- **革命性(Revolutionarily)**：很少有企业在闭合体系内运营，完全独立于市场之外。当新竞争对手出现，或现有竞争对手大量推出新产品时，企业可能面临数据重要性的革命性变化。这种情况下，公司可能被迫采用完全不同的业务方法，这可能以一种完全不同以往的方式影响公司的数据和信息系统。例如，制药公司可能将新药投入市场，勘探公司可能发现并开始开采新金矿，这些活动取得成效时，可能面临许多全新的数据需求。

总之，上月或去年生成的"无价值"数据可能在三个月后变得非常重要。一旦企业认为某些数据无关紧要，企业可能丢弃或遗忘这些数据，没人会意识到这些数据将来可能变得很重要。遗憾的是，当企业发现这些数据的价值后，为时已晚。

通过理解"数据是什么"，可直接确定关于如何保护数据的一些大致参数。例如，考虑收集以下各类信息。

- **业务关键数据库**：核心业务操作要求此数据库始终启动并保持全天可用。
- **公司文件服务器**：大量用户将其用作标准文件存储位置。
- **开发数据库**：供数据库/应用程序管理团队使用，为业务关键数据库系统开发新功能。
- **软件安装存储库**：集中保存公司部署笔记本电脑、台式计算机和服务器所需的各种安装程序、软件包和独立二进制文件。

这些系统都有各自的特点和要求，每个系统分别适用完全不同的数据保护策略(见表 2.1)。

表 2.1　基于"数据是什么"的数据保护策略示例

类别	RAID	快照	复制	备份
关键业务数据库	RAID-10	每小时，24×7，48 小时后失效	同步	每晚全备份，每半小时增量日志备份
公司文件服务器	RAID-6	早 7 点到晚 7 点间的每小时，保留 1 周	异步	每周合成全备份，每日基于晚 6 点快照进行增量备份
开发数据库	RAID-5	不做快照	不复制	每晚全备份
软件安装存储库	RAID-5	每周	异步	每季度全备份

2.2.2　数据在何处？

除了要知道需要保护什么数据，同样也需要知道数据在何处。这有两个主要目的。

(1) **数据放置(Data Placement)**：企业有三套阵列(Array)维护 RAID-10 卷的同步副本，每套阵列异步复制到分布在世界各地的其他阵列，如果单个硬盘驱动器或单个阵列发生故障，只要数据存储在阵列上，就不会丢失任何数据。如果不能确定数据是否存储在阵列上，也将不能确定企业的数据保护体系是否正常工作。

(2) **保护选项**：许多企业都涉及不同层次(Tier)的数据保护(如"黄金级""白

银级"以及"青铜级")。一旦准确定位数据,通常的情况是,基于与存储相关联的冗余选项,将各种形式的数据保护措施落实到位。

考虑云服务以及托管/共享数据中心基础设施(Facility)。例如,与十年前相比,在新技术环境中想要询问数据在哪里,可能是一个更复杂的问题。找到数据位置不再是确定数据在哪台服务器、存储阵列或笔记本电脑中,而涵盖了多种选项,包括:

- 数据是否在集中式企业自有存储上?
- 数据是否存储在台式计算机/笔记本电脑上?
- 数据是否仅存储在移动设备(手机或平板电脑)上?
- 数据是否存储在托管基础设施中?
- 数据是否存储在云平台中?属于以下哪种类型?
  - 公有云?
  - 私有云?
  - 混合云?
  - 从地理位置看,云计算平台部署在地球上的哪个物理位置?

如果确定数据存储在托管基础设施或云计算环境中,这就引出了必须围绕为这些位置提供的数据保护服务考虑的其他问题,并可能导致仅在位置上分层的备用服务水平协议(Service Level Agreements,SLA)。例如,根据数据是传统存储、混合云还是完全公有云,考虑 SLA 中关于数据目标恢复时间(Recovery Time Objective,RTO)的示例,如表 2.2 所示。

表 2.2　基于数据位置的数据类型 SLA 中的 RTO 示例

	传统环境或私有云	混合云	公有云
黄金级	1 小时	4 小时	8 小时
白银级	4 小时	8 小时	24 小时
青铜级	1 天	2 天	7 天

如上所示,在这样的场景下,甚至可能不会对公有云中的青铜级数据采取任何数据保护活动,这样做将需要从私有云同步数据。或者,虽然 1 小时的 RTO 对于黄金级的公共数据来说是令人满意的,但当企业只是云服务提供商众多客户中的一个云租户时,则不能完全控制自己的数据中心,RTO 时间越长,意味着长时间停机的可能性越大。因此,约定的 SLA 可能无法代表业务部门的理想目标,而代表数据位置选择的严格限制,并成为数据存储位置决策过程中的参考信息[1]。例如,某些云计算用户所面临的一个窘境是,无法将内部业务需要的 SLA 与云服务提供商

---

1 其他情况下,无论数据位于何处,企业都可能需要相同的数据层 SLA。然而,仍然需要理解数据放置(Placement),因为数据放置将改变部署在不同可能位置的数据保护选项。

提供的关于数据和应用程序所在存储和系统的 SLA 协同一致。

"数据在何处？"，这个看似简单的问题为数据保护活动提供了丰富的信息。

2.2.3 何人使用数据？

通常也根据访问数据的用户来衡量数据的重要性以及数据保护方式。在某些场景中，这由访问数据的用户数量决定；而在其他场景下，则由访问数据的用户角色决定。

这种衡量方式带来的因素难以量化，但也需要纳入到数据保护方案中，此外，还需要考虑用户角色感知和实际的重要性分析。例如，在会计或法律公司中，常可看到企业中拥有财务股份的合伙人比企业中的普通员工更关注数据保护，不管这些普通员工从事哪种工作都是如此。虽然 IT 运营人员未必能够看到不同用户角色访问的数据集之间的差异，但在业务部门工作实践中确实如此。因此，在这个场景中，感知的重要性高于实际的重要性(或更准确地说，感知的重要性变成了实际的重要性)。

虽然这不一定影响从技术角度设计的实际数据保护机制，但它可能会影响围绕数据保护建立的 SLA 和运营水平协议(Operational Level Agreements，OLA)。

2.2.4 何时使用数据？

数据保护活动通常是次要生产(Secondary Production)活动，业务部门完成的实际工作是主要生产(Primary Production)活动。即使在数据保护行业，也常误将数据保护归类为非生产类活动。这是一种谬论，数据保护是次要生产活动或生产支持活动；无论如何，数据保护活动的功能是生产类的。

然而，作为次要生产活动，数据保护不会过度干扰公司需要完成的实际业务运营工作，这一点至关重要。对于大型企业中的较小业务和非关键系统而言，满足这一点意味着仅在标准工作时间之外开展备份工作。但满足上述要求可从根本上改变那些有 24×7 要求的企业的保护方式。

数据也可能具有不同的使用周期，例如，银行机构要求金融账户数据库在白天具有极高的可用性，但交易日结束后，这些数据库系统可能不会立即用于备份活动，可能还需要在批处理系统中继续使用，这进一步缩小了给数据保护管理员留下的时间窗口。有一套数据保护的子集可用于 24×7 的用例，例如，持续数据保护(Continuous Data Protection，CDP)。

2.2.5 如何使用数据？

该主题更多涉及数据的活动概况，涵盖各种问题，包括但不限于：
- 如果数据是只读的，仅用于参考或引用的目的吗？
- 如果数据不是只读的，那么数据的更新频率如何？

- 每日？
  - 每周？
  - 每月？
  - 是否需要频繁更新？
- 数据是临时性的吗？——临时数据是从系统传递到系统的数据，只需要在一个位置(通常是原始源)进行保护。
- 是否为即时可见数据？
  - 对公众可见？
  - 仅在内部可见？
  - 两者结合？
- 直接处理数据，还是引用数据？
  - 如果数据是直接处理的：
    ——数据对于与其相关的业务流程有多重要？
    ——这些业务流程对业务运营有多重要？
  - 如果数据是用于引用的：
    ——有多少系统和应用程序引用数据？
    ——这些系统和应用程序有多重要？
    ——如果数据不可用，这些系统将如何运转？

企业通常从存储数据的角度考虑数据保护，但如何使用数据也直接影响所需的数据保护的级别和频率。

例如，传统的备份和恢复策略是每 24 小时运行一次备份。如果数据每天最多只更改一两次，那么 24 小时数据保护方法可能就足够了。如果数据每天更改数百次，则可能还需要考虑存储快照、复制或 CDP 等其他策略。

2.3 数据保护方法论

虽然 ILM 是一项具有可操作性的数据保护策略，但企业也需要考虑 ILM 的伴生活动，即信息生命周期保护(Information Lifecycle Protection，ILP)。

从这个意义上说，ILP 是一种认识，即数据保护未必来自单一活动流，保护机制在信息的全生命周期内也非一成不变。随着信息时代的到来，如果访问模式改变，为其应用的保护机制会随之变化。ILP 中的四个核心活动或策略如图 2.1所示。

一个组织内的存储策略会考虑 RAID(独立磁盘冗余阵列)、快照以及复制技术，但未必考虑备份和恢复。对于关键任务 24×7 的需求，存储策略甚至可能包括持续可用性。同样，组织内的备份和恢复策略将专注于备份和恢复功能，但未必考虑存储系统。而真正的数据保护策略将同时考虑所有四个方面，因为这四个方面都在确保数据可用性方面发挥作用。

图 2.1　信息生命周期保护策略

组织需要建立整体性数据保护策略，而非开发某一项独立的存储和备份/恢复策略，这么做十分重要，原因也很简单：将这些策略联合起来提供的协同解决方案远优于单个策略所提供的解决方案。

2.4　数据保护与再生

规划数据保护策略时，还有一个必须考虑的要素：保护数据的成本是否超过数据再生(Re-generation，指重新生成)的成本。此时，需要考虑以下各项的成本。

- **时间**：需要保护多长时间。
- **准确度**：数据再生的准确程度。
- **财务(保护角度)**：保护数据的现金价格。
- **财务(再生角度)**：重新生成数据的现金价格。

对于多种传统数据和数据源而言，保护或再生并非是一个可讨论的议题。例如，航空公司订票系统不可能通过要求客户重新创建订单来恢复数据，医院的病历也不可能通过让医生和护士重新输入详情而重新生成数据。

影响数据是受到保护还是重新生成的决策条件包括：

- **原始数据还是副本？** 原始数据需要更高的保护级别。作为副本的数据(例如，生产数据库的测试/开发副本)可能不需要与原始数据相同级别的数据保护(除了极少数情况，仅从另一个源访问的临时数据也属于"副本"类别)。
- **数据是随机的，还是可预测的？** 来自最终用户、标准交互和正常使用场景的随机数据需要更高的数据保护水平。若可重新计算锁定的或只读的数据，并可收集计算结果，从而对某数据进行恢复，则此数据需要的保护将较少。

- **具体内容重要吗?** 内容本身的存在不具有直接价值的数据未必需要保护。例如,用于性能测试的随机数据块或公司 Web 代理数据可能被视为无足轻重,可直接重新填充,不必进行恢复。[1]

2.5　组织结构的变更

如果备份策略和存储策略在开发或操作时彼此分离,那么仅有这两类策略是不够的。数据增长、数据使用和数据位置(Locality)等因素表明,企业必须更关注数据保护策略;数据保护策略涵盖数据存储、复制、备份/恢复以及数据再生的所有方面。

数据保护策略的发展衍生了新的组织架构设置方法。在 20 世纪 90 年代末,流行的做法是将企业备份管理分离到独立团队,以顺应更广泛的集中式架构。企业不再配备 UNIX 备份管理员、Windows 备份管理员等,而由一个单独的管理员团队为所有 IT 部门以及整个业务部门提供备份服务。这是完全合理的,与那些将每个操作系统或应用程序的备份策略孤立起来的企业相比,采用集中式备份策略的企业几乎总能提供更高效、更具成本效益的备份和恢复解决方案。

集中式备份管理对健壮的数据保护策略来说一直都至关重要,但单纯依靠集中式备份管理是不够的。相反,集中式备份管理必须与集中式存储管理相结合,建立、实施并维护一整套完全可靠且适用的数据保护策略。

实际上,在超融合和业务敏捷性需求的推动下,可看到目前市场上,IT 部门对基础设施管理员这类新职位的需求十分迫切。这些管理员需要对存储、虚拟化和数据保护过程进行控制和管理。不关注基础架构管理的数据保护解决方案往往不适应当前企业的实际需要。[2]

2.6　本章小结

数据保护不再是过去认为的那种简单而直接的活动。数据高速增长、不断变化的位置以及日益增加的对 24×7 运营的依赖,意味着过去几十年间建立起来的简单数据保护方法,已经无法满足现代企业的业务需求了。

1　不过,如果有必要重复测试新系统的性能,那么保留随机数据以确保测试一致性也是完全合理的;但与关键任务数据库数据相比,此类数据所需的数据保护级别将低得多。

2　这当然不会减少应用程序、数据库和系统管理员参与数据保护过程的必要性。实际上,现在可看到一种新型数据保护技术正在发展,管理员和架构师可控制更广泛的备份和副本以及保护存储策略,而应用程序和数据库管理员则能控制日常数据保护的操作。

　　当然，这并不意味着数据保护无法实现；但正如其他任何正在发展的领域一样，现在需要更成熟、更全面的数据保护体系，只有这样才能成功解决企业面临的数据安全问题。

　　要获得足够的数据保护，就需要采用更集中化的方法，更广泛地了解组织内的数据分级策略。如果没有做到这两个方面，企业可能只有孤立且低效的策略，而这些策略只是覆盖了存储或恢复。

　　一旦对数据完成了分级，并对数据有了深入理解，下一个挑战就变得显而易见：如何在数据保护的背景下管理数据？这与 ILM 这一更广泛的主题有很大重叠，本书将其称为数据生命周期(Data Lifecycle)，这一主题将在第 3 章详细阐述。

第3章　数据生命周期

3.1　简介

制定孤立的、与数据生命周期规划脱节的数据安全保护策略，对于任何企业来说都是一个非常严重的问题。例如，如果企业的数据保护投资无法获取任何收益，就会出现"预算黑洞"，这是对备份和恢复系统最常见的批判。暂且不考虑这个要素，对于一个资金充足的备份和恢复系统，最主要的回报是确保可在需要之时恢复数据。另外两个要素也导致了此类问题，即：

- 不可管理的、不可预测的数据增长
- 备份数据的辅助用例场景不足

第二个要素将在稍后讨论。但出现第一个要素的核心原因通常是没有恰当地维护数据生命周期。

数据生命周期管理是任何企业 IT 部门至关重要的基础性工作，但大多数情况下，数据生命周期管理仍然被随机或随意地实施。对许多组织而言，数据生命周期"管理"类似于如图 3.1 所示的过程。

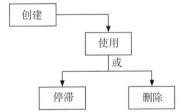

图 3.1　许多组织中使用的数据生命周期"管理"方法

理想情况下，在创建和使用数据后，如果没有任何法律、运营或职能需求要保留数据，则删除数据是合理的：删除数据消除了持续存储和保护相应数据的需求。但通常情况下，一旦数据使用完毕，数据将停滞(Stagnate)在主存储上，白白占用空间，不产生任何收益。

理想情况下，有效的数据生命周期管理应遵循类似于如图 3.2 所示的过程。

虽然基础性工作比图 3.2 中建议的多很多(在存储管理和保护方面尤其如此)，

但图中归纳了真实的数据生命周期。一旦创建数据，将在特定时间段内使用(时长通常取决于数据的功能和内容)；之后，一旦数据的主要使用周期失效，就应该考虑数据的下一阶段。下一阶段应该是以下两项工作之一：

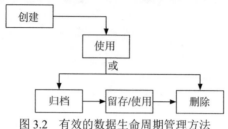

图 3.2　有效的数据生命周期管理方法

(1) **删除数据**。

(2) **归档数据**，也就是必须保存数据，但不再需要主动处理这些数据。

在逻辑上，归档通常意味着将数据从较昂贵的存储层迁移到较便宜的存储层中；另外，归档具有一个重要的生命周期收益：归档使数据置于有效管理之下。

在某些 IT 部门看来，"删除(Delete)"是一个相当"冒失"的词汇，"归档(Archive)"则次之。这些 IT 部门进入数据囤积(Data Hoarding)的误区，误认为在费用支出和时间成本方面，将所有数据都保存在主存储比主动减少数据量更便宜。

数据囤积是许多企业管理思维中根深蒂固的严重问题，随着企业内部数据的爆炸性增长，囤积者面临的问题将继续增长。

存储行业的一个常见经验法则是，为存储 1TB 数据，约需 10TB 的容量才能在数据生命周期内对其进行有效保护。当企业存储 2TB、3TB 甚至 10TB 数据时，这看起来也不是特别糟糕，对于当今的许多企业而言，这样的存储容量仍是很小的量级。但当一个企业拥有数百或数千 TB 的数据时(大型企业甚至开始拥有 EB 级别的数据)，将看到不受控制的数据增长带来的巨大危害。

道理很简单，继续无序地管理数据生命周期只会让企业付出更大代价。所有企业最终都必须面对和处理数据生命周期管理，数据生命周期管理启动的时间越晚，企业就越痛苦。

企业对运营数据生命周期的错误做法主要有以下三种：

(1) 所有数据都陷入"使用"生命周期阶段。

(2) 归档，但永不删除数据。

(3) 删除，而不归档数据。

第一种做法是在省小钱吃大亏；第二种做法是真正意义上的数据囤积；第三种做法通常是鲁莽之举。

3.2　归档和删除

可以看到，企业的主存储并不便宜，如果使用的是企业级存储区域网络(Storage Area Network，SAN)或网络连接存储(Network Attached Storage，NAS)，那么每 TB 的受到充分保护的数据存储成本将比使用直连存储(Direct Attach Storage，DAS)的花费贵很多。不过，由于 DAS 缺乏足够的保护和管理选项，在某种意义上会变得相对昂贵。

在企业级存储中，实际容量为 20TB 的磁盘很少真正存储 20TB 的数据。即使不考虑使用任何快照或复制技术的场景，由于文件管理系统开销、RAID 系统开销和为增长留出的空余容量，实际占用的空间也可能更多。

当真正计算所有成本时，存储实际上并不便宜。

考虑 20TB 数据的 RAID 需求。假设这 20TB 是关键业务、高性能数据，它可能被存储在 RAID-10 固态存储(Solid State Storage，SSD)上，使用一系列 1TB 的镜像 SSD，再将这些 SSD 镜像条带化(Stripe)。操作系统识别的 20TB 存储实际上可能消耗 40TB 的存储空间。

由于存储对业务至关重要，因此可合理地假设将数据复制到另外两套存储阵列，一套是用于即时灾难恢复的本地存储阵列，另一套则是具有完整业务连续性功能的远程存储阵列。通过复制到两个位置，操作系统识别的 20TB 存储实际使用 $3 \times 40TB$ (即 120TB)的存储空间。

同样，考虑到存储对业务至关重要，可以合理地假设一天中可能制作多个快照，以允许比传统备份系统更小的恢复时间窗口。虽然快照存储可来自共享数据池，但企业的关键系统可能有一个专用快照池。这种情况下，可复制到两个位置，需要为数据的所有三个副本维护专用快照池，以便无论数据的活动副本在何处，专用快照池都可用。业务流程可能需要额外的 5TB 存储空间用于快照，在本例中这些存储空间也可能是 RAID-10 存储提供的，也就是说，每个处理快照的位置还需要额外的 10TB 存储空间。

到目前为止，原本是 20TB 存储已为第一副本消耗了 40TB 的存储空间，为第二副本消耗了 40TB 的存储空间，为远程副本消耗了 40TB 的存储空间，而且每个副本还需要为快照消耗 10TB 存储空间。算下来，20TB 存储占用了 150TB 的主存储空间。

当然，还有相关的备份成本。第一次全备份需要一份数据的完整副本，因此需要考虑另外 20TB 的存储空间用于备份。还需要考虑每周全备份和每日变化率为 2.5% 的每日增量备份。在一周中，要备份的数据量如下。

- 第 1 天，全备份：20TB
- 第 2 天，增量备份：500GB

- 第 3 天，增量备份：500GB
- 第 4 天，增量备份：500GB
- 第 5 天，增量备份：500GB
- 第 6 天，增量备份：500GB
- 第 7 天，增量备份：500GB

假设以上备份的数据留存期(Retention Period)为 5 周，则 20TB 背后的总数据量为 115TB。当然，这不包括每月的备份。假设数据没有任何增长，并保留 7 年的每月备份，那么需要另外 1680TB 的存储空间。

总之，传统备份模型中的 20TB 数据可能需要 1795TB 的备份空间。如果作为备份计划的一部分包括足够的冗余选项，这一数字将翻番，要在 7 年内保护 20TB 的数据将需要占用 3590TB 空间。到目前为止，20TB 数据需要 3740TB 的存储空间(150TB 主存储空间，3590TB 备份空间)。

当使用重复数据删除(数据去重技术，Deduplication)等高级备份技术时，计算更趋复杂。假设重复数据删除率为 10:1，则在 5 周的时间窗口内，受保护数据占用的空间可能降至 11.5TB 左右。但这些数据要么需要复制到另一个重复数据删除设备，要么需要写入磁带以实现冗余。如果数据被传到另一个重复数据删除设备，两个物理设备中的数据量会增至 23TB；如果数据进入磁带，两种存储技术所用的数据量会跃升至 126.5TB。[1]

一旦每月备份进入稳定状态，重复数据删除技术仍可创造节省存储空间的奇迹，但重复数据删除技术并非灵丹妙药。假设 7 年的存储过程中重复数据删除率为 10:1，则需要 179.5TB 的重复数据删除存储空间，或当数据在重复数据删除设备之间复制时，需要 359TB 的重复数据删除存储空间。[2]并非所有公司都在重复数据删除存储上留存长期备份，而将重点放在基于短期数据留存策略的复制和基于长期数据留存策略的磁带输出上。这种情况下，用于短期备份(包括复制)的重复数据删除存储占用的空间可能是 23TB，加上另外的 3360TB 的磁带存储(包括辅助副本)用于长期备份。

无论用于主存储数据保护，还是用于备份和恢复系统提供的数据保护，20TB 数据的保护成本都将随着时间的推移而累积。

到目前为止仅涵盖了数据保护的存储需求，尚未考虑这些活动耗费的时间。假设备份速率为 300MB/s，仅完全备份 20TB 数据就约需 18.5 小时完成。在备份速率相同的情况下，增量备份最快在半小时内完成。这种场景中，在 1 周内，20TB

---

1 将数据从重复数据删除源写入磁带几乎肯定需要再水化(Rehydration)。由于磁带系统顺序访问的特质，读取转储到磁带的重复删除数据通常比读取标准磁带恢复的速度慢几个数量级，原因是需要将更大量的数据恢复到临时存储区域，之后才能再水化所需的数据。

2 应该注意，与短期数据留存备份相比，长期数据留存备份(如之前说过的每月备份)通常会产生更少的重复数据删除，因为通常预期在如此长的时间内会有较多内容发生变化。

数据的备份将需要 21.5 小时；在 5 周的保留期内，备份活动所需的时间增至 107.5 小时；在 7 年时间内，备份活动所需的时间超过 1600 小时，大约 70 天的时间用于保护这 20TB 数据。

甚至，以上计算仍未完全覆盖潜在成本。例如，考虑一下磁带技术：3360TB 的磁带将需要物理存储和运输成本。假设向每盘磁带写入 4TB 数据，每盘磁带只有在写满后才会运至异地保存。在整个数据留存期内，需要移动、存储和处理近 850 个磁带。如果将数据备份到磁盘，并将磁盘复制到异地，则需要考虑标准生产带宽之外的用于备份复制的带宽，该连接还将影响 IT 环境的运营成本。

如果企业持续使用这些数据，以上方式仍算作不错的选择。然而，在许多组织中，这些数据很可能是活动(Active)数据和非活动(In-active)数据的混合体，而且非活动数据占比更高。与使数据副本一直滞留在主存储相比，归档不常用数据所需的工作量显然是微不足道的。

与流行的观点相反，在讨论数据归档前，应该首先评估需要删除哪些数据。毕竟，归档与业务完全无关的数据是毫无意义的。至于哪些数据是相关的，哪些数据是不相关的，则需要根据每个业务的特点进行决策。有必要考虑的一些领域包括：

- 未自动删除的临时文件
- 不再使用或已被取代的应用程序和操作系统的安装程序
- 未删除的个人通信和数据
- 多余的通信和数据
- 过期数据

删除停滞(Stagnant)和无关的数据这一概念对某些企业来说存在争议，因为组织普遍认为"存储成本低廉"。与此相对，由于公司为管理纸质文档花费了大量资金，付出的所有成本都与实际占用的空间有关，因此销毁或废弃无用的纸质文档成为一种标准的商业实践。

传说希腊国王西西弗斯生性狡猾，曾多次设法施计逃避死亡。西西弗斯死后，地狱的主人对他实施永恒的惩罚，要求他将一块巨石滚上山。由于太重，每天当西西弗斯使出浑身解数几乎将巨石推到山顶时，石头都会再次从山头滚落。

在《奥德赛》一书中，荷马(Homer)这样描述西西弗斯的命运：

"我看到西西弗斯处于无休止的工作状态，他双手托着大石头，双腿使劲上蹬，试图将巨石滚至山顶，就在他将把巨石滚至山的另一侧之前，他无法再承受重量，无情的石头再次轰鸣着滚落至平地上。"

不曾删除停滞的和无关数据的企业，注定面临与西西弗斯同样的命运。每天都要完成一项不可能完成的任务：保留公司生成的所有数据。这种做法忽略了一个显而易见的事实，那就是数据量已爆炸并将继续增长，而且并不需要留存所有数据。此类公司通常都在归档方面投入大量资金，无限制的归档过程会给企业带来新的数据管理难题。

虽然一些公司会继续坚持认为"存储成本低廉"，但为存储多余的数据而付费并不便宜。这里可应用一个基本的通用逻辑。每个人想要确定保留哪些私人物品，需要扔掉什么。谁会保留曾收到的每一封信，读过的每一份报纸，买过的每一本书，穿过的每件衣服？很少有人这样做，那些这样做的人被认为是需要进行心理辅导的强迫症囤积者。

对绝大多数人而言，以上问题的答案是否定的：物品是有使用期限的，一旦使用期限结束，就必须决定是否保留此物品。声称"存储成本低廉"就像闭上眼睛，希望迎面高速驶来的货车只是一种幻觉，这种掩耳盗铃的做法最终会造成巨大伤害。

当然，并非说只能删除而不能归档，只是说归档必须与删除相结合，否则归档就变成"巨石"，让企业的存储管理员遭受西西弗斯的厄运。

可参考某企业归档规划的示例：

- NAS 用于文件服务。
- 长期非活动数据从 NAS 归档至单实例 WORM (Write Once Read Many，一次写入多次读取)存储。
- 复制单实例 WORM 存储以实现冗余和保护。

无论喜欢与否，这些步骤中的每一步都要付出切实的成本。有些数据必须保留在主存储上，有些数据必须依法规留存但可移到归档存储。同样，将无关数据(无意义的数据、不再使用的数据以及没有法律/财政留存需求的数据)抽取至归档存储中，"仅为了保留而保留"将花费不菲的金钱。从法律角度看，企业有时会痛苦地发现，保留允许删除的数据反而给企业造成困扰。因为数据的"技术性过期"并不意味着数据在诉讼期间就可排除在法律取证之外。无论是应该删除(Delete)还是自动清除(Purge)的数据，只要数据存在、可访问或可恢复，这些数据就可作为法律取证的来源。即便是删除数据不彻底，也会使公司客户面临各种风险，并使公司面临法律诉讼。例如，在 2015 年，一家在线约会公司遭受了严重的数据窃取，暴露了公司用户，包括那些已经请求删除其个人资料的用户。

质量上乘的存储设备不便宜(注意，高性价比和廉价是有区别的)，完全集成到数据访问机制中的有效归档系统也不便宜。理想情况下，已归档的数据应该只是需要最少容量的数据备份，这也意味着已归档数据必须被复制并受到高度保护。为什么要将不相关和不必要的数据放到存储上而造成浪费呢？

备份社区的成员们常谈论一个重要观点：备份不是归档。遗憾的是，反复讨论这个观点的原因是，在某些企业中，备份恰恰变成了归档。为正确考虑这种行为，需要理解备份操作和归档操作之间的一个重要区别：

备份用于在丢失主副本的情况下生成额外的数据副本。

备份不应该删除、更改或移动受保护的数据，应始终是获取数据的新副本的过程。另一方面：

归档是关于移动主数据副本的一系列技术。

简而言之，归档与存储相关，备份与保护相关。一份优秀的存储策略和一份优秀的数据保护策略会为对方考虑各个关键主题，但两者之间不存在一对一映射关系。

如果企业没有使用数据归档技术，可能导致以下两种后果之一：

(1) 企业需要不断扩展其主存储，以确保可留存所有数据。

(2) 用户需要删除数据，为新创建的数据腾出空间。

同时提出不使用数据归档与无限制主存储预算的决定是极罕见的，因为不使用数据归档往往是为了省钱。最终结果很可能是一个草率的决策，即将备份系统用作主存储的扩展。

案例说明：

澳大利亚的一所大学设置了文件系统限额以限制数据的增长，但基于对学术言论和交流自由的考虑，学校并未设置电子邮件数据容量限额。

一段时间后，某位学者提出了一种想法，即当他的主目录被存满时，可创建一个包含主目录中所有内容的 zip 文件，通过电子邮件将 zip 文件发给自己，之后删除文件系统主目录中的内容并重新开始存储文件。

其直接后果是，这所大学的内部主存储器遭受了爆炸性的意外增长。

在上述场景中，主存储用于存储电子邮件系统的附件，而不是将备份系统用于存储附件。但最终效果相似，一个在设计中没有被用作主存储(电子邮件内容)的系统被用作文件系统的主存储，所有这一切都是因为存储系统没有使用数据归档技术。

选择将备份系统作为安全控制措施(Safety Net)或不执行数据删除检查是非常鲁莽的。由于备份系统旨在恢复丢失的数据，这种看似聪明的做法会引入一些棘手的问题：

● 需要深入了解备份周期。

● 增加备份环境的恢复负载能力。

● 掩盖了真实的存储需求，甚至会导致过饱和存储(Supersaturated Storage)。

首先考虑第一个要点，需要深入了解备份周期。设想一个用户听说获得更多容量的最快方法是删除一些数据，因为"数据是可恢复的。"而若数据生成周期与数据备份周期不匹配，那么完全有可能出现这样的情况，用户删除的数据可能仅存在于日备份和周备份中，而不存在于月备份中。因此，如果用户在 3~4 个月后根据需要恢复已删除的数据，这些数据可能已经无法挽回地丢失了。

在第二个要点中，假设用户可恢复数据，那么恢复那些数据不会影响其他更重要的备份和恢复操作吗？如果只是一个用户这样做，重要操作受影响的可能性极低，而若这种做法在组织内成为一种风气，那么所有这些额外的恢复请求将影响真正的备份和恢复操作。

最后，如果用户或管理员一时兴起删除了某些重要数据，而非将数据归档，那么这种行为很有可能会隐藏大量实际上已被使用的存储量。似乎每天都有足够的可用存储空间，但这可能只是海市蜃楼。在最坏的情况下，将导致过饱和存储[1]，可参见如图 3.3 所示的存储结构。

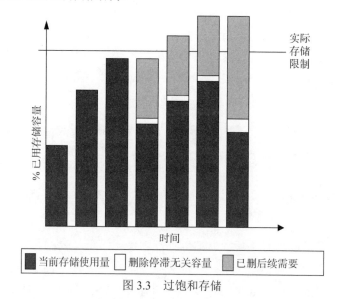

图 3.3 过饱和存储

随着时间的推移，由于进行了多次删除以恢复主存储容量，已被删除的、但今后需要的数据量会逐渐增加，以至于物理上不再可能将所有需要的数据都保存在主存储上。这么做与归档之间的区别很明显，在使用归档的情况下，数据仍可被正确访问，虽然速度较慢，但数据大小是已知的。

重要的是要理解，归档数据也应纳入数据安全保护体系。如图 3.4 所示，这是通常所说的主数据和归档数据的数据保护体系顶层架构。

企业通常会对正式归档架构提出反对意见，认为基础架构成本过高，而且需要对存档存储执行数据保护。这些确实都是成本，但它们不如主存储的成本高。

---

1 如果仅从存储管理的角度考虑，上述情况可称为过度供应(Overprovision)，但在本文语境中，称其为过饱和更合适。毕竟，过度供应意味着一定程度的持续监测和管理——这两点都不适用于过饱和存储。

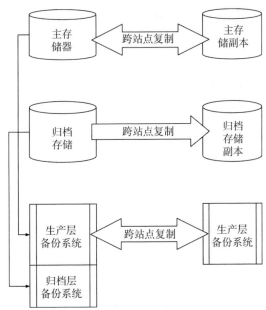

图 3.4　主数据和归档数据的数据保护体系顶层架构

使用数据归档技术的数据应属于以下两个主要类别：

(1) 数据是陈旧的，而且数据的访问请求频率较低或没有请求。

(2) 根据监管法规而保存的数据。除非有法律方面的原因，否则不需要访问这些数据。

以上两种情况都会显著改变存储在归档层中的数据的性能特征。对于需要混合使用企业级闪存和 SAS 存储作为主要生产数据的企业来说，使用相同速度的存储作为归档是愚蠢的。相反，大容量 SATA 或 NL-SAS[1]将为不经常或实际上不再访问的数据提供充足的性能。主生产数据可能需要带有更昂贵驱动器的存储，这些存储支持 RAID-1、RAID-1 + 0 或 RAID-6(用于大批量数据)，并针对访问和重建时间进行驱动器数量优化。而归档数据可能只使用 RAID-6，要求的驱动器数量更多，更看重存储容量而非重建时间，容忍更长的访问时间，更换驱动器后对重建性能影响不大。

除了 LUN 保护和驱动器性能方面，主数据与归档数据对于复制的要求也大相径庭。生产和灾备数据中心之间，为主数据存储而进行的存储阵列复制，将致力于最小化两个站点之间的复制延迟；另外，这种复制可能需要带宽极高的站点间链路，并需要服务质量(Quality of Service，QoS)保证，以便不损坏数据访问性能(从

---

1 近线 SAS(NL-SAS，Near-line SAS)是指串行连接的 SCSI 存储，其驱动机制和转速可以媲美 SATA 驱动器。

而不影响业务功能)。对于数据归档而言,以上考虑可大幅减少;复制可能是异步的,可能带有更大延时,并使用 QoS 策略限制可用带宽,而不用 QoS 策略保证可用带宽。

最后,归档数据的备份和恢复要求与主数据相差极大。主数据的备份完成时间、RTO 和 RPO 都有严格的 SLA 限制。备份使用复制技术,可能要求将这些备份副本存储在异地。对于使用 WORM[1]类型保护的归档,如果在两个站点之间复制归档数据,并且所使用的归档系统具有高级别的故障检测、自我保护、自我修复以及管理兼容的保留锁定功能,则企业可选择不备份归档数据。即使备份归档数据,可能只需要每月备份一次,而不是将这种备份作为常规备份周期的一部分,这是因为只要执行新的、刚完成的备份就可在任何时候重新进行构建,X 月归档中的任何内容在 $X+n$ 月归档中都还存在,或者无论如何,出于合规性目的,将不再需要归档内容了。

毫无疑问,虽然需要考虑归档存储的相关成本,但对于大多数组织而言,与更昂贵的主存储相比,归档存储减少了存储、管理和数据保护方面的开销,组织通常会在 1~2 年内或在下一个主存储更新周期内获得归档技术的投资回报。

3.3　本章小结

存储不是廉价或无限的,而且时间总是有限的。虽然企业有时因为不使用数据生命周期策略而"图侥幸,碰运气",但真正企业级的、可靠的数据保护模式应该与数据生命周期策略完全集成,以便为业务提供最完善的安全保护和最优化的经济回报。

真正的数据囤积是一种公认的强迫症。企业应该要避免不断累积所有数据而不考虑删除或归档的场景。

---

1 术语 WORM (Write Once Read Many,一次写入多次读取)从历史上看是磁带技术的特点,但现在的许多存储阵列具有合规级别的写入锁定功能,以防止覆盖或删除,并已获得政府监管机构的认可。

第4章 数据保护体系诸项要素

4.1 简介

IT 业界有一个常见的误解，即认为技术可解决任何问题。如果这个观点是正确的，IT 将是一个不需要专业操作人员或专家的、完全商品化的、千篇一律的行业。

以上观点在数据保护和其他任何方面同样适用。

如图 4.1 所示，数据保护体系(Data Protection Systems，DPS)中有六个不同的要素：

- 人员(People)
- 文档和流程(Documentation and Processes)
- 服务水平协议(Service Level Agreements，SLA)
- 测试(Testing)
- 培训(Training)
- 技术(Technology)

本质上，技术仅占以上所有要素的 1/6，而且迄今为止，与技术打交道往往是最容易的。

可以说，上述六要素中的一些主题可认为是彼此的子集。例如，"测试"应该作为"文档和流程"的一部分，而"培训"面向的对象是"人员"。然而，若将这些要素合并在一起，通常会忘记各个要素的特定需求，而且当处理这些要素时，协调不同的角色和功能变得更困难。与 ITIL 体系区分"负责(Responsible)"和"问责(Accountable)"的方式类似，需要独立地处理前面列出的每个元素，以确保明确地理解需求。

4.2 人员

无论自动化程度如何，数据保护体系中有三个重要的参与者：

- 设计者(Designer)

- 操作员(Operator)
- 最终用户(End-user)

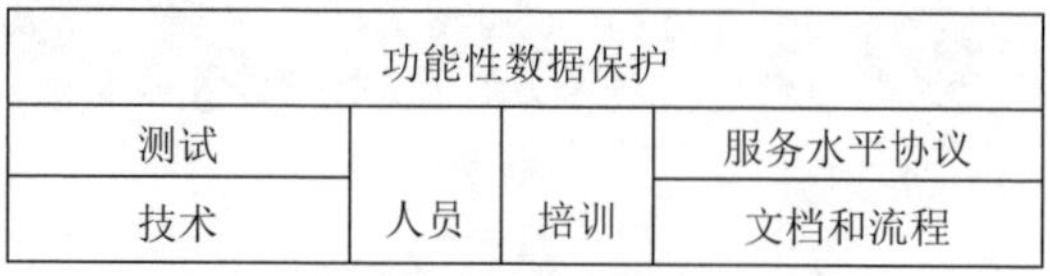

功能性数据保护			
测试			服务水平协议
技术	人员	培训	文档和流程

图 4.1　数据保护体系的诸项要素

4.2.1　设计者

如果设计者提出的设计需求，在生产系统中没有实现，那么无论规划了哪些流程、使用了哪些技术、签订了哪些 SLA 以及进行了哪些培训，都毫无意义。

数据保护体系的设计者或架构师负有重要责任，即确保其设计的架构和实现的体系可满足数据保护的业务运营需求。当然，这包括主动式(Proactive)和被动式(Reactive)组件。

与数据保护体系中涉及的其他人员相比，设计者更需要了解商业级的系统需求。设计者需要专注考虑一系列广泛因素，包括灾难恢复、数据保护体系在业务连续性中的作用以及单个系统的可恢复性问题。这包括但不限于：

- 理解 IT 系统映射到哪些业务职能
- 理解 IT 系统之间的依赖关系
- 理解业务职能的重要性
- 理解业务职能之间的依赖关系
- 理解在发生灾难性损失时，恢复 IT 系统的顺序

如果不考虑以上情况就进行设计或实施的数据保护体系，就无法满足业务的总体需求，即便偶尔符合需求，也仅是靠运气而已。

4.2.2　操作员

在数据中心环境中，往往倾向于将操作员和管理员职责分离开来。如今，在许多组织中，情况仍然如此，但两者之间的差异越来越模糊。最终，这两个角色都是通过维护、配置或完成常规功能任务来维护 IT 环境。

因此，无论员工的职能是否包括操作员或管理员，其任务都是确保系统一旦就绪，就可以保证系统正常运行、功能持续运转并支撑业务的发展。

系统设计者有责任确保数据保护体系能满足既定的 SLA，而操作员的职责是确保系统运行时可满足这些 SLA 的要求。设计者注重理论，而操作员注重实践(最恰当的比喻是房屋建造。建筑设计师设计房屋，并确保按照设计施工；而业主入住房屋，并营造出一个温馨的家)。

同样，一旦设计者完成了监督解决方案部署的工作后，接下来使数据保护

环境与业务相匹配的挑战移交给操作员，做到这一点需要很多活动，包括但不限于：

- 管理(Administration)
- 操作(Operation)
- 持续监测(Monitoring)
- 持续报告(Reporting)
- 维护和修复(Maintenance and Remediation)
- 预测和趋势(Forecasting and Trending)

大多数组织都可非常正确地理解以上大部分活动。但在许多组织中，挥之不去的挑战是"预测和趋势"，原因有以下两点：

- 预测 SLA 的持续一致性，以及确定在哪些方面无法满足 SLA 的要求。
- 为下一个产品周期提供详细输入。

任何技术都有一个明确的生命周期，包括计划、测试、安装和使用，然后逐步淘汰或升级等。接下来发生的情景可能是需要组织谨慎考虑的。如果组织没有核对(Collate)保护体系中的数据，就无法产生预测和趋势信息，下一个技术采购周期可能与上一个采购周期同样痛苦甚至更痛苦。

有趣的是，通常情况下，未能充分预测其环境增长和/或未能对数据进行合理分级的企业，最可能对数据保护方面做出的投资感到不满(只有在目标已知且可衡量的情况下，才可评价实际结果)。

4.2.3　最终用户

尽管最终用户同样是数据保护体系的参与者，然而这一角色与管理员或操作员的角色相去甚远。

常识表明，虽然最终用户不需要亲自参与数据保护活动(并且确实可以假设组织采取了足够的措施来防止数据丢失)，但最终用户应该慎重约束自己的行为。在一些组织中，最终用户利用数据保护体系的功能特性，故意删除数据以释放空间，并且打算在以后请求恢复删除的数据。

同样，应该将组织没有实施数据保护的情况告知最终用户，如数据必须从其他源获取但没有受到主动式保护(这种情况非常典型的实例是测试和质量保证系统)。这就需要定义清晰且文档化的 SLA，将 SLA 映射到业务职能，进而以业务人员(而非仅是 IT 人员)可理解的语言清晰地记录和表达。

最后，最终用户应该了解如何提出恢复请求；如果最终用户不了解恢复流程，可能在丢失的数据本可从数据保护源快速找回的情况下，却浪费时间去重建数据。

4.2.4   数据保护团队

在现代 IT 环境中，无法单独执行数据保护选项。而由传统的系统管理员团队发展而来的传统模型中，认为备份、存储和虚拟化管理员属于不同的单位，彼此独立，单独工作。下面列出在现代组织中可能需要实施的大量数据保护选项：

- **备份管理员**。需要理解正在使用中的存储和虚拟化的安全选项。
- **存储管理员**。需要知道备份存在何处、以何种方式发挥作用，从而补充复制、快照和 RAID 技术，并且出于性能和安全保护的原因，使备份与虚拟化紧密结合。
- **虚拟化管理员**。需要知道拥有何种安全保护、容量和性能选项。

为有效实现目标，最佳方法是将备份、存储和虚拟化这三项技术合并到一个功能齐全的运营团队中(如今，已可看到通过建立基础架构管理团队完成这个目标，这个团队负责上述所有工作)。

在现代组织中，围绕敏捷性的需求日益增加，推动了融合和超融合(Converged and Hyperconverged)基础架构的使用，什么时候转向(而非是否转向)基础架构管理的思考日益增多。即使一个组织足够大，将存储、备份和虚拟化管理合并在一起，操作同样棘手；但至少有一些员工在基础架构级别负责管理工作，成功操作的可能性是非常高的。

4.3   培训

遗憾的是，在许多组织中，涉及数据安全与保护方面的人员培训严重不足，这可能带来重大挑战，例如：

- 流程低效，无法最大限度地发挥现有的技术能力
- 对产品的理解不充分，导致人为失误的可能性更高

根据与数据保护体系交互的人员(以及交互方式)的不同，有很多种培训方式可供选择。首先，确定谁需要认证级别(Certification-Level)的培训，对于一些员工来说(数据保护体系的设计者和管理员尤其如此)，认证将是其培训和发展的一个重要层面。此外，内部开发的数据安全培训课程或第三方供应商(如系统集成商和专业咨询机构)提供的培训课程可提供足够的知识传递。

企业中，员工往往需要进行 AB 角色的相互备份。如果团队中只有一名员工接受过关于数据保护体系特定方面的培训，显然，这种使知识集中于一名员工的做法是极不明智的，无论客观环境和资源多么紧张和匮乏，都应该强烈地阻止这种做法。因此，只要有可能，应该有至少两名以上的员工接受关于企业中使用的各种数据安全保护的培训。这样的做法实现了几个目的：

- 员工离职、生病或以其他方式离开，都不会影响业务保障。

- 员工转岗时，不必担心重要的知识丢失。
- 员工可互相评审彼此的计划或实施的变更。

组织在组织运营的数据保护技术方面遇到最大的问题，往往是不允许员工适当地发展技能，或者拒绝接受技术日常管理是组织 IT 职责的一部分。员工参与安装、配置、测试和培训的程度，与他们使用产品时体验的质量直接相关。也就是说，未经培训的员工可能遇到更多问题，并最终使组织的数据恢复工作面临风险。

4.4　文档和流程

有人可能会说，流程(Processes)和文档(Documentation)是两个独立的要素，但就描述系统的设计和运行而言，流程和文档就相当于一枚硬币的两面，没有文档记录的流程并不会带来任何收益，文档的存在也是为了描述流程或者文档应该是基于流程而创建的。

可将数据保护体系的必要文档大致分为三类:

- 设计(Design)
- 实施(Implementation)
- 运营(Operational)

在 Mac Folklore 中，安迪·赫茨菲尔德(Andy Hertzfeld)撰写了一个关于 QuickDraw 开发中使用的圆角矩形的故事。当史蒂夫·乔布斯看到 QuickDraw 的功能演示时，他要求使用带圆角的矩形，而开发人员比尔·阿特金森(Bill Atkinson)对此表示反对。

史蒂夫·乔布斯突然变得特别激动。"到处都是带圆角的矩形! 看看这个房间!"当然，房间里有很多带圆角的矩形，如白板和一些桌子。然后史蒂夫·乔布斯指向窗外。"看看外面，还有更多，几乎无处不在!"史蒂夫·乔布斯甚至说服比尔·阿特金森和他一起在街区转转，指出所能找到的每个带圆角的矩形。

当史蒂夫·乔布斯和比尔·阿特金森通过一个带有圆角的矩形禁止停车标志时，史蒂夫·乔布斯想要的效果就达到了。

"好吧，我放弃了，"比尔·阿特金森恳求道。

……在接下来的几个月里，带圆角的矩形进入了用户界面的各个部分，并且很快变得不可或缺。

参考: http://www.folklore.org/StoryView.py?story=Round_Rects_Are_Everywhere.txt。

就像比尔·阿特金森最初不同意使用带圆角的矩形，却又发现带圆角的矩形有多么常见一样，在 IT 行业中到处充斥着类似的对于正式文档的反对意见。文档在 IT 工作中经常容易被忽视，然而，IT 部门经常对别人提出关于文档的苛刻要求，无论是与 IT 相关的或与 IT 无关的。IT 工程师们往往刻意回避撰写关于自身如何部署系统的文档，但如果供应商忘了记录一个关键组件，IT 工程师们就会强烈地抱怨。同样，有的 IT 工程师坚持认为，应该记录系统如何实施的最新细节，然而，也有 IT 工程师强烈反对这样一种观点，就像本地银行员工只会在工资支票结算后试图"记住"他们当前的银行余额一样，不需要将其记录在系统中。

4.4.1　规划与设计

设计文档反映了与环境相关的架构信息，除了最简单的环境外，设计文档的结构应该是非常正式的。设计文档也最能反映业务的目标和需求，因为设计本身应以满足业务运营的目标和要求为前提。

合理规划的数据保护环境是根据一系列业务需求而制定的，这些需求通常分为两个主要类别：

- 功能性需求
- 非功能性需求

如果已经简述了所有需求，那么这些需求就构成了设计文档中应解决细节的核心问题。例如，考虑表 4.1 中列出的功能性和非功能性需求。

除了简述实际设计外，生成的设计文档还必须涉及解决方案，设计如何满足最初提出的需求，并且同样重要的还有，必须提及无法满足的需求。

表 4.1　功能性和非功能性需求

类型	需求	重要性
功能性	系统中生成的所有数据的副本 24 小时内在次要数据中心可用	强制性
	归类为"第 1 级(Tier 1)"的数据的 RPO 必须小于半小时	强制性
	归类为"第 1 级(Tier 1)"的数据的 RTO 必须小于 10 分钟	强制性
	显示系统中任何失败组件的实时"仪表板"视图必须可通过 Web 访问	如果系统可集成<X>，则不是强制性的
非功能性	系统应是易用的	强制性
	系统需要提供各种管理接口	如果评估认为可用接口是可接受的，则不是强制性的

设计必须尽可能完整。以备份和恢复系统为例，仅说明计划、策略、预期的设备配置和数据留存(Data Retention)策略是不够的，还必须概述要配置的报告和持续监测选项。

4.4.2　实施

一旦设计出数据保护体系，就需要予以实施，相关文档对满足服务转换经理(Service Transition Manager)的要求是至关重要的，文档必须足够详细，展示建设的环境可进入持续运转的阶段。

1. 系统配置指南

从单个项目的角度看，普遍将实施文档视为"竣工"或"系统配置"指南。这些文档简明扼要地说明系统是如何创建的，以及在实施结束时，系统的确切情况。这些文档形成一条明确界限，清晰说明了系统应该是什么样子，并阐述了设计与实施之间的(已批准的)偏差。

竣工材料通常分为两类，为了更好地定义，将其称为初始(Initial)文档和持续(Ongoing)文档。初始文档应该是实施结束时对环境的静态描述，但由于系统可能会随着时间的推移而改变，这些变化应反映在更新的实施文档中。两种文档都是必要的。

2. 系统图

系统图(System Map)是一张网络图表/图，描述了系统连接情况，以及系统和应用程序之间的依赖关系。

在这个场景下，当提到系统时，指的是构成系统的所有组件，即：

- 主机(Host)
- 应用程序(Application)
- 网络连接(Networking Connectivity)
- 数据存储设备(Data Storage)

对系统图中跟踪的依赖项的最佳描述是运营依赖项(Operational Dependencies)，这反映了环境的互操作性，并认可了保护和恢复的映射关系和优先级。

系统图是所有组织中 IT 环境文档的核心组成部分。但实际上，系统图主要存在于 IT 人员的脑海中，好一些的情况，仅仅存在于各团队之中，也就是说，IT 部门中不同团队对于系统图通常有不同的理解。

随着 IT 环境规模的增长，就像 IT 环境成为实际综合网络图的机会减少一样，系统图成为实际图表的机会也越来越低。在这些场景中，有必要以包含一个或多个网络图的表的形式生成系统图。

聚焦于小型组织核心生产系统的基本网络图类似于图 4.2。虽然该图大致显示了一个环境中的关键组件，但未提供与这些关键组件彼此如何关联，或这些关键组件是如何映射到业务职能相关的任何细节。例如，图 4.2 中没有任何内容表明内部网服务器上运行着一个基于 Web 的呼叫管理系统，没有表明这个呼叫管理系统与数据库服务器的连接情况，也没有表明使用了身份验证服务器确保只有那些允许访问系统的用户才可检索数据。因此可以说，为达到数据保护的目的，仅有标准的网络图是不够的。

如果没有这些关联信息，那么在灾难性数据中心发生故障时，就没有明确的机制来确定业务系统的关键性，从而无法决定保护和恢复的优先顺序。这样做的一个常见后果是，即使是 IT 人员也无法完全理解恢复优先顺序或各个系统组件所需的保护水平。例如，大多数环境完全依赖于集中式主机解析(如 DNS)，而网络图本身并不能说明 DNS 服务对于业务正常运营的重要性。

通过使用系统图，不仅可直观地记录系统和应用程序之间的依赖关系，还可在数据保护规划、设计和实施活动期间，以及在灾难恢复和业务连续性情景中引用这些依赖关系。系统图可扩展图 4.2 中的网络图，如图 4.3 所示。

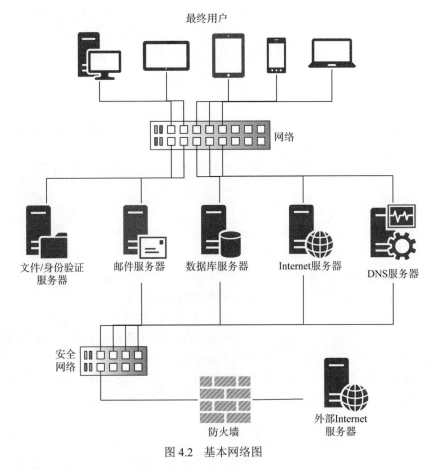

图 4.2　基本网络图

绘制系统图没有"最佳实践"或标准方法，而且不同组织将使用最适合需求和逻辑规格限制的方法。

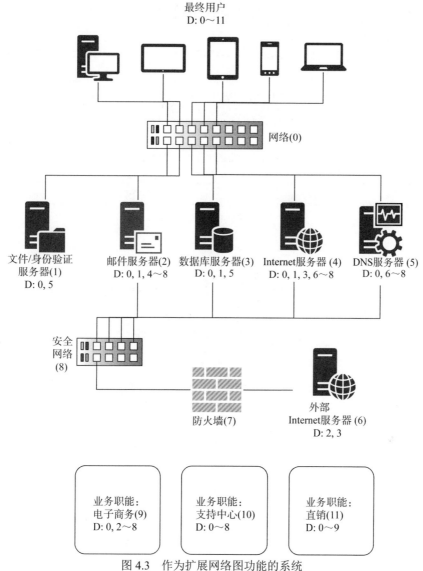

图 4.3　作为扩展网络图功能的系统

在图 4.3 中的依赖关系如下：

● 每项基础架构都设置编号。

● 除了网络图中所示的基础架构外，还引入了业务职能。这是必不可少的，引入业务职能可确保不仅识别单个系统，还可识别业务销售和依赖的"网状功能"。

● 每个系统都有功能及依赖关系的标签。例如，该图显示文件/身份验证服务器(1)依赖于 DNS 服务器(5)才可成功操作。

随着基础架构规模的增长，系统图作为单一图表可能变得很难成功地维护或如实解释系统间的依赖关系。某些情况下，需要将系统图构造为附带一个或多个网络图的表，类似于表 4.2。

　　无论使用哪种机制来建立系统图，目标都是确保可快速确定和记录系统、应用程序以及业务职能的依赖关系。当系统图准备就绪，不仅可通过感知用户的重要性，还可通过依赖于此系统的系统数量来分配系统的重要程度，从而揭示以前并未视为高优先级的系统的重要性(特别是从灾难恢复的角度看)。

表 4.2　系统依赖关系图

系统/功能	依赖	依赖关系数量
内部网络	无	10
DNS 服务器	内部网络 外部 Internet 服务器 防火墙 安全网络	8
文件/身份验证服务器	内部网络 DNS 服务器	5
邮件服务器	内部网络 文件/身份验证服务器 Internet 服务器 DNS 服务器 外部 Internet 服务器 防火墙 安全网络	4
数据库服务器	内部网络 身份验证服务器 DNS 服务器	6
Internet 服务器	内部网络 身份验证服务器 数据库服务器 DNS 服务器 外部 Internet 服务器 防火墙 安全网络	1
最终用户	所有	0

系统/功能	依赖	依赖关系数量
业务职能：电子商务	内部网络 数据库服务器 Internet 服务器 DNS 服务器 外部 Internet 服务器 防火墙 安全网络	1
业务职能：支持中心	内部网络 邮件服务器文件/身份验证服务器 数据库服务器 Internet 服务器 DNS 服务器 外部 Internet 服务器 防火墙 安全网络	0
业务职能：直销	内部网络 文件/身份验证服务器 邮件服务器 数据库服务器 Internet 服务器 DNS 服务器 外部 Internet 服务器 防火墙 安全网络 电子商务功能	0

基于表 4.2 可发现，在考虑生产系统时需要特别关注以下情况：

- 依赖关系数量越多，系统需要越早恢复。
- 依赖关系数量越少，系统对组织或最终用户的可见度越高。[1]

有些组织认为，只有在极端情况下才需要系统图。例如，发生灾难且所有系统管理员都不可用时；这些情况下，风险缓解(如组织策略禁止所有系统管理人员一起组团外出旅行)可解决上述情景的问题。但系统图提供了更重要的功能，系统

---

1 当然存在例外场景。

图有助于确保 IT 活动和系统可正确地与业务职能、活动及产品协调一致。如果没有系统图,许多组织最终会遇到 IT 环境的数据保护目标无法准确满足业务需求的情况。

4.5　测试

毫无疑问,测试对于充分保证数据安全保护能力至关重要。例如,人们常说,未经测试的备份就是失败的恢复,这句话同样适用于数据保护的所有方面,包括 RAID、快照和复制技术。

4.5.1　类型测试

未经测试的备份是失败的恢复,这一观点可能引起一些问题,也是必须将类型测试考虑进来的原因。类型测试(Type Testing)是在不对组织内的每个实例进行测试的情况下,为数据的可恢复性提供合理保证的方法。

例如,暂且只讨论数据的可恢复性,可以考虑使用异构的组织备份和恢复系统来保护环境中的 Solaris、Linux、Windows、AIX、HPUX 和 VMware 系统。一个不必要的过度测试过程实例是:在每一台 Solaris 服务器上、每一台 Linux 服务器上以及每一台 Windows 服务器上进行全面测试。

类型测试通过识别测试的每项独特依赖关系组合,并随机化这些组合的测试过程提供足够的保证机制。

因此,对于备份和恢复系统,这将意味着下列测试,例如:

- Solaris 文件系统备份
- Solaris 文件系统恢复
- Linux 文件系统备份
- Linux 文件系统恢复
- Windows 文件系统备份
- Windows 文件系统恢复
- AIX 文件系统备份
- AIX 文件系统恢复
- HPUX 文件系统备份
- HPUX 文件系统恢复
- VMware 映像级备份
- VMware 映像级恢复
- 使用 VMware 映像级备份进行文件级恢复

这种情况下,测试不会在每个平台的每个实例上重复进行,只测试每个平台的一个实例。某些情况下，白金级(Platinum-level)系统可能出现重复测试，例如那些对业务至关重要的系统或需要特定法律/财务测试的系统，可能逐个进行测试，但总体而言，在环境中执行的完整测试数量会显著减少。在使用"标准构建"或"标准操作环境(Standard Operating Environments，SOE)"的环境中，类型测试是最可靠的，提供了基本系统以预期方式设计和运行的保证级别。

当然，这适用于数据保护的所有方面。在使用镜像和复制的环境中，会执行类似的类型测试，例如：

- 成功装载复制的 Windows 文件系统
- 成功装载复制的 Solaris 文件系统
- 在复制的 Windows 文件系统上成功读取/写入 Oracle 数据库
- 在复制的 Solaris 文件系统上成功读取/写入 Oracle 数据库

此外，在集成数据保护活动时也要执行集成测试。设想在一个环境中，出于性能原因，不直接备份生产文件系统，而将复制的第三方镜像拆分、装载到另一台主机上并从该主机上备份。这种情况下，类型测试可能包括：

- 从复制的 Solaris 拆分进行文件系统备份。
- 从复制的 Linux 拆分进行文件系统备份。
- 从复制的 Windows 拆分进行文件系统备份。
- 从复制的 Solaris 拆分的备份数据中，成功恢复生产文件系统。
- 从复制的 Linux 拆分的备份数据中，成功恢复生产文件系统。
- 从复制的 Windows 拆分的备份数据中，成功恢复生产文件系统。
- 将 Oracle 数据库从复制的 Windows 文件系统备份恢复到生产环境，并成功地读/写。
- 将 Oracle 数据库从复制的 Solaris 文件系统备份恢复到生产环境，并成功地读/写。

这进一步说明了数据安全保护的重要性，从整体角度看，在这样的集成环境中，单独测试每个组件是不够的，因为从业务角度看，只有在所有相关活动都结束后才能评估系统恢复成功与否。

4.5.2　非正式测试和正式测试

组织应同时开展非正式测试和正式测试(Informal/Formal Testing)工作。非正式测试通常是初始系统部署的一个功能，也就是说，随着技术的推出，部署非正式测试的技术人员将定期执行快照测试，以确认所部署技术的特定方面是否按预期工作。这可能包括：

- 卸载新创建的 RAID-5 组中的一个硬盘驱动器，将其更换，并确认阵列可成功重建。
- 确认文件备份/恢复到磁盘和磁带的基本选项。

- 确认在另一台主机上成功装载已拆分、复制的文件系统。

在其他人看来，非正式测试是在正式测试之前对系统执行的基本"健全"测试，在实施阶段尤其如此。特别是考虑到正式测试通常涉及多名员工，因此执行成本更高(时间和金钱方面)，实际上，非正式测试可加快实施速度。

除实施之外，非正式测试还可以是一种快速进行、随机抽查的手段，特别适用于员工培训或修复后验证。

与宽松的非正式测试过程不同，正式测试通常是一项安排严谨的活动，旨在满足法律或合规性要求。正式测试涉及：

- 测试清单(Test Register)。
- 测试程序(Test Procedure)。
- 已完成测试的书面证据。
- 针对每项执行测试，应有两人或多人签署的/公证的验收报告。
- 缺陷清单(Defect Register)。

计划进行正式测试的业务需要确认是否存在与该测试相关的任何监管要求。例如，某些行业可能有这样的要求，即正式测试只可由组织员工进行，由外部审计机构进行审查。其他行业的要求可能比较宽松，允许实施解决方案的组织进行正式测试等。通过在进行正式测试前验证正式测试的监管要求，组织可规避令人不快的重复性活动以及基于合规性罚款的风险。

1. 测试程序

在正式测试中，测试程序至少应涵盖以下内容：

- 程序版本和发布日期
- 程序的作者
- 测试用途的描述
- 谁(即角色)应进行测试的详细信息
- 测试的先决条件
- 执行测试的步骤顺序(或参考其他地方的准确文档)
- 预期结果
- 缺陷和缓解措施

2. 测试清单

测试清单是一份文档，包括以下要点：

- 为正式测试搭建的环境
- 每次测试的结果

执行正式测试时，至少应记录以下内容：

- 所执行的测试的名称和版本
- 执行测试的人员

- 记录的实际结果
- 所采取的措施(例如，结果与预期结果不符)
- 测试是否成功
- 执行/见证测试的人员的姓名和角色
- 执行/见证测试的人员的签名
- 缺陷清单和风险缓解声明

3. 测试计划

如果测试未按规定执行，那么无论多么严格地定义测试都没有意义。因此，测试计划旨在概述每个特定测试的执行规则。

为确保没有遗漏测试项，测试计划应该是自动化的。在最原始的形式中，这可能是一件简单的事情，就像定期评估测试计划、为执行测试的人创建适当的提醒和任务一样。例如，管理团队可能每季度检查一次测试计划，确定在此期间需要执行哪些测试，根据需要为相应的员工设置日历任务和预约，提醒管理团队和员工一同跟进，以确保测试已经进行，并将结果记录在案。更正式的测试管理系统可直接自动处理这些事项。

4.5.3　性能测试

与功能测试(Functional Testing)同样重要的是性能测试(Performance Testing)。功能测试确定能否完成某些事情，而性能测试则建立了关于完成某项任务需要多长时间的基线。

性能测试适用于数据保护的所有方面，主要包括三项单独的活动：

- 基线(Baselines)
- 标准测试(Standard Testing)
- 重新取样(Resampling)

在受控情况下，基线确定活动所需的预期时间。例如，可在存储系统上建立基线，以便在更换驱动器后重建 RAID 的逻辑单元号(LUN)，其中：

- 文件系统处于非活动状态
- 文件系统承受中等访问负载
- 文件系统承受大量访问负载

与复制活动相关的基线可能包括：

- 在特定速度的链接上执行第一次同步的时间长度。
- 拆分期间出现 10%变更后，在特定速度的链接上重新同步的时间周期。
- 拆分期间出现 30%变更后，在特定速度的链接上重新同步的时间周期。
- 当源系统重建其 RAID 系统时，拆分期间出现 10%变更后，在特定速度的链接上重新同步的时间周期。

- 如果共享带宽，当链接未使用、使用 25%、50%或 90%时，重新同步的时间周期。

与备份系统相关的基线可能包括：

- 备份包含不超过 100 000 个文件的 100GB 文件系统的时间周期。
- 备份包含 1 000 000 个文件的 100GB 文件系统的时间周期。
- 备份 500GB 数据库的时间周期。
- 可在 8 小时时间窗口内备份的数据量。
- 不必访问介质索引时，重新扫描 1TB 备份数据的时间周期。

同样，从备份环境中恢复的基线可能包括：

- 通过 1GB 和 10GB 的网络链接，在 1 小时的时间窗口内，对于文件大小为 5KB～1GB 的文件系统，可恢复的数据量。
- 恢复包含不超过 100 000 个文件的 100GB 文件系统的时间周期。
- 恢复包含 1 000 000 个文件的 100GB 文件系统的时间周期。
- 恢复 500GB 数据库的时间周期。
- 恢复 100GB 数据库的时间周期。
- 从虚拟机映像级备份恢复 100 个文件的时间周期。
- 将虚拟机映像级备份恢复成新虚拟机的时间周期。
- 自备份后虚拟机的 1%发生更改时，利用更改块跟踪进行增量还原，恢复虚拟机映像级备份的时间周期。

为测试而建立的基线的数量和类型，会根据每个业务的需求和规模而变化。最佳的基线建立应该经历至少三次重复测试，并将得到的结果取平均值。当性能是重要指标的情况下，甚至可能需要运行更多次测试，去掉结果中的最大值和最小值，并计算其他结果的平均值；当然基于复杂的现实原因，以上做法可适当调整，也存在各种例外情况。有些测试甚至可能需要在一天中的不同时间进行以取得基线，如上午 9 点、中午 12 点、下午 16 点和凌晨 24 点对关键系统的恢复进行性能测试。或者，当负载根据月份内的时间(特别是与月末作业相关)的变化而变化时，可能需要在一个月内的多个日期和时间收集基线性能数据。

标准性能测试应该是非正式测试和正式测试的组合，定期确认活动与已建立的基线的差异是否仍处于完全可接受的程度。与标准功能测试一样，应该为正式的性能测试制定时间表并记录测试结果。

如果标准性能测试显示基线不再准确、技术发生重大变化或数据量明显变化，需要重新采样以确定新基线。最佳情况下，应记录原始基线和通过重新采样建立的新基线，以便在系统的整个生命周期中确定趋势。

在关联性日益紧密的 IT 环境中，性能测试充其量只是一项非常复杂的挑战。假设一个非常典型的中型组织具有：

- 共享存储(SAN 和 NAS 的混合)

- 虚拟(80%)和物理(20%)主机的混合
- 可驻留在多台物理服务器中的任何一台服务器上的虚拟主机
- 用于标准数据和备份/恢复的共享光纤通道网络
- 用于标准数据和备份/恢复的共享 IP 网络

在顶层视图上，这可能类似于如图 4.4 所示的相互连通关系。

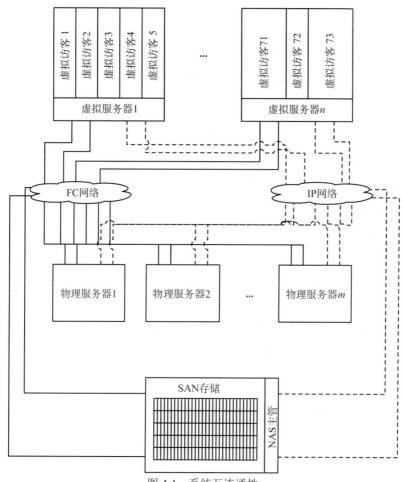

图 4.4　系统互连通性

　　在这样一个典型系统中，网络、存储、内存和处理器都是共享的，单个组件(如单个虚拟机)的性能很大程度上取决于其他所有组件之间的相互作用，以及这些组件在任何特定时间所承担的工作负载，就像在自己的操作系统、应用程序和使用配置文件上一样。星期日上午 10 点进行的备份性能测试可能与星期一上午 11 点进行的备份测试之间没有任何关联，以此类推。虽然许多单个组件有能力保证性能，但让这些组件在潜在的多个虚拟化和资源共享级别上协调起来是一门科学，也类似于一门艺术，当许多业务系统同时需要资源时尤其如此。

　　要在这样的环境中规划充分的性能测试，并没有简单和廉价的解决方案。实际上，从单一测试中准确地说明一个组件的性能是不可能的(在特定时间甚至是随机执行多次测试，并平均测试结果，这些工作可能仅是起点)。

　　在涉及数据保护环境的性能测试时，确定最初所需的精度并测量环境的总体负载变得至关重要。因此，当以下条件成立时，财务数据库服务器能以 130 MB/s 的速度进行备份：

- FC 网络的利用率不超过 20%
- IP 网络的利用率不超过 60%
- 承载数据库的特定虚拟化服务器的 CPU 负载不超过 60%
- 承载数据库的特定虚拟化服务器的内存利用率不超过 50%
- SAN 的 IOPS 记录低于 100 000

　　对于在组织的 IT 环境中进行的真正准确的性能测试而言，这个列表是非常简单的，但仍可证明一点：性能测试是组织 IT 环境中经常讨论的一个主题，但当可能涉及任何可靠性内容时，性能测试不再是一个可随意使用的主题。

4.5.4　测试风险

　　当首次接触测试工作时，非常容易假设测试的目的是降低环境中的风险。虽然这也是实际目标之一，但若测试的执行方法不正确，测试可能给组织环境带来风险。因此，重要的是要以完善的方法论规划测试，以尽量减少测试对整个环境的影响。

　　同样，必须严格评估可能影响实际生产系统的测试方案；例如，为确认系统可正确地重建 RAID 单元，从生产 SAN 中移除正在运行的驱动器可能会成功，但代价是影响存储重建的性能；或者这么做可能向环境中引入其他错误，移除的驱动器正在转动，但可能由于拔出得太多、太快，造成驱动器损坏；或者，因为这不是一个有效的磁盘故障测试[1]，测试可能会奏效，但与实际的故障场景无关。

　　对于某些测试，重要的是要考虑连锁风险(而非直接风险)的可能性。例如，如果跨站点复制用于关键存储，并且故意中断复制以强制进行新的完整复制，请考虑以下事项。

- 直接风险是，使用跨站点链接的生产流量可能会因复制的更高利用率而受到损害(特别是在未使用 QoS 的情况下)。
- 如果在测试期间生产存储发生故障，则测试可能导致更长的宕机时间，需要从备份中恢复，因为在线远程副本尚未完成重建。

　　即使是标准的恢复测试也可能带来挑战，对于数据可恢复性的定期测试(特别是关键数据)非常重要，但需要了解的是，人为错误可能导致恢复覆盖了使用中的

---

[1] 除非存在已知风险，否则任何人员都可能从机箱中随机地拆除运转的生产磁盘驱动器。

数据，或恢复到错误位置，并写满文件系统；又或在安全环境中，恢复过程使用了未加密的、不安全的网络链接并暴露给第三方进行窥探。

测试中的潜在风险非常多，特别是当测试环境与生产环境并非 100%隔离时，风险的可接受水平在很大程度上需要由各个组织根据测试的财务和监管影响来决定。

4.5.5　测试是什么？

在结束讨论测试主题之前，应该简单分析一下什么是测试。例如，设想这样一个业务：组织已决定每月至少随机选择一个第 1 级(Tier 1)的系统，执行一次完整的文件系统恢复。如果等到本月的第三周尚未进行测试，但由于生产问题需要对该第 1 级(Tier 1)系统执行完整的文件系统恢复，那么这是否可以当成测试？

对于大多数组织来说，这是一个难以回答的问题，并且没有唯一答案：对于测试没有正式法律要求的业务中，这完全有可能认为是成功地执行了一次测试。对于那些受严格的合规性约束的组织，当局(以及组织的法律顾问)可能不认同这是一次成功的测试。在任何需要正式测试过程的业务中，这个问题需要认真研究，并做好完整记录。

4.6　服务水平协议

SLA 对于理解环境中所需的数据安全保护和数据恢复选项来说至关重要。

从备份和恢复的角度来看，围绕 SLA 通常会考虑两个关键因素：

- 恢复时间目标(Recovery Time Objective，RTO)，恢复数据需要多长时间。
- 恢复点目标(Recovery Point Objective，RPO)，最终允许"丢失"多少数据。

表 4.3 列出了备份和恢复环境中 SLA 的几个可能的 RTO 和 RPO 示例。

表 4.3　恢复点和恢复时间协议样本

系统	RPO	RTO
组织的 NAS	1 小时	8 小时
生产财务数据库	2 小时	1 小时
归档服务器	1 天	5 天
标准服务器	1 天	8 小时
生产邮件	1 天	4 小时

通过检查环境中的 RPO 和 RTO，通常可分析出一个问题的结论：传统的每日备份模型无法提供足够的恢复能力。

这进一步表明，仅使用传统的备份和恢复活动，无法满足现代组织中的数据安全保护需求。事实上，RPO 和 RTO 时间越紧急，数据保护设计就越可能要求在不使用传统恢复机制的情况下，满足 RPO 和 RTO 的要求(例如，考虑表 4.3 中的组织 NAS 示例，该示例具有 1 小时的 RPO 和 8 小时的 RTO。显然，这种情况下，如果可丢失的最大数据量(以时间表示)仅为 1 小时，那么每 24 小时执行一次的传统备份机制将不再适用了)。

当然也应该注意，在规定服务水平时，应明确提出服务水平协议(SLA)或服务水平目标(Service Level Objective，SLO)指标。SLO 通常是期望的结果，但不是强制性的，而 SLA 通常是强制性结果。

4.7　技术

已经考虑了数据保护体系中的其他所有内容，剩下的是最简单的组件：技术。不言而喻，所部署的一些安全技术可能是相对复杂的，并且这些技术的实施、维护和持续运行需要专业培训。然而，即使考虑到这些因素，技术也是整个系统中最简单的方面。

在数据保护体系中，技术选择要考虑两个关键因素：技术必须满足目标，并且技术必须适应目标。

在第一个实例中，所使用的技术立即适用于当前需求。简单来说，这意味着所使用的技术既满足了业务的所有功能需求，也满足了大多数甚至全部非功能性需求。

然而事实并非总是如此，除非使用了定制技术并且业务需求是静态的，否则与组织中的任何其他解决方案一样，用于数据保护的技术不太可能满足所有功能需求，更不用说满足所有非功能性需求。这展示了与组织环境中所使用的任何数据保护技术有关的、最重要的方面之一：数据保护技术必须是一种框架技术。也就是说，除了提供基本功能外，数据保护技术还应该是可扩展的，并且这些功能应该有很好的文档记录。[1]许多情况下，这意味着至少满足下面其中一点：

(1) 应该有与系统密切相关的综合命令行工具。

(2) 应该有完整的管理及操作 API，该 API 至少对一种或多种编程语言是完全可用的。

(3) 系统应将所有管理和操作功能与行业标准管理工具集成。[2]

(4) 如果是完全基于图形用户界面(Graphical User Interface，GUI)的系统，则

---

1 事实上，DevOps、REST API 的日益普及，以及对类似云技术的业务敏捷性需求，充分说明了为什么框架技术在现代业务环境中比单一技术更重要、更优越。

2 这通常是一把双刃剑。例如，与基于 SNMP 的产品集成可能允许从第三方组织技术管理系统执行持续监测和基本管理功能，但第三方系统不太可能管理产品的所有方面。在这些场景中，可扩展性不是唯一提供的形式。

应提供系统自己的自动化选项，并且 GUI 的所有功能都应该易于自动化。

由于大多数组织的需求随着时间的推移而变化，因此很容易想到，通过脚本、编程或其他自动化方法实现组织技术解决方案的扩展性和适应性，与通过技术来满足初始部署需求同等重要。

4.8　本章小结

除了最深奥的业务需求外，在通常情况下，数据保护解决方案中最简单的组件实际上就是所用的技术要素。解决方案是否有效的决定性要素通常是综合使用其他组件：SLA、文档和流程、人员、培训和测试。比起其他要素而言，几乎总有一些数据保护技术可为业务提供更多的功能性选项；但不能仅因为技术的功能从逻辑上映射了业务需求，就把这点作为判断技术对业务而言是否有效的唯一标准。

为业务确定正确的数据保护组件和体系，是一个必须从顶层开始治理的过程——必须施加监督，必须有清晰的体系架构方向以及强有力的指导原则来实施这些解决方案。这些内容将在第 5 章中详细介绍。

第5章　IT治理和数据保护

5.1　简介

Robert Moeller 在其著作《IT 治理执行指南：利用服务管理、COBIT 和 ITIL 改进系统流程》中谈到 IT 治理：

"IT 治理关注的是业务的目的和目标之间的战略一致性，以及如何利用 IT 资源有效地实现预期效果。"

IT 部门为组织所做的一切都应与组织的业务战略目标保持一致，并得到 IT 治理的支持。那些组织中与 IT 相关的控制流程可能并不能称为治理(IT governance)，但想要较好地整合 IT 部门，就要实施治理控制(尽管与生产系统流程的约束和要求不同，测试、开发系统和流程也应当属于 IT 治理)。IT 治理是一个庞大的主题，无法仅用一章的篇幅来阐述与数据保护相结合的所有主题和注意事项。本章将重点介绍 IT 治理与数据保护相结合的顶层视图：

- 架构(Architecture)
- 服务交付(Service Transition)
- 变更管理

尽管 IT 治理中的几乎所有方面都需要考虑数据保护的要素，但这三个主题代表了关键的结合点，数据保护不是可有可无的其他因素，而是需要重点关注的关键性因素。

5.2　架构

组织开发的每个解决方案，无论是使用组织内部人员所实施的技术、购买组件还是外包系统，架构开发过程都必须遵循以下三个最重要的数据保护原则(见图 5.1)：

(1) 完整性(Integrity) ——建立内部保护机制以规避数据失效或损坏。

(2) 可靠性(Reliability) ——建立保护措施以减少宕机时间。

(3) 可恢复性(Recoverability)——建立数据恢复能力，确保数据永不丢失。

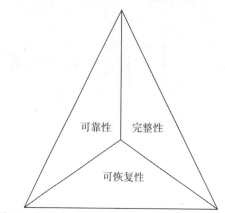

图 5.1　解决方案架构中的关键数据保护注意事项

需要特别注意的是，这些必须考虑的因素不仅要适用于组织内部的数据保护解决方案，还必须适用于组织内部的所有解决方案。试想这句话："一条链条的坚固程度取决于最薄弱的一环"，这是组织对实际解决方案架构的指导性原则。如果组织使用了不健壮的数据保护原则来设计或实施数据保护体系，那么组织内部实施的整体数据保护策略也将受到同等的损害。

5.2.1　完整性

一套完整的解决方案必须可提供足够强壮的数据完整性保护，以最大限度地减少数据失效或崩溃事件。简单的存储系统可能只包括有效的 RAID 级别或复制功能。更高级的存储系统则可能具有自我修复功能和常规数据可靠性检查选项。对于备份和恢复系统而言，这将涉及复制或克隆备份的能力，以及在备份期间检测写入失败的能力。而对于基于驱动器的备份系统或设备，这应该与主存储阵列的数据完整性检查和自我修复功能相互叠加、相互补充。

数据完整性的可信度既是数据保护活动的功能，也是主要生产活动的功能。数据库用户应该确信输入的信息可成功存储(对于一个组织来说，这扩展到了整个应用程序栈，最终用户应该相信，他们对文字处理文档或电子表格所做的更新将在关闭和重新打开文件时保留)。实质上，数据完整性不仅来自数据存储系统和数据保护体系，而且来自所有的系统和体系。当 IT 环境由数百或数千个单独的产品、用户和功能组成时，不太可能 100%保证环境中的数据不存在任何失效或损坏的风险。然而，可确定的是，如果这些系统不将数据完整性作为基本的安全设计要求，那随着部署到环境中的产品或功能的数量的增加，数据失效或损坏的概率将大大增加。

5.2.2　可靠性

一套设计良好的安全解决方案应尽力减少用户将经历的计划内和计划外宕机时间。计划内宕机(Planned Downtime)是指任何形式的维护功能，会导致中断或严重阻碍产品的可用时间。例如，与可同时执行数据清理操作并允许用户访问的数据库相比，在执行数据清理活动时，用户不能访问数据库的设计通常是不合理的。计划内宕机也适用于数据保护功能：例如，如果备份和恢复软件需要较长的维护窗口导致阻止核心功能的执行(如备份和恢复)，那么，产品功能的可靠性设计就可能成为业务发展的障碍。[1]

计划外宕机(Unplanned Downtime)更难量化，其本质上是指产品的稳健性(Robustness)。对于组织而言，一个容易触发内存泄漏的关键应用程序是重大隐患，这种情况下，将大大增加组织丢失数据的风险。组织在审核新系统时，往往根据功能性和非功能性(特指安全性)需求开展审核工作；即便这种方法非常耗时，仍是常规且相对直接的做法，同时需要在评估中考虑可靠性需求。

这可能涉及一些特定技术主题，例如，要求进行压力测试(Stress-testing)、要求供应商提供关于最近发布软件版本中存在的高级安全事件数量的信息，或阐明与处理此类事件相关的流程及其标准安全补丁周期；当然，其中一些信息可能不容易获取。即使供应商并未公布关于漏洞补丁的详细信息，对产品最近发布的安全通告信息进行仔细审阅也可很好地对比产品的可靠性，这不仅适用于各个版本，还适用于版本之间的升级过程，等等。

客户评价通常是确认产品可靠性的合理方法，但实际上，无论是正面还是负面评价都可能不太可信。更诚实的评价往往是毫无保留地将产品或体验的优缺点都清晰地表达出来。例如，使用互联网搜索产品的糟糕体验时，人们很少会全面了解整个事情的真正原因(使用习惯上的差异，或是基于心情随意评价)，而搜索时使用的关键字的措辞，可能导致得到完全不同的搜索结果(事实上，这是确认是否存在偏见的核心问题)。例如，撰写负面评价的人在选择产品时，不太可能承认存在任何潜在的自我批评性错误，例如：

- 是否购买了不适合自己的错误产品？
- 撰写评价的人是否接受过适当培训？
- 撰写评价的人是否对供应商或产品有个人敌对情绪？

一言蔽之，试图通过客户评价掌握产品可靠性的方式，可能是一种既懒惰又不准确的方法。相反，可从产品文档入手进行审核，同时参考发布说明和升级说明，以逐步建立更全面的知识库，最终可真实了解产品的可靠性。

---

1 也就是说，无论维护功能对于整体产品可靠性而言是否必需，只要由于执行这些维护功能而导致业务无法恢复关键数据，那么组织内产品的可靠性就会降低。

5.2.3　可恢复性

寄希望于建立一套从不需要恢复的系统或环境的想法是极度不现实的。因此，正在考虑、计划或实施阶段的产品和系统必须具有最低限度的数据可恢复性能力。数据可恢复性能力完全取决于组织的规模以及产品或系统在该组织内的使用水平。例如，在一个少于 20 人的小型组织中，部署一套备份和恢复系统，而不提供单个电子邮件的细粒度(Granular-level)恢复可能是完全可接受的。这个小型组织可将整个电子邮件系统恢复到备用主机，并在数据丢失的情况下检索单个邮件。但随着用户数量的增加以及电子邮件环境存储的数据量的增加，用户对非细粒度(Non-granular)恢复的容忍度将直线下降，直到细粒度恢复成为必不可少的恢复性选项为止。

当然，组织也要考虑实用性，否则可恢复性选项是没有意义的。还以上文提到的电子邮件数据安全为例，转而使用另一套备份产品似乎是一个明智的选择，该产品在组织拥有 100 名员工时提供细粒度的电子邮件恢复。但是，如果检索单个邮件的耗时远比完全恢复到另一个主机多，或者所需的存储足够便宜，那么使用备份产品可能不具有什么实际优势。

5.2.4　数据保护倡导者

一个环境的架构，无论是技术和业务方面的规划和设计，对于该环境的长期可行性都至关重要。正如 IT 部门在网络、消息传递、身份管理以及其他很多方面都设有专业架构师职位一样，在数据安全领域，显然需要专业的数据保护架构师：数据保护倡导者(Data Protection Advocates，DPA)。

这些架构师负责分析系统和解决方案体系架构，主要侧重于解决三个最重要数据保护原则所覆盖的问题：

(1) 系统能否确保数据完整性？

(2) 系统足够可靠吗？

(3) 系统是否具有足够的可恢复性？

不仅如此，数据保护倡导者还需要考虑组织中存储数据的所有区域的问题，而不管数据存储的位置是显而易见的还是不明显的。

显而易见的位置很容易处理——存储阵列(SAN 或 NAS)、单个服务器和备份环境。不明显的数据存储位置有时与环境中其他设备的位置相关，例如：

- 网络交换机
- 光纤通道交换机
- PABX 系统
- 加密路由器、TCP / IP 网络或光纤通道

组织中的所有这些"黑匣子"设备都包含数据，从通信角度看，还包含大量

关键业务数据。如果环境使用的加密密钥只存储在设备上，而设备的配置和密钥从未受到保护(更令人震惊的情形是：仅在设计文档中出现过一次，在系统运行期间从未更新过)，这种情况下，虽然备份环境可快速自我恢复，但几乎没有什么好处。假如非常规的数据存储位置只有这些，管理难度仍不算大；实际上，现代数据架构格局更复杂，因此需要专业人员来应对。数据保护倡导者还必须考虑各种数据存储，如终端用户的笔记本电脑、台式计算机、移动平台(智能手机、平板电脑、智能手表等)以及云技术平台(特别是混合云和公有云平台)。

在本地环境中，数据保护倡导者应该定期巡查组织的各个业务领域，查看每个设备、闪烁的灯光或各种技术，并询问以下事项：

- 设备用途？
- 设备存储了哪些数据？
- 数据会发生什么变化？
- 设备有什么配置？
- 这些配置存储在哪里？
- 如果这个设备坏了，会发生什么事情？
- 谁负责修复设备，以及如何修复？
- 是否有人测试过修复程序？
  - 如果有人测试过，结果和记录在哪里？
  - 如果没人测试过，准备什么时候测试？
- 维护和支持流程是什么？
- 由哪个部门或职能经理负责？

许多组织误认为这种情况仅发生在计算机机房内，而实际上，计算机机房仅是组织 IT 基础架构的内部受控区域，肯定不是唯一的内部区域。数据保护倡导者需要访问组织办公区域的每个办公桌、每个会议室或每个储藏室，并询问前面提到的问题。没有设置数据保护倡导者岗位的组织，是典型的数据安全保护体系不完善的组织。

当一个组织转向使用公有云或混合云平台时，数据保护倡导者的任务变得更具挑战也更重要。这些情况下，数据保护倡导者必须与云服务提供商积极联络，确保存储在云端中的所有内容(指信息和数据)继续满足所需的服务水平协议，并向云服务提供商索取必要的证据。在与组织讨论这一问题时，通常至少会出现以下一些异议：

- 云服务提供商没有提供具体细节，组织只能依赖云服务提供商声明的 SLA。
- 这些信息需要一位客户经理提供，云服务提供商不提供相应的服务。

对数据安全而言，这两种异议都是不可接受的。如果某个组织的数据由第三方持有，并且该第三方对数据保护和恢复机制以及其可能遭遇的安全事件没有足够的了解，那么这种合作是极其不明智的。低廉的价格绝不能以牺牲完整性、可靠性或可恢复性为代价(遗憾的是，这是一个很常见的误区，许多组织相信他们拥有云计算服务的完全恢复功能，但通过全面审查合约条款和履行条件会发现，通常，云服务提供商仅承诺提供基础架构的可用性和可恢复性，而不会提供针对云用户故障的数据恢复)。

另外补充一点，在目前，除了本节描述的 DPA 职位外，企业已经开始设立数据保护官(Data Protection Officer，DPO)或首席数据安全官(Chief Data Security Officer，CDSO)岗位。

5.3　服务交付

尽管服务交付(Service Transition)只是变更管理中的一个专业主题，但在数据保护中需要特别关注。服务交付关系到组织内产品或服务的成败。在 ITIL 体系中，服务交付指的是以下服务的阶段：

- **生产启用**。从其生命周期的开发或构建环境迁移到独立生产环境中运行。
- **实质性修改**。超出标准的变更，例如，当中央业务管理工具实施全新的模块时。
- **退役**。当服务或产品安全从生产活动使用中移除时。

在所有领域里，都必须考虑提供数据安全保护服务。例如，仅以单个服务器的生命周期、提供单一、竖井式服务并且只关注该主机的备份和恢复服务考虑，过程如下。

1) 安装过程
  (1) 购买前
    ① 在购买新系统时，应考虑现有环境中的备份系统——应该验证现有备份基础架构是否有足够的容量(Capacity)支持新系统。
    ② 如果需要扩展备份系统以适应新系统，必须在此阶段购买必要的组件和功能。
  (2) 安装
    ① 收到新系统并安装适当的操作系统、补丁和安全配置。
    ② 备份软件安装在主机上，并进行首次备份。
  (3) 恢复测试(文件)
    ① 如果这是此类操作系统的首次安装，则应执行完整的灾难恢复测试(Disaster Recovery Testing)。
    ② 系统安装了适当的应用程序/软件。

　　　③　备份。

(4)　恢复测试(基于应用程序)

　　①　如果这是此类应用程序的首次安装，则应执行正式的应用程序恢复和灾难恢复测试，并记录在案。

　　②　如果此应用程序先前已备份，则应执行正式检查以确认设置符合备份操作要求；如果无法执行此类检查，则应执行正式的恢复测试。

2)　开发周期

(1)　重复性工作。

　　①　每日开发任务。

　　②　每日按照适合开发进度进行备份。这些备份可能与最终在生产系统中接收的备份不同(例如，数据库可能最初是冷备份而非热备份)。如果存在差异，应予以注意。

(2)　如果预期的生产备份机制与开发/测试备份机制不同，那么生产备份机制必须在开发周期结束时实施，并进行适当的测试以确认操作是否成功；此时只应使用生产备份机制。如果需要对备份系统进行任何扩容，那么原有系统就一定要兼容新扩展的系统。

(3)　如果这是一个新的系统或应用程序，那么在开发阶段至少应进行一次完整的灾难恢复测试，以确保正在开发的应用和程序确实可执行恢复程序。

3)　测试周期

(1)　使用每日备份进行最终用户测试。

(2)　确认已成功执行所有必需的恢复测试，并清楚地、正确地记录其过程。这些可能包括：

　　①　冷备份、脱机备份。

　　②　标准热备份。

　　③　灾难恢复测试。

(3)　授权经理应在持有合理理由的情况下，拒绝签署并反对任何不执行测试的决定。

4)　生产运营

(1)　在成功完成步骤 1)到步骤 3)并满足主要开发和业务目标后，可将系统服务交付生产运营环境。

(2)　生产周期如下：

　　①　日常使用。

　　②　每日备份。

　　③　根据需要每月/每年/其他定期备份。

　　④　定期文件、目录和应用程序恢复测试。

　　⑤　组织策略要求的灾难恢复测试。

⑥ 根据需要执行数据生命周期操作。

⑦ 在指定时间段或购买新的备份技术后,应将月/年/归档备份迁移到新的备份介质,或使用流程来维护和测试遗留下来的原有介质和技术。

⑧ 如有必要,在指定时段后销毁老旧介质。

5) 后期处理

(1) 系统退役,关闭所有应用程序,不再发生数据访问。

(2) 通过冷备份、完整的脱机备份生成系统的最终副本,以便在以后的任意恢复过程中尽量少考虑插件或操作系统兼容性。

(3) 生成用于从最终退役备份中恢复系统的文档,并与应用程序、系统和基础架构的规程一并存储。此文档应包括用于恢复的备份软件的详细信息。该文档的编写应像用于绿站(Green Site,指即时可用站点)一样,即使事先不知道需要使用什么产品辅助实施,也可恢复数据。

(4) 对于特别关键的业务系统,或具有强大合规性限制的系统,可能还需要生成额外系统,使用"通用"工具(如本机自带的操作系统备份工具或开源备份工具)进行冷脱机备份,以便长期的恢复不依赖于单个产品。

(5) 系统要么重新设计用于其他目的(可能再次启动该过程),要么退役。

(6) 应制定流程以维护、测试并在必要时销毁长期保留备份,与原始备份产品是否仍然是组织的主要备份工具无关。

记住,上面仅涵盖数据保护范围的一部分,但这可证明在服务交付过程中数据保护活动的重要性。

5.4 变更管理

变更管理(Change Management)是每个专业 IT 组织的核心工作。通常,由两个核心小组负责管理变更业务:变更顾问委员会(Change Advisory Board,CAB)和紧急变更顾问委员会(Emergency Change Advisory Board,ECAB)。第一个负责对 IT 基础架构和系统的定期变更工作,第二个通常是第一个的子集,根据需要批准在常规变更过程之外发生的高度紧急且通常未预料到的变更需求。

如果要在组织内认真考虑数据保护问题,就必须考虑再设立一个委员会,这个委员会至少在 CAB 和 ECAB 中有一个常任理事成员。这个额外委员会就是信息保护顾问委员会(Information Protection Advisory Council,IPAC)。

IPAC 将由各种人员组成,可能包括以下角色。

● **数据保护倡导者(DPA):**可参见前文的介绍。

● **关键用户:**了解做了哪些业务工作的人群,是部门内的长期员工。

- **技术所有者**：虽然对服务负责的人员应该在某种程度上参与工作，但技术所有者负责日常的正常运营，因此更适合参与 IPAC。
- **人力资源/财务代表**：如果人力资源和财务部门是一体的，那么通常一个代表就足够了；如果它们是分立的，每个部门都应该有一名代表。
- **法律代表**：在某些地方，某人必须了解"选择不保护某些数据"或"数据应保留多长时间"的法律后果。这可能不是永久角色，可以是临时角色，可根据需要调配。
- **业务部门代表**：关键用户和/或技术所有者未涵盖特定的关键业务部门，这些业务部门应在 IPAC 内发表意见。

为避免机构变得臃肿，IPAC 应由永久成员和临时成员组成。永久成员是 IPAC 的核心运营团队，而临时成员将来自关键用户组或技术部门，将根据需要加入该团队。核心成员有权决定何时以及如何将临时成员纳入审议和决策过程。

IPAC 应独立于变更委员会，特别是独立于标准变更委员会召开会议，以便根据变更对组织内数据保护能力的潜在影响，评估计划的和即将发生的变更。然后，IPAC 应指定本小组的成员参加变更委员会会议，以提供建议和指导。

5.5　本章小结

IT 治理是一个相当宽泛的主题，需要一整本书才能涵盖数据保护活动集成到 IT 治理中的所有方面。实际上，本章是提纲挈领、蓄意精简的，从顶层视角关注关键过程。然而，它应该成为组织内更大规模对话和协作的一个亮点，最终目标是确认数据安全保护在体系设计和管理等所有方面的重要性。

第 6 章将列举实例，说明数据保护过程应该在多大程度上融入组织已经开展的业务运营活动中。

第6章 持续监测和报告

6.1 简介

建议在数据保护体系中使用一条简单规则，即如果不知道某个组件或某项活动的状态，则假定该组件或活动是失效的。这意味着：

- 如果不知道存储系统的状态，则假定驱动器出现故障。
- 如果不知道跨站点复制的状态，则假定复制已中断。
- 如果不知道昨晚的备份是否完成，则假定设备份失败。

潜在故障清单可能像手臂一样长，但这并不是说组织应该不断收到环境中有关数据保护每项操作的失败/成功状态的警报。当然，企业环境中的数据保护活动应该受到持续监测，并在发生错误且相关系统无法自动修复时收到警报，接收的警报信息应包括所有错误报告、系统运行状况检查等。如果未对环境中的系统开展全面持续的监测，则组织应做最坏的假设。

无论是主动保护还是被动恢复，数据保护体系对于任何企业来说，都是一项关键的IT职能，而作为一项关键职能，数据保护体系需要得到及时且全面的关注，这意味着必须开展持续监测工作，并且必须进行有效的报告。目前，企业内部的设备和系统数量不断增加，但这不应视为持续监测和报告工作的障碍或回避这项工作的原因，而应视为驱动因素。在实际中，已经有了一个正在蓬勃发展的纵深领域，该领域的主要工作就是围绕大型跨国组织所经历的各种规模的安全事件进行自动解析和持续监测：将数以百万甚至数以亿计的日志条目(Log Entry)过滤为数十万个事件(Event)，并解析为数十或数百个问题事故(Incident)，这些安全事故由一个管理团队在一个班次内调查和审查。自动化解析和持续监测的两种所谓的"替代方案(指消极的响应方法)"都是企业无法接受的：一是根据系统生成的日志条目数量，线性扩展员工数量；二是只要没有引发故障，就忽略其存在，置之不理。

持续监测和报告是"一体两面"的关系，如果没有在持续监测阶段收集足够有用数据，就几乎不可能生成报告；生成的报告又会帮助企业确定可能需要持续监测的新领域。

有序开展持续监测和报告的管理活动，基于获得的经验，总结出全局性工作思路(也称格式塔理论，Gestalt)。虽然每个单独组件(如备份/恢复、存储和复制等)都有自己单独的持续监测和报告选项，但若企业能从整体和全局上了解组织的数据安全环境的健壮性和趋势，那是非常有意义、非常重要的。当然，根本原因是，数据保护体系并非单独的活动，配置独立的 RAID 存储系统并不能保证存储自身不会丢失数据，同样，配备独立的备份和恢复系统也不能完美地保证数据可恢复性。现代企业中，在理解数据保护环境的健壮性时，始终需要考虑级联故障(Cascading Failure)问题，即两个或多个故障相继发生，从而极大地增加中断或数据丢失的风险。例如，许多组织会将低于预期的备份成功率视为可接受的一次性事件。备份和恢复系统中的趋势分析和报告可能表明，这种一次性事件在组织内部过于频繁；但整个数据保护体系中的趋势和报告可能表明，在发生常规备份故障时，存储系统超越正常的驱动器更换情况越多，危险程度将越高。对于某些系统，故障不仅需要单独记录，还要进行累积记录：一个系统的单次备份故障认为是可接受的，但同一系统连续 3 天的备份运行失败却是不可接受的。

简而言之，使用孤立的"竖井式(Silo-like，亦称烟筒式)"方法对数据安全和保护策略各组件开展持续监测和报告，是一家运转良好企业的最大敌人。

因此，在数据保护范畴内，持续监测和报告的最终策略是必须拥有单一的可信数据源，一个能揭示数据保护环境整体健康状况的单一平台。然而，比健康状况更重要的是，只有将数据安全保护的所有方面结合起来，企业才能了解当前的整体风险水平、法律法规合规水平以及运营成本。可设想图 6.1 所示的单一、可信数据源的顶层视角。

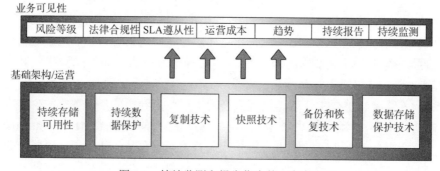

图 6.1 持续监测和报告作为单一事实来源

该图的重点在于强调，需要将业务可见性和报告层，与实际的基础架构和操作层分开。通常，企业过于关注去寻找可实现所有数据保护要求的单一产品；然而，从功能区别、服务水平协议差异和业务运营等不同角度可发现，使用单一工具的思路不可行。相反，重点应该放在将离散和单个数据保护组件的所有业务可见性，集成到单个视图中的能力上。

6.2　持续监测

在数据保护体系中，持续监测是对系统事件和数据的实时或准实时的捕获和分析，通过该活动，企业可全面清楚地了解环境是否可靠(即是否适用)。

持续监测数据保护有三个要点：

(1)　健壮性(Health)

(2)　容量(Capacity)

(3)　性能(Performance)

理想情况下，所有持续监测都是实时的，也就是说，如果有一个事件发生了，企业立即就应发现并对事件进行分析。[1]但实事求是地讲，并非所有软件和系统都能提供相同的持续监测水平，并且在很大程度上，假设组织购买或租赁的每个产品都可立即与生产环境所部署的其他持续监测产品进行无缝集成是不现实的。

因此，持续监测系统应能聚合收集的实时数据、准实时数据或业务实时数据。业务准实时/实时数据收集可能涵盖如下场景：

- **有些系统不兼容持续监测协议 X 却支持持续监测协议 Y。**为解决这一问题，可考虑安装或配置拦截器/转换器。
- **仅在本地执行日志记录的黑盒系统。**如果具备编写脚本或远程登录的能力，则应进行调查，以确认是否允许定期提取日志数据，同时应将其纳入整体持续监测系统。
- **可为自动日志记录和可执行报告提供有价值数据的系统。**如果可执行报告生成的摘要信息或其他细节不容易从自动日志记录中直接分析，但这些报告的确可提高持续监测质量，则应定期收集这些报告。

当然，持续监测也包括其他领域的应用，例如，许多企业通常需要持续监测系统的安全性和合规性。理想情况下，为数据保护部署的任何持续监测或报告系统，都应能集成到提供这些功能的保护系统中，以及业务部门所需的其他任何选项中。

6.2.1　健壮性

在最基本的层面上，对数据保护健壮性的持续监测也可看作是对故障的持续监测。这可能包括所强调的：

- 出现故障的存储组件
- 失败的数据复制功能

1　另一种方法是"业务实时(business real-time)"：认为只要持续监测的频率足以满足业务需要，就不一定总是实时持续监测。

- 备份和恢复失败

虽然这是一个很好的起点，但不足以真正有效地持续监测数据保护环境。有效的持续监测还必须考虑以下事项：

- 平均故障间隔时间(Mean Time Between Failures，MTBF)
- 平均修复时间(Mean Time To Repair，MTTR)
- 预测的故障(例如，系统 S.M.A.R.T.[1] 状态)
- 警告

在数据保护环境中， MTBF 和 MTTR 都提供了非常有用的信息。

1. 驱动器故障和修复时间

在数据保护中，关于 MTBF 和 MTTR 最经典的应用是 RAID 存储。虽然多年来存储系统的可靠性已大大提高，但尚未达到组件 100%无故障的保证指标。

RAID 系统是数据保护的基本组成部分，RAID 系统的全部目的是提供一种机制，以便在组件发生故障时，维持对数据的持续访问，并能从该故障中重建。

考虑两种最常见的 RAID 级别。

(1) RAID-1(镜像)：将写入一个设备的每个数据块写入另一个设备。如果一个设备发生故障，仍可读取另一个设备(至少两个驱动器)。

(2) RAID-5(奇偶校验)：数据以条带形式写入，将奇偶校验和(Parity Checksum)写入条带中的一个替换驱动器(Alternating Drive)。在发生故障的情况下，可通过每个条带中的剩余数据以及校验和信息来重建数据(至少三个驱动器)。

对于任何 RAID 级别，必须考虑在更换故障组件后，重新建立完全数据保护策略的总体成本(包括时间和精力)。

如果双驱动器镜像中的一个驱动器发生故障，则在最坏情况下，重建镜像时间(MTTR)是：读取第一个驱动器的全部内容，并将该内容写入替换驱动器的时间。因此，无论有多少块，RAID 重建将需要两倍的时间，在操作中每个块都将触发读写操作。

如果具有三块驱动器 RAID-5 组中的一个驱动器发生故障，则 MTTR 可能远高于两块驱动器 RAID-1 组中的 MTTR。考虑如下情况：必须读取每个条带，并根据可用数据和/或奇偶校验信息的组合重建数据，然后必须在 RAID 组中调整条带，其方法是写入丢失的数据/奇偶校验或重写整个条带。

通常，在整个存储恢复时间内，存储仍处于联机状态并正在使用，当然，这会进一步影响恢复时间(即使存储器是只读存储器，在重建时仍需要剩余的驱动器来促进数据访问，这种情况很少见)。当然，这种影响是双向的：虽然减慢了 RAID 组的恢复时间，但同样减慢了系统的日常使用速度。因此，在关键时间节点发生

---

1 自助持续监测、分析和报告技术。

故障，可能对操作产生更大的影响。

在数据保护环境中，结合 MTBF 结果和 MTTR 记录进行综合分析，可做出更明智的运营决策，例如：

- 了解随着用户配置文件更改或数据量的增长，现在的环境是否继续满足用于数据访问的标准 SLA。
- 了解何时可在不同存储层之间迁移数据，或何时在潜在故障风险较高时从性能不佳的存储上迁移数据。
- 根据之前事件和事故的 MTTR 预测恢复需要多长时间，以便为业务提供准确的性能降级时间范围。

2. MTBF 和 MTTR 的广泛应用

虽然通常从磁盘驱动器和 RAID 组的角度考虑，但 MTBF 和 MTTR 的概念同样适用于其他数据保护领域。考虑表 6.1 中列出的不同数据安全保护方案。

即使没有完全按照 MTTR 和 MTBF 的定义进行落实，也应该谨记，恢复时间和故障间隔时间的核心概念在数据保护系统的规划、实现和维护中都是极为重要的信息。

表 6.1　MTBF 和 MTTR 的广泛应用

数据保护活动	MTTR	MTBF
备份和恢复	一旦请求或恢复开始，恢复数据所用的时间 [a]	请求恢复之前数据的备份时间与执行备份的频率之比 [b]
快照	回滚到某个时间点，或从快照中检索数据所用的时间 [c]	从快照中检索数据的频率与从快照中获取数据的频率之比
复制(通常跨站点)	将远程副本联机以进行主要生产访问，或将其复制回已修复的主要副本所需的时间(将取决于副本使用的配置文件)	网站链路失效的频繁程度(更准确地讲，是站点链路的可靠性)。对复制网站链路有效性的影响，很大程度上取决于需要生成的数据量以及复制系统在故障后重新建立同步的方式

a. 这两个指标实际上都很重要，但前者通常需要手动和自动过程的混合，因此更难发现。后者通常可直接从备份和恢复软件中提供。

b. 在设计备份和恢复系统时，这实际上是一个非常重要的考虑因素，以确保尽快检索最常请求恢复的数据。

c. 前者适用于块和文件级快照，后者通常适用于自动提供给用户的文件级快照。

6.2.2　容量

健壮性无疑是数据保护持续监测最紧迫问题，但对容量的持续监测也有重要的作用。

这可能与通用信息生命周期容量持续监测有很大的重叠，但在数据保护方面，需要重点关注一些特定领域。

1. RAID/数据存储

在一个典型的 RAID 环境中，所有逻辑单元号(Logical Unit Number，LUN)和存储在初始请求时都是 100%分配的，因此在 RAID 或数据存储中，几乎不需要对容量进行持续监测，以免对数据保护造成影响。当然，并非不需要持续监测，而是涉及更广泛的存储容量跟踪主题时需要更慎重。

然而，随着存储系统逐渐提供与精简资源调配(或即时容量扩展)相关的越来越高级的安全选项，跟踪容量及其对数据保护的影响越来越重要。

在最基本的层面上，可考虑来自 Drobo 等组织的家庭办公室/小型办公室存储阵列。Drobo 存储系统的独特卖点之一是：能呈现由多种驱动器大小和/或类型构成的精简配置文件系统，同时提供数据保护。若有 5 个插槽，则最初可能装有 5×2TB 驱动器。在预期存储会增长的情况下，可根据 5×4TB 硬盘驱动器的最终容量，向最终用户/计算机提供文件系统。

因此，初始文件系统将由大约 10TB 的驱动器提供，其提供的保护容量为 7～8TB，而在操作系统中大约为 18TB。

显然，这种情况下，不可能将 12TB 的数据复制到仅由 5×2TB 驱动器提供的初始文件系统。Drobo 系统旨在持续监测和报告容量增长，屏蔽了充分数据保护的情况，从而强调需要用更大的驱动器对现有驱动器进行替换，以便在所要求的冗余级别实现持续数据增长。

这就是具有数据保护的精简配置存储的本质，不仅为最终用户提供实际存储精简配置，还提供了数据冗余，因此需要仔细地监测此类系统。

这种情况下，持续监测可以(并且应该)与一般容量建模/持续监测相关联。例如，如果有足够的空间可实现 20%的数据增长，但更广泛的容量模型预测 3 周内数据将出现 40%的增长，并且额外存储的购买周期需求为 6 周，那么这种情况就会很糟糕。

2. 快照技术

IT 行业中，第一个实现的快照技术类似于 RAID-1 环境中的第三个镜像，在该环境中，断开第三个镜像以允许访问静态数据副本(实际上，早期更可能只是一个双驱动器镜像，而第二个镜像被暂时断开以允许访问静态数据)。

这种"快照"带来了显著的性能开销。例如，重新连接先前分离的镜像，意味着重新复制全部内容以重新同步镜像。

恢复过程中缓慢的重建时间，催生了使用位图(Bitmap)来更快地重新连接镜像。位图将用于跟踪分离后的镜像上的"脏"区域；实质上，每当对实际镜像(仍装载供生产使用的镜像)进行写入时，将更新位图，进而指示已写入哪些块。随后重新连接分离的镜像驱动器时，将引用位图，并且只有那些标记为"脏"的区域才可以复制回来(当然，假设分离的镜像是只读的)。

　　现在大多数快照往往是不完整的副本。虽然许多存储系统为快照提供了与原始 LUN 完全重复 1∶1 的快照选项，但更常见的情况通常涉及基于首次写入时复制技术的变体(可参见第 10 章中的说明)。

　　快照应预先配置存储，即使是低端企业的存储系统，也可能支持单个 LUN 的数百个快照，甚至总共数千个快照。通常，存储管理员将分配一定百分比的存储阵列用作快照池(Snapshot Pool)，并且出于数据保护的目的，谨慎地持续监测此快照池的容量和利用率。当快照处于活动状态时，快照池的利用率主要取决于原始文件系统的工作量；如果存在快照的单个 LUN 经历了意外的更新量，则可能导致消耗大量快照池存储。

3. 复制技术

　　复制容量(Replication Capacity)考虑因素分为两大类：

　　(1) 目标容量。

　　(2) 链路带宽。

　　链路带宽，是指源和目标复制目标之间的网络链路是否足以满足必须发送的数据的吞吐量。在打开复制前，应该首先考虑链路的速度，因为这将直接影响复制同步还是异步进行等(其他因素，如物理距离和延迟，也将在这里发挥作用)。

　　对于数据保护方案，必须持续监测使用的链路带宽，并将其与数据增长和积压数据(对于异步方案)进行比较，确认复制目标与源之间更新的"落后(指差异)"程度。更先进的复制技术可采用压缩(Compression)和其他节省带宽的技术，但这些技术的效果可能取决于需要复制的数据类型和数据更新频率。

　　此外，复制并非总是 1∶1 的比例。企业可在其主站点部署 100TB SAN，但仅在灾难恢复站点中部署 50TB SAN，目的是仅复制主要生产数据。但在此类配置中，很容易设想出这样的场景：指定为"主生产"的数据增长，直到超过复制目标的容量。或者，复制是多对一的，单个复制目标可能从多个复制源接收数据。如果这些复制源中的一个或多个容量增加，则级联效应同样会造成灾难性后果。更重要的是，在多个源复制到单个目标的情况下，更可能涉及地理上分散的源系统，这使容量持续监测变得更重要。这种情况本身表明，需要从全局视角持续监测容量；各个站点的存储管理员可完全合理地持续监测和管理各自系统的数据增长，但需要根据单个系统的容量增长，来考虑对复制目标上容量需求的累积影响，而不是单独考虑。

4. 备份和恢复技术

　　传统存储模型中的备份容量需求相对容易理解。考虑一个生产环境，其中有 10TB 的数据需要备份，并假设每天有 7%的增量变化。采用相当经典的模型方法，假设以下备份周期：

- 每周完全备份保留 5 周
- 每日增量备份保留 5 周
- 每月完全备份保留 7 年

对于 5 周的每日/每周备份周期，存储要求为：

- 5 [周]×10TB(满额)= 50TB
- 5 [周]×6 [天]×(10TB 的 7%)= 5×6×0.7TB = 21TB

对于保留 7 年的每月完全备份，存储要求为：

- 7 [年]×12 [月]×10TB = 840TB

假设这一切都是零增长的，当然，这在数据环境中相当罕见。

从这些计算可发现，10TB 的传统备份模型可能导致 911TB 的存储需求。即使通过降低每周完全备份，并转向每月完全备份周期来缩减需求，存储需求仍然很高：

- (平均)30[天]×(10TB 的 7%)=21TB
- 7[年]×12[月]×10TB=840TB

这样可减少到约 861TB 的总量，但比率仍然很高。假设更理想的情况是每月执行一次完全备份，则比率为 1∶86.1，对于每 1TB 的生产数据，在数据的生命周期内，需要使用 86.1TB 来备份该数据。

稍后将讨论数据的存储需求，特别是考虑到重复数据删除技术(Deduplication)对容量问题的影响；与此同时，前面的例子很好地展示了环境中对备份容量持续监测的需求。将数据备份需求增加 1TB，可能会对备份存储利用率产生显著影响，而传统上，这是业务很少关注的领域。

大规模使用的磁带技术在海量存储时代逐渐成为一个隐患。在企业意识到磁带已无法管理之前，保险库中已经存储了数千或数万盒磁带，并且这些磁带可能永远不会有机会再使用或执行数据恢复了。

备份系统容量持续监测分为两个基本类别：

(1) 了解备份环境的"装机(On-boarding)"容量：在当前配置中，为新系统提供的容量是多少，以及这样做会对容量产生什么影响？

(2) 在报告中，备份系统的容量利用率增长，对环境的长期增长(即何时需要扩展)意味着什么？

还需要持续监测容量以确定恢复情况，但这在很大程度上取决于用于备份/恢复的产品以及业务所需的恢复方案。例如：

- 某些重复数据删除产品可能需要通过设备进行特定的恢复。
- 如果正在对虚拟机进行映像级备份，但不支持文件级恢复，则意味着要恢复整个虚拟机，即使只需要从该虚拟机中恢复单个文件也是如此。
- 数据库或应用程序管理员，可能坚持将备份作为转储文件(Dump File)输出到驱动器上，并作为常规文件系统的一部分进行备份。在恢复方案中，可能不仅需要为目标数据库提供恢复容量，还需要为从目标数据库中还原的转储文件提供恢复容量。[1]

恢复容量需求表明，需要在生产和备份/恢复系统容量持续监测之间进行合理的紧密集成。当没有足够的存储空间进行恢复时，延迟甚至取消恢复也是偶尔发生的。

6.2.3 性能

完成对健壮性和容量的持续监测后，性能持续监测实际上是最需要考虑的变量，数据保护环境的性能主要受到以下各项的治理的影响：

- **组件的健壮性**。恢复模式下的组件或故障组件，将具有与正常情况不同的性能特征。
- **容量**。容量增长将直接影响数据保护活动的性能。

在这方面，性能持续监测实际上是最直接的：

- **RAID 和数据存储**。重建需要多长时间。
- **备份**。备份速度与备份窗口时间。
- **恢复**。恢复速度与所需的恢复 SLA。
- **快照**。快照是否会对生产存储负载产生负面影响(或受到不利影响)，反之亦然。
- **复制**。发生重大故障的情况下，数据从源复制到目标的速度，或从目标返回源的复制速度。

6.3 报告

6.3.1 聚合性持续监测报告

在最简单的情况下，报告表示环境中各种持续监测系统收集的聚合数据。纯粹基于持续监测收集数据的报告可能侧重于"持续监测仪表盘(Dashboard)"功能，如根据是否存在严重问题、警告或完全成功的操作，备份操作的状态可能显示为红色、黄色或绿色。这将允许管理员一目了然地查看备份操作的运行状况，深入调查严重问题或警告。

聚合性持续监测有助于迅速了解整体数据保护健康状况，例如：

- 本月存储驱动器出现故障吗？

---

1 你可能注意到此处使用了"恢复(Recover)"和"还原(Restore)"这两个词。在数据库生命周期中，恢复通常指从备份存储中检索文件和数据，而还原指从这些恢复的文件重建数据库或使用这些恢复的文件恢复数据库一致性。

- 本季度，每天使用的快照存储池容量是多少？
- 本周内，复制是否有任何延迟？
- 每天成功备份的百分比是多少？
- 是否有恢复失败了？

一旦将数据保护持续监测聚合到这些简单报告，企业就可以开始关注趋势分析。

6.3.2　趋势报告和预测性计划

趋势报告是了解环境如何变化的关键步骤。例如，在部署备份系统时，可能预期数据同比仅增长 9%，但对备份利用率的逐月持续监测，可能很快显示出 15% 或更高的实际增长率。

同样，趋势分析可确定，根据数据增长情况，分配给复制的带宽将在 6 个月内耗尽，而非在安装线路时基于最初预算估算的 18 个月。

再次参考第 1 章中提出的"数据、信息、知识及智慧(DIKW)"模型(图 1.2)，可以说：

- 通过持续监测收集基础数据。
- 信息是将各个数据单元整理成系统运行状况、容量或性能的图表。
- 以报表形式呈现的聚合持续监测信息提供了业务知识，无论是概览表、传统报告还是细节报告形式。
- 智慧来自于使用所有累积的数据、信息和知识，提供有关系统的利用率和预测系统即将耗尽的趋势。

预测性计划来自于应用趋势信息中的情景理解或细节梳理，以便查看经过各个高峰或低谷的趋势。例如，请考虑表 6.2 中详细列出的示例备份利用率。

将表 6.2 中最后 12 个月的利用率绘制成图表，可能类似于图 6.2。

这种形式显示了在财政年度末备份利用率的高峰(假设是一家澳大利亚公司)，但这种高峰本身使得理解总体利用率趋势变得更困难。

表 6.2　原始数据备份利用率

月份	备份利用率 (TB)
8 月	19.1
9 月	11.1
10 月	9.8
11 月	10.2
12 月	10.4
1 月	10.5
2 月	11.2
3 月	11

(续表)

月份	备份利用率 (TB)
4 月	11.5
5 月	12.4
6 月	17.4
7 月	18.4
8 月	19.6
9 月	11.4
10 月	12.3
11 月	12.9
12 月	13.5

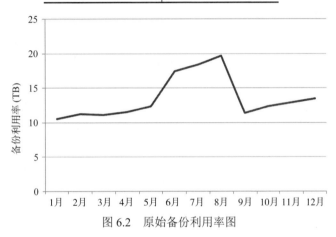

图 6.2　原始备份利用率图

切换到 3 个月的滚动平均值，会得到一组数据，如表 6.3 所示。

当绘制图表时，表 6.3 中的数据将类似于图 6.3。即便使用稍平滑的图表，在趋势方面也几乎没有可以收集的实质性信息，但切换到 6 个月的滚动平均值，则会更清晰，如表 6.4 和图 6.4 所示。

表 6.3　三个月滚动平均的备份利用率

月份	备份利用率(TB)	三个月滚动平均(TB)
8 月	19.1	
9 月	11.1	
10 月	9.8	
11 月	10.2	
12 月	10.4	
1 月	10.5	10.4

(续表)

月份	备份利用率(TB)	三个月滚动平均(TB)
2月	11.2	10.7
3月	11	10.9
4月	11.5	11.2
5月	12.4	11.6
6月	17.4	13.8
7月	18.4	16.1
8月	19.6	18.5
9月	11.4	16.5
10月	12.3	14.4
11月	12.9	12.2
12月	13.5	12.9

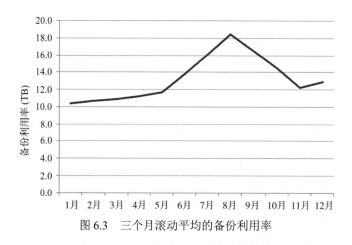

图6.3 三个月滚动平均的备份利用率

表6-4 6个月滚动平均的备份利用率

月份	备份利用率(TB)	6个月滚动平均
8月	19.1	
9月	11.1	
10月	9.8	
11月	10.2	
12月	10.4	
1月	10.5	11.9
2月	11.2	10.5

(续表)

月份	备份利用率(TB)	6 个月滚动平均
3 月	11	10.5
4 月	11.5	10.8
5 月	12.4	11.2
6 月	17.4	12.3
7 月	18.4	13.7
8 月	19.6	15.1
9 月	11.4	15.1
10 月	12.3	15.3
11 月	12.9	15.3
12 月	13.5	14.7

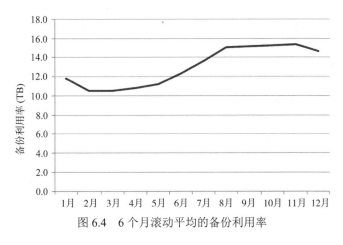

图 6.4　6 个月滚动平均的备份利用率

　　绘制 6 个月的滚动平均值,通过对比基于原始数据的报告与趋势报告(该报告对环境中的数据保护规划非常重要)之间的差异,可更好地了解总体备份容量利用率趋势。这两组信息(本例中是原始数据,尤其是 6 个月滚动平均值)用最简洁的图表,指出备份环境需要应对 6~8 月潜在的容量需求激增。6 个月(也可进一步将其扩展到 2 年甚至 3 年的时间范围)的滚动平均值提供了一个可靠趋势,很大程度上不受任何特定月份观察到的备份容量利用率峰值的影响。

　　随着业务规模的扩大,全职员工(Full-Time Employees,FTE)更专注于持续报告和监测分析的实际需求;除了大型组织,这很可能是数据保护和更广泛的数据生命周期流程之间共享的任务。但无论如何,这是一项必备的功能(智能设计的持续监测和报告系统可提供整个数据保护环境的可视性,也可降低 FTE 的工作要求,并提供更可靠的结果)。

6.3.3 自动化报告

在备份和恢复领域中，一个众所周知的事实是，未采用自动化手段的备份是无法完成的。或者更确切地说，虽然手工备份可能偶尔执行，但很难称为一个可靠的系统备份过程。

有人可能会对报告提出同样的看法，虽然总会出现手动运行报告的情况(无论是作为标准报告的带外执行，还是作为一个全新报告)，但只要有可能，就应该开发自动执行和分发的报告。

然而，一份无人阅读的报告等同于没有处理报告，因此，自动化报告无法解决"报告是否有价值或价值有多大"的问题，仅是让组织更方便地使用报告的一种手段。

所以，一旦企业的系统能够持续监测到位，能够聚合监控数据生成的报告，并能基于趋势和预测分析报告，确保报告得到实际处理就成为一个流程问题。

如第 4 章所述，技术部分较为简单，人员和流程方面更具挑战性。然而，如果企业要希望尽可能了解其数据保护环境的状态或方向，就必须做好处理这些问题的准备。

6.4 SLA 遵从性的持续监测和报告

本书讨论了很多 SLA 的内容。第 19 章将特别讨论数据保护服务目录(Data Protection Service Catalog)更广泛背景中的 SLA 细则。建立 SLA 后，持续监测和报告系统非常重要的作用是实际跟踪(或可扩展到实际跟踪)，并提供 SLA 遵从性的详细信息(例如，作为备份 SLA 的一部分，任何系统都不能连续三次以上备份失败)。为确保满足这些 SLA，不仅要有设计合理的备份系统，还必须报告环境中备份的连续失败(例如，为备份管理员提供仪表盘视图，显示连续 1、2 或 3 次连续备份失败的主机)。虽然可从单个备份完成报告中汇总这些信息，但随着环境的规模和复杂性的增加，显示直接与 SLA 遵从性相关的单一关键信息看板变得越来越重要。

6.5 本章小结

有一个古老的哲学思考练习：
如果一棵树倒在森林里，没有人听见，这棵树会发出声音吗？
简而言之，这个问题是关于感知与现实的对比。这可能是围绕持续监测和报告需求的核心，如果某件事情失败了，但失败并没有记录、没有关注，那么如何知道这件事情失败了呢？一个环境需要和其组成部分一样可靠，如果没有积极地感知到各个组件的健壮性，就无法真正地感知环境本身的健壮性。

数据保护体系中的持续监测和报告，不应仅视为跟踪和报告故障或问题的手段。虽然这些功能至关重要，但持续监测和报告使管理变得简单而准确。同样，持续监测和报告可使企业的管理层和管理者证明资源、预算和关键绩效指标是合理的。在合规主导的业务中，这些细节实际上在对企业的基础架构进行强制性外部审计时是至关重要的。当然，可单独检查一个月的备份结果，进而计算业务中经历的平均成功率，但这将是一个耗时的过程，可能受到人为错误的影响。持续监测系统每天自动发布统计数据，提供相同的格式化信息，使审计过程变得简单，数据保护体系的合理性也大大提高。

可以这样说，不包含全面持续监测和报告的数据安全保护环境仅是一个松散的组件集合。实际上，在大多数业务中，对于单一的统一管理界面的概念给予了过多关注，该界面可管理每一层的数据保护，从备份、快照、复制，一直到持续存储可用性和持续数据保护。虽然这种界面可能随着超聚合基础架构的发展而演变，但真正的数据保护体系，已可通过专注于统一和集成的监控和报告方法来创建。如果两个层都可用，无疑将进一步加强数据保护集成，统一的持续监测和报告层始终是至关重要的。

第7章　业务连续性

7.1　简介

在处理业务连续性相关工作时，IT 人员(尤其是技术人员或初级人员)经常出现的第一个误解是将"业务连续性(Business Continuity，BC)"和"灾难恢复(Disaster Recovery，DR)"混为一谈。简单地说，这类似于混淆了定期更换汽车机油计划和完整的保养计划。

业务连续性实际上并非 IT 部门的工作职能，或者说，不是一个仅由 IT 部门驱动的职能；任何将业务连续性作为由 IT 部门驱动的企业都犯了同样严重的错误。顾名思义，业务连续性旨在保持业务的持续性，或在发生重大中断的情况下，保证业务运营可重新启动。无疑，除了特殊行业的企业外，IT 部门在这方面的确能发挥一些作用，然而，即使是在一家专业 IT 公司，IT 部门也不可能成为全部驱动因素。业务连续性工作的核心是业务部门必须向消费者(不论是内部客户还是外部客户)提供持续的服务。[1]

业务连续性工作的范围非常广泛，本章的重点将仅限于与数据安全保护相关的主题。

7.2　业务与 IT 职能

业务连续性工作中最重要的活动之一是围绕业务职能(而非仅针对 IT 职能)进行整体性规划。业务连续性本身并不涉及电子邮件、DNS 或内部网络等具体的 IT 系统，而涉及业务提供的、用于产生收入的服务和职能。可以说业务连续性是完全围绕业务职能展开的。业务职能在细节和优先级上因业务种类而异，业务的一些常见职能如下。

- 计费

---

1 回顾一下第 4 章讲述的系统图和系统依赖关系表。最后的图表和表格都清楚地提到了业务职能以及任何支持性 IT 职能。

- 履行客户订单
- 管理库存
- 薪资

任何业务职能的连续性计划都很可能包括与 IT 相关的灾难恢复计划，但是，即使看起来完全以 IT 为中心的业务职能，其 IT 灾难恢复计划也非业务连续性计划的唯一组成部分。

IT 灾难恢复计划应该通过系统依赖关系图和表，围绕单个组件的依赖性或重要性来构建，同样，业务连续性计划也需要围绕受保护的单个业务职能的关键性构建。通常将业务职能分成以下类别：

- **关键业务(Business Critical)或任务**——如果不履行该职能，业务将面临失败。
- **重要(Critical)** ——如果无法履行此职能，将产生大量成本，或者如果多个重要职能失败，则可能面临失败风险。
- **必要(Essential)** ——该职能对业务非常重要，但中断可以恢复，而不会对业务造成风险。
- **非必要(Non-essential)** ——该职能中断不会导致业务运营成本提升或损害企业运营的能力。

对业务职能的这种分类本身是一个业务流程，而 IT 部门最多将作为标准业务单元向这种分类流程提供输入。

7.3　风险与成本

在评估业务连续性的风险与成本决策时，业务部门需要评估以下三种不同方法：

(1) **连续性(Continuity)**。业务流程必须在尽可能少(或没有)中断或更改的状况下继续运转，即实现持续可用性。

(2) **还原(Restoration)**。在确认中断的情况下，确定恢复服务的最后期限。

(3) **分类(Triage)**。在确认中断的情况下，在执行恢复程序前制定解决计划。

虽然这些方法可在整个公司范围内确认和实施，但通常情况下，这些方法将基于业务职能逐个实施，并直接与业务职能的关键性(Criticality)关联。如上一节所述，以机场为例：

- 航空管制系统需要连续性。
- 恢复计划和系统具备足以保障每家航空公司服务台的共享网络和计算系统。
- 如果机位停放分配系统和穿梭巴士调度系统发生故障，可通过分类程序处理，直到确定解决方案为止。

处理故障的连续性和恢复方法通常还包括某种形式的分类(Triage)，但不同之处在于，如果没有首要恢复的操作或正在进行的操作，业务功能将受到严重阻碍，而优先级较低的系统可能保持正常运行，不会对业务产生重大影响。

无论规模、财务支持、员工知识或地理分布情况如何，任何业务都无法完全消除 IT 环境中的风险。例如，在人类受到诸如行星灾难的场景下，即使是世界上避险意识最强的公司，也不可能制定诸如此类的策略：

- 行星杀手(小行星)撞击地球
- 失控的纳米技术实验摧毁了物质世界
- 有人摧毁月球并用碎片冲击地球

因此，业务连续性始终是一种风险与成本相互博弈的过程。虽然行星杀手(小行星)撞击地球会造成相当大的业务中断，但制定和实施战略以克服此类场景的成本，无论如何也不应视为可投资的项目。

这些极端例子听起来可能很愚蠢，但这些例子确实有助于强调业务连续性的决策和规划过程。企业评估特定的故障模型或事件场景，并确定：

- 这种情况发生的风险描述
- 如果发生，给业务带来的风险
- 预防事件发生和恢复的成本
- 无法从事件中恢复的成本

确定这些信息后，业务部门可更合理地评估每个潜在场景的解决方法。这里，可看到业务连续性策略和考虑事项远超过了灾难恢复的策略和考虑事项。IT 部门的方法或关注点始终聚焦于如何处理和恢复基础架构——获得可用的台式机和笔记本电脑、启用网络基础架构、启动和运行服务器和存储、恢复数据并激活应用程序。而对于业务部门而言，这只是需要考虑的一部分，其他重点领域包括：规划需要进入备选场址的工作人员数量(以及有多少人将在家工作)、物理安全部署、一般性基础设施管理等。

总之，业务连续性并不是限定于 IT 系统故障，而且，除了与 IT 系统故障直接相关的任何特定考虑因素外，通常还包含更广泛的风险视角，例如：

- 人力资源风险
- 业务竞争风险
- 环境风险
- 法律和监管合规风险

因此，从 IT 部门的角度看，灾难恢复计划的某个主题可能是"在灾难恢复站点重新启动生产系统"，但这个主题可能由诸多业务连续性计划中的任何一个计划进行调用：

- 主数据中心的物理破坏
- 主数据中心(主机托管)的系统搜索和占用

- 自然灾害
- 城市电网连续断电

无疑，按照灾难恢复计划，在灾难恢复站点重启生产系统将在这些场景中发挥重要作用，但这并非唯一的部分。业务连续性计划考虑的其他方面包括：

- 重新安置工作人员的程序。
- 启用危机管理团队。
- 启动信托或合规倒计时(例如，一项业务可能有监管要求，规定只能在没有灾难恢复的情况下运行 48 小时，此后向政府机构报告)。
- 更改业务指标(例如，计划只提供 75%的标准业务响应能力)。

这种情况下，IT 员工可能必须改变工作地点，而高级 IT 人员可能成为危机管理团队的一部分，核心业务部门将负责倒计时、变更指标或接管危机管理流程的所有权。

7.4　规划数据保护策略和服务水平目标

业务连续性中,IT 部门必须彻底了解灾难恢复或业务连续性情况对数据保护要求的影响，并与业务部门达成一致。

例如，假设一个业务的生产站点上有一个 NAS 阵列，其中包含一系列卷。除了定期进行快速数据保护的标准快照外，该业务还将所有卷复制到灾难恢复站点的另一个 NAS 阵列，这样，如果主站点或主阵列丢失，数据仍可立即访问。这可能类似于图 7.1。

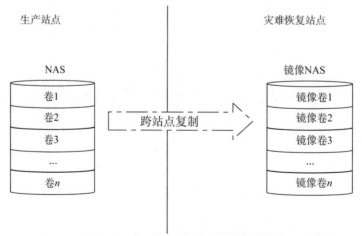

图 7.1　生产站点中的 NAS 镜像到灾难恢复站点中的 NAS

这种情况下，业务部门可能通过从镜像 NAS 执行备份来获得更高的利用率，从而真正消除对生产站点活动/在用数据的性能影响，配置类似于图 7.2。

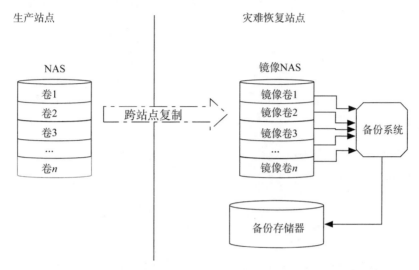

图 7.2 生产站点中的 NAS 镜像到 DR 站点中的 NAS，备份位于 DR

这使得镜像的 NAS 对业务更有帮助。此前，除了接收镜像数据以预测可能不会发生的灾难外，镜像 NAS 实际上一直处于"空闲"状态，现在，镜像的 NAS 作为 NAS 托管数据的备份源，更深地融入业务数据保护体系中。

这里，业务连续性和灾难恢复的风险与成本(Risk vs Cost)构成再次发挥作用。此时，与所示组件隔离，可保护业务免受以下情况的影响：

- 生产现场数据丢失
- 生产现场 NAS 阵列故障
- 生产现场故障

由于历史备份数据可能丢失，因此无法保护业务免受备份存储故障的影响，所以，业务部门还必须考虑备份存储的复制策略。第一个选项可能类似于图 7.3，在灾难恢复站点将备份存储复制到辅助副本的位置。

虽然这样可保护业务部门免受备份存储丢失的影响，但不会规避业务部门免受灾难恢复站点丢失的影响，此时可能无法访问已执行的备份。

为保护业务免受灾难恢复站点丢失的影响，同时理论上仍允许从备份中恢复数据，将需要如图 7.4 所示的配置。在此配置中，备份数据在灾难恢复站点写入后将跨生产站点复制(或完全是第三个站点)。

这里，业务部门可能认为已解决了与 NAS 数据相关的所有数据保护问题，但仍有一种可能的情况需要考虑，即生产站点的丢失和备份存储故障。为解决这个问题，业务部门需要如图 7.5 所示的解决方案。

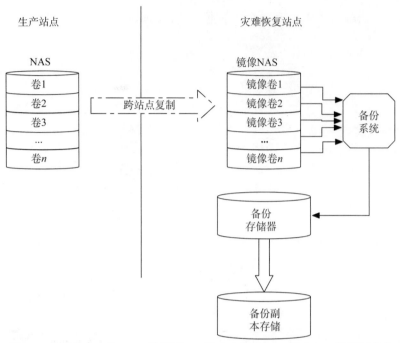

图 7.3　生产站点中的 NAS 镜像到 DR 站点中的 NAS，并在 DR 处复制备份

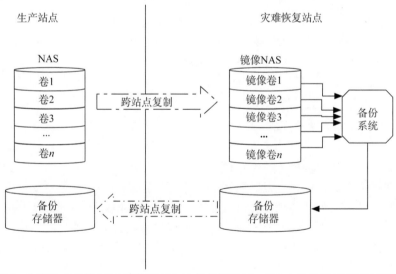

图 7.4　生产站点中的 NAS 镜像到 DR 站点中的 NAS，DR 上的备份复制到生产站点

对于具有生产和灾难恢复站点的任何业务，图 7.5 显示的最终状态配置当然不是保障状态。在灾难恢复情况下，大部分数据保护服务水平目标(Service Level Objectives，SLO)的确定取决于业务的内外部要求。几乎不考虑合规性因素的中型公司可能对图 7.3 或图 7.4 所示的配置感到完全放心。较小公司可能感觉没必要超

出图 7.2 所示的配置。然而，跨国金融公司可能发现，只有图 7.5 所示的配置同时
满足内部恢复要求及其外部强制合规要求。

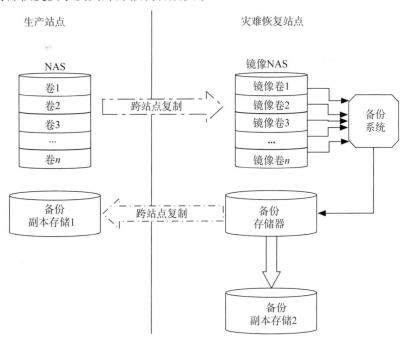

图 7.5　生产站点中的 NAS 镜像到 DR 站点中的 NAS，其中 DR 的备份复制
到生产站点，DR 的副本复制到 DR

这里的教训是，在规划 SLO 以实现数据保护时，必须考虑业务连续性和灾难
恢复方案。业务连续性和数据保护计划的一部分是一系列与级联故障或情景相关
的"......，但如果？"问题，以及为每种故障或情景确定的解决方案，直到业务部
门决定，与保护成本相比，任何进一步的风险缓解措施都是不必要的。确定的每
项应急措施都应包括已制定解决方案的细节，以及对各种目标(如 RPO 和 RTO)
和时间安排的变更，同样包括内部和外部强制性的要求(这可能意味着，在站点完
全丢失的情况下，用于标准恢复的 RPO 和 RTO 将翻倍，但用于合规性要求的恢
复的 RPO 和 RTO 将保持不变)。

7.5　本章小结

业务连续性计划范围远超数据保护体系的覆盖范围。虽然数据保护体系和策
略可在连续系统可用性或服务恢复中发挥重要作用，但这些将成为整个过程的一
个辅助方面。如果组织希望执行适当业务连续性计划，则需要了解各种因素，包

括但不限于：

- 业务职能
- 业务职能的重要性
- 法律合规性要求(可用性和恢复)
- 风险与成本计划
- 人力资源考虑因素

希望更正式地开展业务连续性规划工作的业务部门，除了考虑道德和人员的需求以及 ISO-22301(公共安全-业务连续性管理体系-要求)等公认标准外，还需要咨询法律顾问。

因此，业务连续性工作远超数据保护体系的覆盖范围，需要一本书(或一系列相关书籍)才能讲清楚。但无论如何，现代公司只有充分规划和实施数据保护体系，才可能实现业务连续性。

第8章 数据识别

8.1 简介

试想一下，如果有人寄来一个完全密封的海运集装箱，要求你妥善保护这个集装箱及其中的货物，但未提供任何货物清单或详细描述。在不了解货物特性的情况下，想要找到合适的保护方案是一件难事。集装箱装的是不易腐烂的商品吗？是易损坏的金银丝工艺品吗？是易爆的炸弹吗？或者里面实际上什么也没有？

现在，再来想象一个堆满海运集装箱的船坞，公司只是含糊地要求保护"需要关注"的集装箱，未具体说明保护哪个集装箱。任何正常的团队完全有理由相信，在缺乏必要信息的情况下，只可通过两种途径完成这项任务，第一种是靠运气，仅做常规的工作，然后期望有好的结果，这种方式最容易、最廉价，也最难成功。第二种是"过度保护(Overkill)"，假定所有货物都难保护，考虑每个可能的"失败"场景，然后尽力实现目标(这实际上是一个严重浪费金钱，仍然没有保证的方式)。

我们无法保护不了解的事务，这正是数据识别(Data Discovery)要处理的核心问题。磨刀不误砍柴工；如果不占用时间去识别环境中的数据和信息，那么为数据保护所做的大量工作完全可能是浪费时间和金钱。

本书的前言已谈及一些数据识别的概念。2.2 节主要回答以下五个核心问题：

(1) 数据是什么？

(2) 数据在何处？

(3) 何人(谁)使用数据？

(4) 何时使用数据？

(5) 如何使用数据？

本章将重新讨论其中一些主题并进行扩展，将一些新的注意事项引入数据识别过程。

数据识别主题可以用一整本书来讨论。本章无意对数据识别进行全面分析，相反，重点是通过提供足够的描述，使大家理解在制定一个充分且全面的数据保护策略前，严格执行数据识别过程的重要性。

8.2　什么将受到保护？

想起图书馆时，人们的脑海中往往浮现出一排排书架，书架上摆满了图书、杂志和期刊，而如今，电子介质也是如此。但仔细思考后，会认识到这并不是一个图书馆的全部内容，还应该包括以下图书、介质和其他材料：已经采购但尚未录入系统的，因空间有限而储存在档案室内临时"退役"的，正被坐在某个角落的用户阅读的，以及图书馆外借的。这仍不是一个图书馆的全部，还要包括馆藏目录和借阅信息等元数据，也必须考虑人员和运营数据，如财务数据、采购订单、员工工资记录以及规范等。一家公共图书馆不仅有狭义上的"图书"。

虽然从最终用户的角度，一排排的书架也是图书馆的重要组成部分，但绝不是图书馆的全部。

这实质上论证了 IT 领域的一个普遍错误：认为公司数据中心(Datacenter)的服务器和存储系统是需要保护的全部或近乎全部的数据。

即便在数据中心内部，情况也不乐观。只要和存储行业的人士交谈过，就会听到一些可怕的故事。例如，某个大型组织，就曾发生因为核心交换机重启，而导致其业务运营中断并转移到备用站点的事故，其原因是：几个月前所做的重要变更，由于一直没有正式提交配置，从而导致重启后核心交换机设备发生故障。

数据中心并非单独为服务器和存储系统服务的。这强化了对数据保护倡导者(Data Protection Advocates，DPA)的需求，数据保护倡导者主要关注数据安全保护，而不是数据管理或者硬件设备。无论数据在哪里或可能是什么，数据保护倡导者会针对数据中心的每一台设备提出若干问题，例如：

- 这台设备是什么？
- 这台设备有配置信息吗？
- 这台设备有数据吗？
- 哪些业务职能依赖于这台设备正常运行？
- 哪些 IT 系统依赖于这台设备正常运行？
- 如果这台设备发生故障会有哪些影响？
- 这台设备的安全性如何？
- 这台设备是如何进行安全加固的？
- 谁是安全保护的负责人？
- 谁审查保护计划？
- 安全保护措施是否经过测试？
- 灾难恢复计划是什么？
- 最后一次测试灾难恢复计划(DRP)是什么时间？

一般来说，针对数据中心的服务器或存储阵列、网络交换机(IP 或光纤)、程控交换机(PABX)系统、环境系统等硬件，组织能非常好地回答上述问题，偶尔可能有些不一样的答案。具有讽刺意味的是，当涉及系统的依赖关系映射时，往往说不清楚，而这些系统关联信息对于业务职能的持续性是非常关键的。

记住，所有这些情况下，数据保护有三个不同层面：

(1) 防止数据丢失

(2) 数据丢失时的可恢复性

(3) 防止丢失数据访问权

虽然数据丢失是一个非常严重的问题，但从法律或财务的角度看，丧失对数据的访问权同样严重。例如，在大多数国家，银行和其他金融机构具有严格的关于数据可用性的合规义务，然而，无论这些义务如何规定，无法获取交易或客户交互所需数据的公司将与完全丢失数据的公司一样束手无策。因此，需要关注系统的所有组件，而不仅是数据。对组织而言，哪种情况更糟呢？是一台服务器出现故障需要恢复，还是一台核心交换机因未提交配置更改并重新启动而导致中断？虽然可量化"更糟的事"，但毫无疑问，两者都表示中断，都代表着数据丢失(毕竟，配置数据还是数据)。

认为数据中心仅需要保护服务器和存储是不明智的；与此类似，认为需要保护的数据仅可在数据中心中找到也是不明智的。即使在"云计算"成为无处不在的 IT 术语前，情况也非如此：笔记本电脑、台式机、移动电话和其他由公司或员工拥有的可移动存储设备，都是公司内部的潜在数据源。

自携设备(Bring Your Own Device，BYOD)是把双刃剑，给当下的企业和 IT 部门带来另一个挑战。BYOD 策略已经以各种业务和形式存在了一段时间，如在一些国家，企业提供 IT 技术更新和支撑，允许员工自行选择购买笔记本电脑，并从总收入/税前收入中支付租金，所购置设备的所有者是员工，而非企业。最近，企业已开始鼓励员工使用自己的移动电话，并承担用于业务的那部分使用费，而不是直接提供手机，这是薪酬方案的一部分。同样，现在许多企业允许用户使用自行购置的笔记本电脑办公，从而节省潜在成本。

然而，这种节省并非没有风险。数据安全、应用程序许可和网络安全等风险相对容易理解，但数据保护体系是必须慎重考虑的另一个风险。如果设备的拥有者是员工，企业如何对设备上的数据实施恰当保护？信息安全策略或许能禁止联网设备使用本地存储，但对没有联网的员工是无效的，而且那些保留自有设备管理控制权的用户，很可能禁用任何现有的数据保护机制。此外，在这个电影、电视剧和音乐盗版泛滥的时代，如果将员工自有设备纳入公司的整体数据保护策略之下，可能让企业面临侵犯版权的风险。日积月累，数据保护、信息安全和许可使得 BYOD 成为许多组织的潘多拉之盒，将导致频繁而彻底的数据安全保护策略变化。

8.3　数据盲区

　　传统意义上，将暗数据(Dark Data)视为未分类的数据，或未与分析工具关联使用的数据。例如，生成但从未处理的日志文件可能是一种最简单的暗数据形式。

　　对暗数据的更全面定义扩展到组织内的所有未知数据(Unknown Data)。这是用户在未连接或未列入目录的系统上生成的数据，这些系统可能位于标准存储管理和数据保护体系之外。从这个意义上讲，暗数据不仅是未分级或未与分析功能关联的数据，还可能是企业根本不知道的数据。

　　在组织内部处理暗数据需要三个明确的行为准则：接受(Acceptance)、预测(Anticipation)和识别(Discovery)。"接受"指理解组织内部很可能出现(或已出现)暗数据的情形，如员工蓄意将系统定期部署在数据持续监测平台以外的地方，或某些员工找到攻击方法来绕过禁止本地化存储的数据安全策略。接受暗数据可能在组织内部出现或累积，允许业务和 IT 人员与员工建立问题讨论流程，并制定发现问题的策略。"预测"意味着责任，某个人或某个角色必须承担主要责任来思考组织中的暗数据可能出现在哪里，无论是架构设计上还是运营过程中。最适合负责这项工作的角色是数据保护倡导者(DPA)，这一点在第 5 章已讨论过。

　　接受和预测后，企业可准确地"识别"暗数据，该过程包括手动和自动识别活动。自动匹配活动来自负责搜索、索引或内容分析的工具和软件，而手动过程存在于从架构和运营层面处理暗数据的位置。在架构层面检查或改进系统、应用程序或业务职能，以确定可能违规创建数据的所有领域，从运营层面审查这些已部署的系统、应用程序或业务职能，以确定遗漏了什么。

　　一旦企业发现暗数据，不会立刻将其自动转换为常规数据，这时，可认为这些数据是灰数据(Gray Data)。这是在存储、保护或两种管理策略之外识别出的数据，需要对其类型、功能以及对组织的作用做出判断和决策。理想情况下，大量分级工作应是自动化的，但有时需要人为干预来确定数据性质。需要注意的分级工作要素与第 2 章讨论的一样，即：

- 数据是什么？
- 数据在何处？
- 何人使用数据？
- 何时使用数据？
- 如何使用数据？

　　数据识别过程很可能改变部分或全部上述问题的答案。所发现的具有实际业务用途的数据可能转移到集中的、受保护的存储中，其使用频率将明显增加。无论将数据移到何处，都应确保将所有已识别数据置于管理保护、生命周期和功能之下。

8.4 索引

大多数情况下，索引(Indexing)更多是信息生命周期管理(Information Lifecycle Management，ILM)的职能，而非信息生命周期保护(Information Lifecycle Protection，ILP)的职能。然而，作为数据识别过程的一个功能，组织内部的数据索引确实能极大地提高数据安全保护的准确性，可提供多项数据保护体系方面的优势。

- **定位需要保护的数据**。在初始数据识别阶段，索引可帮助显示业务中数据存在的位置，从而减少公司内部的暗数据或灰数据。
- **定位已受到保护的数据**。随着组织内部非结构化数据的增长，用户丢失数据的可能性随之增加，有两种类型的数据丢失：数据的意外删除或损坏，用户忘记了数据保存在哪里。一个全面的、可访问的索引系统允许用户方便地找到他们保存后又丢失的文档，从而降低组织的数据恢复需求。
- **追踪移动数据**。并非所有数据归档都通过分层存储管理(Hierarchical Storage Management，HSM)技术实现。无论是因为预算、成本还是业务特殊性，一些公司喜欢在归档过程中真正移动数据，而非留下存根以实现无缝访问。工业或平面设计公司在工作完成后的一个时期内，将整个项目从主存储设备中移出，当且仅当需要重复运行项目时才会重新调取介质。从合规角度看，教育机构和医疗公司同样需要分别维护组织中关于学生和患者的数据，但在特定时段后，需要将这些数据从主存储区移到存档存储区保存。这种情况下，索引变得至关重要，以便在数据移动后能准确地定位数据。

与归档一样，许多企业出于成本估算、不理解降低数据可访问性和可识别性的累积影响而抵制数据索引技术。如果企业不清楚自身的数据现状，那么无论如何也不能认为这些数据得到充分保护或有效管理。因此，索引不是成本开销，而是构建全面数据保护解决方案的数据识别过程的重要部分。

某些情况下，由于数据"太多"而不选择索引或不去发现暗数据是一种拖延时间的做法。如果企业对于拥有 500TB 的数据的感受是"太多"，那么当业务数据增长到 510TB、550TB、600TB 或更多时，数据处理将变得十分复杂。正如数据量很少随时间而减小一样，推迟数据管理有关活动并不会使未来的任务变得更容易。

8.5 本章小结

数据识别是一个庞大而复杂的主题，几乎存在于整个 ILM 领域。数据识别与 ILP 的联系简单而深刻：如果数据安全保护解决方案只关注组织内部人员对数据位置和关键性的看法，而从未进行数据识别，则将是片面的。这可能只在小规模或非常集中的企业里是相对准确可行的，随着业务增长或其数据变得更分散，这种准确程度将迅速下降。另一方面，企业将在数据保护上花费越来越多的资金，"希望"有一个有效的解决方案，但实际上无法证明这一点。当企业发现问题根源是数据管理时，几乎不可避免会导致业务部门对数据保护成本的质疑。

有人认为，在架构良好的环境中，数据识别对于数据保护并不重要。这种看法假设系统始终以有序和预期的方式增长，这种考虑是不全面的，事实上可能极大地危害在未来某个时间点对业务运作至关重要的数据。只要系统不断增长，业务需求将更容易受到内部或外部变化的影响，数据识别始终将是数据安全保护的前置活动。

第9章 持续可用性和复制技术

9.1 简介

计算机行业出现以来，商业等领域一个日益增长的目标是高可用性(High Availability)。可看到，系统可用性越高，依赖于该系统运营的业务职能就越多。随着这些业务职能重要性的增加，系统可用性对业务运营的重要性也日益凸显。此外，随着业务的全球化，越来越多的企业发现只有提供 24×7×365 的业务运营能力才能保持商业竞争力。

9.1.1 高可用性指标："99.99…"

系统的可用性通常以百分比来衡量，因此，对于许多业务来说，最理想的可用性是 100%。考虑到业务的规模、位置、地理分布和盈利能力以及 IT 系统的性质，100%的可用性几乎是不可能实现的。企业往往退而求其次，可以参考的、最好的结果就是具有"多个 9(99.999…，High Nines)"的可用性。

如果仔细观察表 9.1 中的数字，可看到几种常见可用性百分比的差异。

对于非生产系统，虽然可能会满足于 98%，甚至只有 95%的可用性；但对于生产系统的可用性，最低可接受水平通常在 99%左右。除非另有规定，否则大多数企业倾向于将可用性目标定在 99.99%或 99.999%左右。需要注意，一些排名靠前的公有云服务提供商也难达到 99%的年度可用性。

以"百分比"这一量化指标作为可用性目标，并非只是挑选几个数字那样简单，企业的业务部门需要确定可用性的衡量标准。

第一种情况下，业务部门需要了解，可用性是基于样本时间段内的总时间，还是基于样本时间段内的计划可用时间衡量的。根据业务模式、监管合规性要求或系统类型，企业可能采用的可用性周期如下：

- 全天候
- 星期一到星期五：00:00:01 到 23:59:59
- 除每月第一个星期日早 8 点到晚 8 点外的所有时间

任何情况下，计划中的中断时间都不应计入可用性的统计数据。因此，第二种情况下，一个需要周一到周五每天都可用，而在周末不需要运行的系统，仍可实现 100%的可用性目标。这绝不是统计"造假(Cop-out)"， 而是在确定已实现的可用性统计数据时，只需要关注业务的可用性需求。

表 9.1　用百分比和时/分/秒表示的系统可用性

百分比	不可用时间(时/分/秒)	
	30 天周期	365 天周期
99	07:12:00	15:36:00
99.9	00:43:12	08:45:36
99.99	00:04:19	00:52:33
99.999	00:00:25	00:05:15
99.9999	00:00:02	00:00:31

考虑可用性(Availability)和正常运行时间(Uptime)之间的差异同等重要。IT 行业中最常见的一种错误是：假设系统可用性和系统正常运行时间存在 1:1 的对应关系。事实上，这种关系更类似于图 9.1。

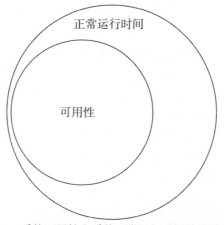

图 9.1　系统可用性和系统正常运行时间的关系示例

未启动的系统是无法使用的，反之亦然。业务部门并非仅通过系统是否启动来衡量系统可用性，而通过系统是否运行来智能地评定和衡量系统的可用性。这也使得如何统计系统可用性变得更有趣，因为正常运行时间是可定量测量的，而运行状态通常只能进行定性测量。为使运行状态成为一种定量的度量，企业需要了解系统的哪些关键属性定义了运行状态，并对这些属性进行抽样。

例如，员工工时单(Timesheet)服务是一项基础系统。像任何系统一样，正常运行时间(Uptime)很容易测量，即系统运行的总时间。在与关键用户和各业务团队商榷后，业务部门可能根据对最终用户生产率的潜在影响，决定是否将系统标识为可用、降级(Degrade)或不可用的几个关键指标。示例指标如表 9.2 所示。

表9.2　常见用户任务的抽样响应时间

活动	响应时间		
	可用	性能降低	不可用
打开网页	≤2 秒	3~9 秒	10 秒+
登录完成	≤3 秒	4~15 秒	16 秒+
列出 7 天内的时间记录项目	≤5 秒	6~20 秒	21 秒+
打开一个新的时间记录项目	≤3 秒	4~10 秒	11 秒+
在时间记录中查询项目代码	≤5 秒	6~10 秒	11 秒+
保存时间记录项目	≤6 秒	7~10 秒	11 秒+

考虑到不同的使用情况、不同的访问位置和不同的使用周期，可用性测量将变得更具挑战性。例如，对于表 9.2 的工时单服务示例，同样是星期五，工时单在工作周结束或在月度最后一个工作日结束(要求工时单填报必须按时完成)，所要求的响应时间会不同。如果一个企业有十几个不同的办公室，那么根据每个办公室和中心工时单服务器位置之间的链路速度的不同，可能同样需要考虑响应时间的变化。最后，财务团队使用工时单服务处理工资和项目，管理团队使用工时单服务处理客户账单时，对于更新各自的工时单，会有完全不同的响应时间要求(或至少有别于其他职能部门的响应时间)。

9.1.2　数据保护和可用性

数据保护体系与系统可用性指标之间不存在 1：1 的对应关系，但数据保护体系对于系统可用性的影响不仅是状态上升或下降那么简单。回到工时单服务例子，系统不可用的可能原因如下：

(1) 原因可能是超出数据保护体系范围(如工时单服务器和最终用户之间的网络连接中断)。

(2) 原因可能是系统的活动数据保护进程不足以满足所需的可用性级别，或这些进程失败(例如，对集群系统所用的存储没有任何等效保护方案)。

(3) 原因可能是需要数据保护体系的干预(例如恢复)。

(4) 原因可能是数据保护活动的影响(例如，系统使用"写时复制"的快照方案，但由于快照池使用了低速磁盘，导致系统全天性能下降)。

因此，虽然仅靠数据保护无法保证系统可用性，但数据保护的存在与否，可极大地提高系统的可用性水平(实际上，随着系统虚拟化程度的提升，单台主机本身就变成数据，数据保护与系统可用性之间将更紧密地保持一致)。

9.2　持续可用性

由于商业全球化趋势和政府合规性要求，许多企业已经意识到必须保持系统的持续可用性，同时主动式数据保护技术在确保高水平的系统可用性方面也发挥着重要作用。

9.2.1　集群技术

图 9.2 显示了一个典型的集群应用，在本例中是一个数据库。

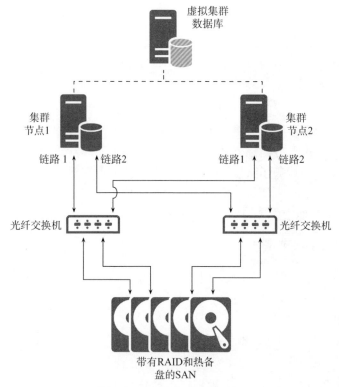

图 9.2　传统的集群应用配置

在这样的配置中，将配置两个或更多个集群节点，来呈现虚拟集群应用或数据库。用户和用户应用并不调用单个集群节点，而是调用虚拟集群数据库(从 IP 网络的角度看，这通常使用常规的 IP 地址和主机名来表示集群节点和虚拟集群数据库，额外的 IP 地址可能用于物理集群节点之间的专用心跳信号链路)。

随着集中式存储系统的发展，典型的集群是用光纤通道网络(或矩阵)连接到一起的物理集群节点，该网络同时连接一个 SAN。存储阵列通常采用多种可用性和安全保护功能，例如：

- 冗余电源和冷却系统
- 冗余存储处理器单元
- 存储处理器单元和磁盘阵列之间的冗余数据链路
- 防止磁盘故障的 RAID 保护机制
- 热备份磁盘允许 RAID 系统在磁盘发生故障后立即启动重建
- SAN 的多重结构链路

同样，在高可用性环境中，集群节点使用一种动态多重链路的形式，允许多重链路连接到 SAN 结构，从而防止单条电缆或甚至单个主机总线适配器(Host Bus Adapter，HBA)出现故障。

集群可配置为主用/主用或主用/备用模式，三个节点以上的集群可组合使用，如主用/主用/备用。当集群的一个节点发生故障时，集群中其他节点将接管运营职能，从而确保服务的持续性。

IT 部门在考虑提供高可用性时，集群已成为事实上的标准。然而，这样的配置并不能完全保证持续可用性，因为配置中仍存在单点故障，最明显的是 SAN 本身。虽然 SAN 将提供极高的可靠性，但单个 SAN(或 NAS)仍是单点故障，因此也将成为持续可用性的限制因素。任何带有单点故障的集群解决方案都无法满足系统持续可用性的目标。

9.2.2 虚拟化功能的持续可用性

随着虚拟化环境的成熟，虚拟化环境取代了许多(但非全部)集群的常见应用场景。当多个逻辑上分离的主机/操作系统，在单个物理服务器上运行，并能将虚拟主机从一个物理服务器转换到另一个物理服务器时，与硬件故障或负载均衡相关的集群用例变得不那么紧要了。

在集群资源池中运行多个虚拟机服务器(或虚拟机管理程序)的虚拟环境中，如果遇到存在性能问题的虚拟机，可从一台物理主机转移到另一台物理主机，而不会对使用该系统的用户造成任何形式的中断。在现代虚拟化环境中，允许整个虚拟机管理程序脱机进行维护或替换，而不会中断运行在其上的单个应用程序或主机的服务。

虽然虚拟机的持续可用性和站点故障转移机制减少了许多组织中集群技术的使用，但并未完全消除对集群技术的需求。如果在主站点上保留的虚拟机映像损坏了，灾难恢复站点上的映像又与主站点上受损的映像保持同步，那么损坏的部分将成为故障转移站点上所维护的映像的一部分。对于私有应用程序、操作系统区域以及共享数据库，真正的集群可更好地抵御某些形式的损坏。

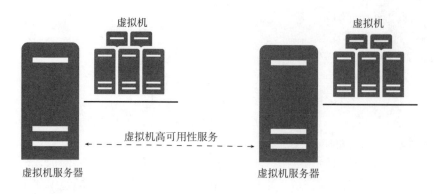

图 9.3　通过虚拟化实现高可用性的一个基本视图

如果企业需要更全面的持续可用性，可结合集群与虚拟机映像同步，更好地应对各类故障场景。使用虚拟机架构中的关联性策略，禁止集群中的两个虚拟机在任一站点上的同一个虚拟机管理程序上运行，从而提供单点失败保护，防止特定的硬件故障或宕机。

在这个级别，当涉及保持虚拟机映像的同步时，通常会发现管理程序正在执行这项工作。当一个虚拟机管理程序所管理的虚拟机更新时，该虚拟机管理程序将此更新同步到其管理维护的映像副本。随着具有相同可用性级别的虚拟机数量的增加，虚拟机管理程序的负载也会增加，从而降低了运行虚拟机的可用容量。此外，由于这通常是通过 TCP/IP 协议运行的，如果管理网络和终端用户网络尚未完全分离，那么保护机制可能直接影响虚拟机客户端应用程序或终端用户，因此还需要考虑网络连接的性能服务水平保证。

为改善这种情况，虚拟机管理程序与其利用的存储之间更紧密的集成正变得越来越频繁。通过这种集成，虚拟机管理程序可将虚拟机映像同步引导至存储层，利用计算周期和专用存储网络，来隔离或至少大幅降低同步流量/工作负载对受保护虚拟机及其业务功能的影响。

9.2.3　存储功能的持续可用性

虽然集群和虚拟机的高可用性都可提供合理程度的保护以防止中断，但两种可用性机制其实都取决于所使用的存储系统提供的可用性水平。

尽管企业级存储阵列通常可提供非常高的可用性，但对于大型组织而言，这可能仍无法满足合规或关键任务系统的需求。

这种情况下，有必要引入涵盖虚拟化系统的存储系统，集成两个或更多存储阵列，这些阵列甚至可能来自于不同的供应商。这种集成的存储系统允许存储管理员在存储虚拟化层定义存储卷或存储单元[1]，以及在组成系统的阵列之间将数据镜像写入虚拟卷。

这样的系统如图 9.4 所示。

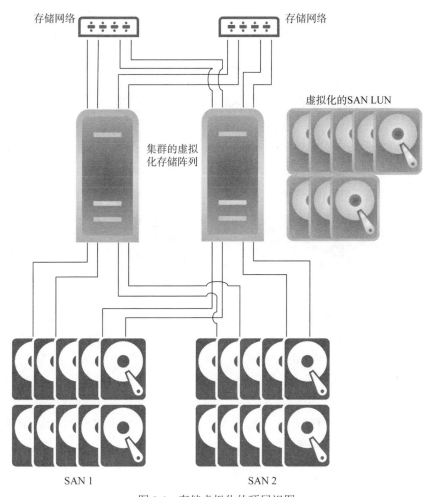

图 9.4　存储虚拟化的顶层视图

提供有效持续数据可用性的存储虚拟化系统，不应与同步复制相混淆(稍后将进行介绍)。虽然同步复制涵盖了持续可用性虚拟化存储的许多功能，但通常会假设主存储目标出现故障时，会发生中断(可能是短暂的)。此场景中的存储虚拟化技术完全规避了主机和应用程序访问系统的故障。

在这样的虚拟化存储环境中，每个阵列中的 LUN 本身通常都配置了一定程度的数据保护措施。如图 9.5 所示。每个物理阵列都向存储虚拟化系统提供包含五

个磁盘的 RAID-5 LUN(4 + 1)。存储虚拟化系统依次在这两个卷之间镜像写操作，为访问存储的主机和应用程序提供一个经典的镜像卷。

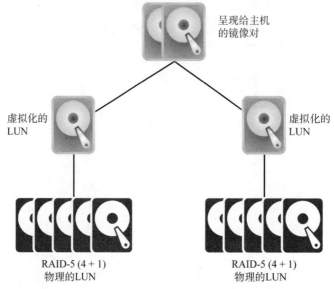

图 9.5　虚拟化存储 LUN 的组成

　　这种配置提供的数据保护水平非常高，允许企业向关键任务应用程序提供一个高度容错的存储系统。同样重要的是，这种配置可为各个组件提供维护时间窗口，同时实现高可用性。在不影响系统可用性的情况下，虚拟化存储系统中的一个存储阵列可完全关闭，以进行核心组件升级或数据中心的电源升级。[1]这就是为什么独立存储阵列提供的各个物理 LUN，都配置了各自的数据保护的原因：即使在存储阵列执行维护而中断的情况下，虚拟化存储系统也可持续保持数据保护功能。

9.2.4　组合模式的持续可用性

　　实际上，集群、虚拟机持续可用性和存储持续可用性，都不足以为大多数企业最关键的系统提供持续可用性。在极端合规性、监管或财务要求的环境中，高度保证持续可用性的唯一方法，是结合所有单独的持续可用性机制。在这样的环境，经常看到活动/活动集群虚拟机驻留在集群虚拟机监测程序环境中，使用由持续可用的虚拟存储基础结构提供的 LUN。当然，所有这些也依赖于容错的 TCP/IP 网络和存储网络。

---

　　1 很明显，这会在剩余阵列发生故障时引起问题，也可能给业务运营造成较大风险；对存储系统进行三方虚拟化的需求因此产生了。

9.3   复制技术

复制存在于服务水平低于持续可用性的情况下，但提供了许多共享特性。在高可用性系统发生实际中断时，复制数据存储系统对于提供第一级数据可恢复性和可用性极为重要。复制可作为持续可用性的补充：关键任务系统可能驻留在一个数据中心的持续可用性存储系统中，其内容复制到另一个阵列，甚至是另一个数据中心的另一个持续可用性存储系统，以便在站点丢失时保持服务持续可用。

根据所考虑的存储系统的功能，复制可提供除简单数据保护之外的多种用途，并且适用于源 LUN 及其快照。

例如，一个企业希望尽量减少传统备份活动对关键任务数据集的 I/O 影响。实现此类配置的一种常见方法是获取复制目标的时间点快照，并备份该快照。在这样的配置中，备份进行期间，数据主副本上性能降低的可能性将大大降低(此外，如果在异地，此类备份会为本地站点的故障提供更高级别的保护)。[1]

其他一些业务可能选用复制目标卷，用于测试其生产环境的重大变更。这种情况下，复制活动可能暂时挂起，同时，复制目标会对本地操作和测试执行读/写操作。

在复制目标中断或挂起的情况下，现代复制产品通常包含某种形式的"快速重新连接"功能，以减少使复制源和目标恢复同步所涉及的 I/O 数量(这甚至用于"复制对"中的源卷受损，并需要重新构建的情况)。

简单地将源 LUN 中的所有块复制到目标 LUN 是重新连接复制对时较慢的方法。对于小型复制对，这是可接受的，特别是对于没有极高可用性要求，或性能影响限制极低的系统。如果复制对更大，或需要重新同步，对于时间或带宽敏感的环境，这种方法将不被视为有效或可接受的。

加速复制同步的一种方法是维护脏位图(Dirty Bitmap)或写意图(Write-intent Bitmap)位图区域。在这样的配置中，LUN 上的每个块或一组块与位图中的单个要素相关。在复制进程挂起的情况下，每次向活动 LUN 写入更新时，与主 LUN 上更新块关联的位图区域也会更新。当需要重新复制同步对时，位图区域将用作快速参考，以确定必须将源 LUN 上的哪些块复制到目标 LUN，而不是盲目地复制所有内容。

图 9.6 展示了源和目标 LUN 之间进行复制时的一个配对示例。

---

1 但这并非逃避制作备份的次要副本的充分理由。

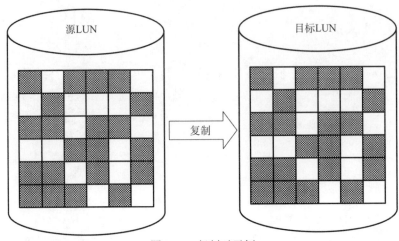

图 9.6 复制对示例

如果复制系统支持快速重新同步，则在复制中断或挂起期间，将创建源 LUN 的位图区域。根据源 LUN 上的块更新，位图区域将更新，进而反映已更新的块。值得注意的是，位图区域不需要实际包含已更新的数据，只需要包含已更改数据的有效位图空间的映射。如图 9.7 所示。

位图

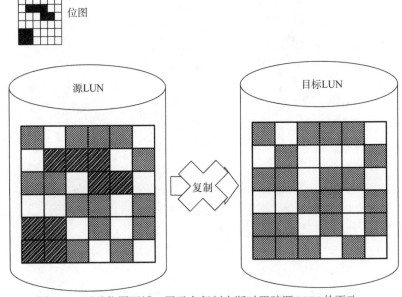

图 9.7 活动位图区域，用于在复制中断时跟踪源 LUN 的更改

在源 LUN 和目标 LUN 之间重新建立复制时，不再需要将源 LUN 的全部内容复制回目标 LUN，以便获取一致的副本；相反，根据位图区域，只需要复制创建位图区域/复制中断后在源 LUN 上更改的块，如图 9.8 所示。

即使在复制暂停期间，目标 LUN 的配置改成为读写状态时，仍可使用位图区域来实现快速同步更新。这种情况下，位图区域不仅可由源 LUN 维护，也可由目标 LUN 维护。源 LUN 位图将如前所述工作，目标 LUN 位图也将更新位图区域，以便显示更新了哪些块。不管更改的块在源 LUN 或目标 LUN 上，都通过合并两个位图区域，将所有"已更改"块从源复制到目标来实现复制重新同步。

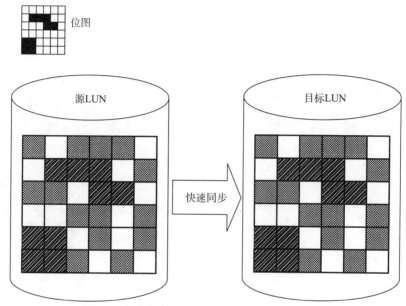

图 9.8　仅在复制对之间快速同步已更新的块

9.3.1　同步复制

同步复制是一种数据保护形式，通常只在数据中心内、园区内或较短距离内(如同城区域内)可用，写入一个存储系统的写操作会自动写入另一个存储系统。这有效地实现了主卷和次要卷内容之间的零延迟同步。

为确保源 LUN 和目标 LUN 之间没有延迟，同步复制对之间的写入过程通常如下所示：

(1) 主机向主阵列发送写指令。

(2) 主阵列将写指令发送到次要阵列，并执行当前写操作。

(3) 次要阵列执行写入并将确认发送回主阵列。

(4) 主阵列向主机发送写确认。

该序列如图 9.9 所示。

此配置的关键是，主机使用的主阵列在从次要阵列收到写入确认前，不会发送写入确认。只有当复制对(Replication Pair)由复制系统或存储管理员破坏或已失败时，才能向主机确认写入而不需要次要阵列确认。

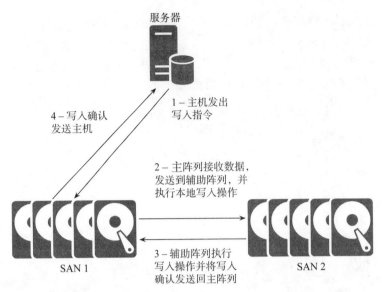

图 9.9　同步复制数据流

同步复制允许业务可在替代位置或备用阵列中，保留一个或多个关键任务 LUN 的一致副本，但这受限于站点之间的最大带宽，以及以下全部或部分限制条件：

(1) 输入输出(IO)要求(特别是访问应用程序的输入输出要求)

(2) 光纤速率[1]

(3) 带宽成本

(4) 带宽可靠性

此外，业务部门考虑使用同步复制的可能性越高，复制的性能特征就越重要(也就是说，业务不太可能在高性能访问要求较低的环境中考虑使用同步复制)。

9.3.2　异步复制

异步复制是一对 LUN 保持同步的过程，但无法保证目标 LUN 的内容，在任何指定时间点上与源 LUN 的内容完全匹配。异步复制实现了业务在源 LUN 和目标 LUN 之间高水平的同步，并可用于以下事项。

(1) 没有实现同步复制所需的专用带宽的预算。

(2) 合规性或监管没有强制要求一个完整的最新副本，只要求一个在合理时间内更新的副本。

---

1 随着两个站点或者阵列之间距离的增加，这些位置之间可实现的最短响应时间限制也会增加。例如，从墨尔本到珀斯约 2727 千米，这意味着，即便是在光纤链路运行顺畅的情况下，从墨尔本到珀斯的数据传输也存在至少 9 毫秒的延迟。

(3) 站点之间的距离使得在物理上无法实现完全同步的复制配置。

通常,将基于源 LUN 和目标 LUN 之间的最大允许时间间隔来配置异步复制。这可用秒、分钟、MB、写入操作的数量,或上述内容的某种组合来表示,但可用或已使用的确切配置选项,将完全取决于所涉及的复制软件和存储阵列。

最近,某些形式的异步复制可集成到各种应用程序层中,允许阵列之间进行时间点一致性(Point-in-time Consistency)复制,通常将这种集成视为典型的持续数据保护(Continuous Data Protection,CDP)的代表。这种情况下,源 LUN 和目标 LUN 之间的数据复制的时间间隔,将与数据流中的应用程序一致性时间间隔相关联;例如,承载数据库的 LUN 可能在数据之间具有 5 分钟的应用程序感知延迟,针对目标 LUN 上的数据启动/恢复数据库,最多只需要 5 分钟的数据丢失。对于更短的窗口(如 30 秒或更短),数据实际上可通过崩溃一致性方式保持最新,数据流中应用程序一致性恢复点的频率更低。

图 9.10 显示了异步复制对中写入过程的高级视图。异步复制的写操作顺序通常如下。

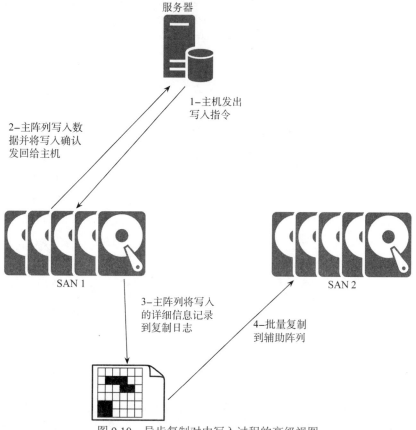

图 9.10　异步复制对中写入过程的高级视图

(1) 主机向正在访问的主 LUN 发送写入指令。

(2) 主阵列写入数据并立即将写入确认发送回主机。

(3) 然后主阵列将写入的详细信息记录到复制日志。复制日志将是写入主 LUN 的数据的实际副本。[1]

(4) 复制系统在适当时间，基于工作负载、已填充的缓冲区等将复制日志中的批处理块发送到要写入的目标阵列。

设计和配置异步复制时的一个关键考虑因素是复制日志的容量。如果该日志填满，可能引发故障。主 LUN 可能停止接受写操作，或复制已挂起(具体取决于阵列、复制软件或配置)，并需要完全重新配置复制日志。这样的事件通常需要存储管理员进行干预和处理，应该尽可能避免。

在异步复制与持续数据保护相结合的情况下，日志概念将得到扩展，不仅包括批处理复制的详细信息，还包括对数据流中应用程序一致性周期的理解，这些检查点可进行有效的回滚操作。例如，考虑标准异步复制和 SQL 数据库的 CDP 之间的区别。异步复制可能需要让副本数据库与生产数据库内容复制保持在 5 分钟以内。CDP 包括以下功能：确保数据库发出或追踪恰当的变更，以确保写入复制数据库的内容以类似方式提交；确保在发生故障转移的情况下，副本数据库可轻松启动，而不必进一步恢复请求。

9.4　本章小结

与传统的备份和恢复产品相比，持续可用性解决方案和复制解决方案(无论同步还是异步)通常都提供更高、更精细的数据保护。这对于恢复时间目标(Recovery Time Objectives，RTO)和恢复点目标(Recovery Point Objectives，RPO)要求较高的组织来说至关重要。如传统的备份和恢复系统通常只提供 24 小时的 RPO，回滚到上一次备份的时间点。本章讨论的系统和技术可能允许 RPO 减小至 0(最重要的系统不允许丢失任何数据)，或更常见的是几分钟，而非几小时或几天。同样，恢复时间可以秒、分钟或小时，而不是小时或天来度量，具体取决于丢失的数据量。

下一章将讨论另一种数据保护方案：快照技术(Snapshot)，旨在提供比备份和恢复软件更好的 RPO 和 RTO。

---

[1] 基于性能和数据一致性考虑，将写入数据的实际副本，而不是指向主 LUN 上的块的指针。如果复制过程只包含指向主 LUN 的指针，复制过程将触发针对主 LUN 的额外读取，这是不可取的，使性能优化变得困难。至于一致性，如果仅使用指针，则可能在复制前就修改了用于复制的块队列，从而损坏目标 LUN。

第10章　快照技术

10.1　简介

无论在操作系统、虚拟机管理程序还是存储系统层，快照技术(Snapshot)都已成为数据保护体系中的必备功能。

目前存在各种快照，但大多数技术都依赖于所保护的数据存储(无论数据存储期限长短)。在这方面，与完全复制相比，这些快照对硬件故障提供的保护不够稳健，但与备份和恢复系统相比，提供了更好的恢复点目标(Recovery Point Objective，RPO)和恢复时间目标(Recovery Time Objective，RTO)，同时提供合理的、节省空间的时间点副本(具体取决于组织经历的故障的性质)。

与某些观点相反，快照不是数据保护的全部和最终目标。除了最适合的场景，完全建立在快照上的数据保护"解决方案"根本不是解决方案。然而，同样可认为，任何地方都不使用快照的数据保护"解决方案"，在为组织提供的安全服务方面可能不是最优的。

可使用不同快照技术进行数据保护，本章将讨论各种技术及其适用性。

10.2　快照技术

10.2.1　首次写入时复制(COFW)

首次写入时复制(Copy On First Write，COFW)快照技术旨在最小化获取文件系统快照所需的存储容量。制作 COFW 快照时，快照镜像(Image)实际上不包含任何数据，而是包含一系列指向原始数据的指针，如图 10.1 所示。

对于需要保护的文件系统而言，快照是独立文件系统，即使实际数据在源和快照之间共享，快照也是有效的独立实体。如果试图访问快照上的数据，将读取重定向回源文件系统上的等效区域。应该注意，COFW 快照同样适用于块存储，即文件系统的下一层。为简化这一过程，本书将重点放在文件系统示例上。

记住，快照的目标是提供数据的时间点副本，并且源数据应该继续可用于所需的任何操作(尤其是写入操作)，每当尝试将数据写入原始文件系统时，COFW 快照均会获得其新名称。

考虑图 10.1 中所示的快照，逐步了解尝试将新数据写入文件系统中的第一个块时发生的过程。这将类似于以下顺序：

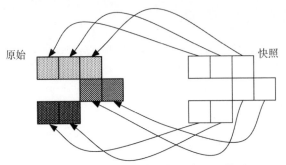

图 10.1   初始化后复制第一个写入快照

(1) 访问主机尝试写入受 COFW 快照保护的数据块。

(2) 快照截取写操作，并首先将块的原始内容复制到快照映射的等效空块中(图 10.2)。

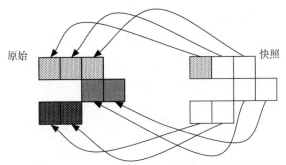

图 10.2   COFW 写入进程，块被复制到快照区域

(3) 将数据复制到快照后，删除该块的指针(图 10.3)。

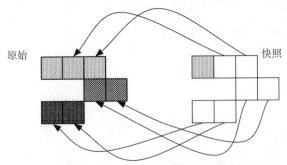

图 10.3   删除快照上返回源文件系统的第一个块的指针

(4) 然后将新数据写入原始文件系统的块中，更新其内容(图 10.4)。

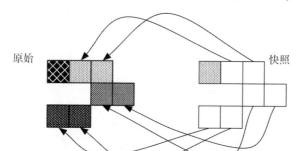

图 10.4 新数据写入源文件系统，覆盖原始块

虽然 COFW 是一种高度节省空间的快照技术，但应该重点注意 COFW 高性能所带来的缺陷，即每次尝试写入原始文件系统时，都会触发一个额外的读写操作，将原始数据复制到快照区域。考虑到这一点，通常建议仅针对在快照处于活动状态时，只有极少量更改的文件系统使用 COFW 快照。

同样，这也要求用于快照的存储池具有足够高的 I/O 性能，以便将附加写操作的影响降到最低；将 15 000RPM(转/分)甚至 10 000 RPM 磁盘驱动器(更不用说闪存存储)上的文件系统快照，交由 7200 RPM 或 5400 RPM 驱动器提供服务的存储池执行，即使源上的写入负载最小化，也可能导致严重的性能下降。由于快照日趋普遍，在更广泛地理解性能影响前，这是企业实际遇到的一个常见问题。

除了考虑性能因素，快照存储池的大小对 COFW 快照的可靠性也有重要影响。如果为快照提供空间的存储池已填满，这至少将导致快照内部错误，甚至可能导致对主文件系统的写入操作挂起，具体取决于快照系统的架构和实现方式。

为了规避性能影响和快照存储容量的双重风险，不同的存储系统可能提供以下选项：

● 根据容量和/或性能配置文件对多个快照存储池进行区分
● 单个卷的专用快照存储

应该注意，这两种方法都只隔离了发生上述情况时造成的影响，没有完全消除发生这种情况的可能性。尽管如此，这两种方法在数据保护配置中非常有用。基于性能特性的快照存储池，允许业务限制分配给每个性能层的快照存储空间(而不是从所需的最高性能层来分配所有快照存储空间)。同样，当一个业务具有非常高的关键度和/或性能要求的特定存储卷时，专用快照存储可显著降低来自其他快照存储区域的中断风险，即使是在同一个存储系统上也是如此。

10.2.2 首次访问时复制(COFA)

首次访问时复制(Copy On First Access，COFA)是一个典型的快照过程，通常与生成数据克隆相关，属于卷/LUN 级别。这些快照最初看起来与 COFW 快照非常相似，因为，COFA 快照副本开始时也是一组指向快照原始内容的指针。
如图 10.5 所示。

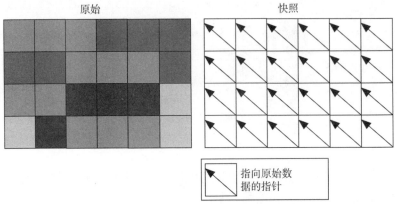

图 10.5　初始状态下首次访问时的复制快照

快照以一系列指针开始，但由于目标是生成原始数据的副本而不是一组节省
空间的引用链接，因此在访问快照和原始数据时，快照会发生显著变化。

通常，对于 COFA 类型的快照，只要在原始卷上访问数据，无论是写入操作
还是读取操作，原始数据都将复制到快照卷。如图 10.6 显示，与 COFW 样式快
照类似，在原始卷上访问数据时，COFA 会触发对快照存储的复制操作。

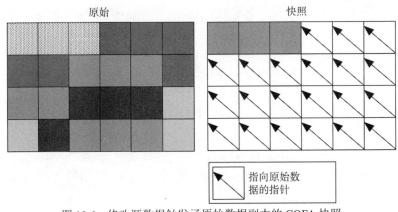

图 10.6　修改源数据触发了原始数据副本的 COFA 快照

这本身不能保证将原始数据的完整副本生成为快照/克隆数据。毕竟，在快照
的生命周期中，只有一小部分快照实体可能进行访问，因此必须开始将快照视为
一个克隆操作。最终成为完全独立的副本，应执行从源到目标后台的复制操作。
由于这样的复制操作可能影响源副本的访问性能，所以，副本通常附带一个选项，
用于限制复制操作与标准访问操作可执行的 I/O 数量或百分比。

　　为优化复制过程，此时使用 COFA 将所有被访问的数据推送到复制队列的前面，以免在以后需要时再次读取。图 10.7 显示了 COFA 快照与 COFW 快照的区别。在示例中，假设数据从源到快照的后台复制操作是从左到右进行的。

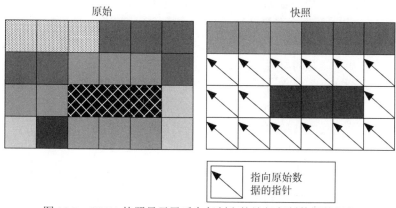

图 10.7　COFA 快照显示了后台复制和按访问复制数据的混合

　　在图 10.7 中，可看到后台进程已将第一行中的剩余数据从原始数据复制到快照存储中，即使原始数据没有进行更改。但第三行上的三个块已更改，因此这些更新被挤到后台复制队列之前。

　　图 10.8 显示了使用后台复制操作的 COFA 快照的"最终"状态；现在，原始卷的所有内容已复制到快照存储中，占用与原始存储相同的空间，并提供原始数据的完全独立副本。创建后可立即访问此副本，而不需要通过混合快照指针技术、第一次访问时的副本和后台复制过程来等待完整的数据复制/同步。

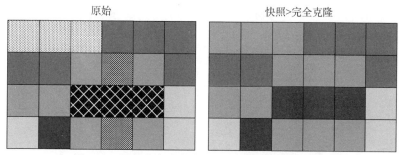

图 10.8　导致完全卷克隆的 COFA 快照的结束状态

10.2.3　写入时重定向

　　虚拟化管理程序(如 VMware 开发的虚拟化管理程序)同样使用快照技术。这使虚拟机能在受到潜在破坏性更改之前得到保护，从而大大降低数据丢失的可能性。例如，管理员可能会在执行操作系统升级之前对虚拟机进行快照。如果由于某种原因升级失败，管理员可回滚到快照前的状态，以便稍后再次尝试该操作。

　　管理程序中使用的快照技术往往与传统存储快照不同，因为原始数据(虚拟机文件)在启动快照时实际上变成只读的。当对虚拟机执行写入操作时，这些写操作存储在虚拟机所在的快照数据文件中。如图 10.9 所示。

　　在图 10.9 中，可看到在启动快照后，已经写入了两个新的数据块。因为原始内容设为只读，所以这些块写入备用数据文件。此时，系统将需要开始维护一个位图，将"已更改"的原始块与快照数据中位图的位置进行关联，因为快照数据文件中的内容当前是逻辑上"正确"的副本。因此，写入时重定向(Redirect-on-Write，RoW)还意味着重定向读取，以访问自快照启动以来已更改的所有数据(当该快照处于活动状态时)。

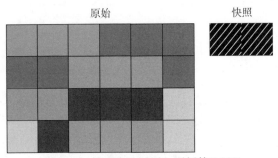

图 10.9　　快照启动后写入更新的 ROW

　　RoW 快照的一个明显优势是允许原始数据进行单独的合并读取，以便进行复制操作(如备份情况下)。

　　由于原始内容在快照存在时继续使用，因此对原始内容的任何更新都将重定向到快照数据文件，快照数据文件的大小也随之变化，如图 10.10 所示。

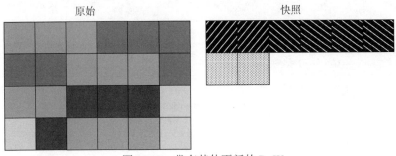

图 10.10　　带有其他更新的 RoW

　　尽管文件系统快照通常是在以后不被访问就完全删除的基础上执行的，或可能是独立安装以将所需数据复制回去，在执行虚拟机快照时，通常会预期快照状态将被合并回原始存储状态。

　　如果快照是在没有状态合并的情况下发布的，这种形式的快照由于原始数据没有更改，所以发布过程速度很快，除了简单地删除快照数据文件外，未执行其他任何操作。例如，如果考虑图 10.10 所示的状态，可看到原始内容与快照过程在开始时完全相同，删除快照只需要删除快照数据，并关闭之前已启用的所有写入重定向过程。

　　如果要保留快照，则需要将存储在快照文件中的更新与原始数据合并，这将改变最终状态位置，如图 10.11 所示。

原始

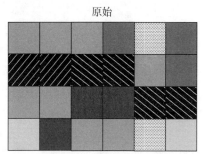

图 10.11　快照合并后"原始"数据的内容

　　快照合并具有将快照数据的内容复制到原始数据源的持续 I/O 操作和增加的 I/O 操作，因此这些快照合并操作在高负载的情况下，可能对已创建快照的实体造成性能影响。在快照生命周期内发生大量写入/更新的情况下更是如此。

　　注意，RoW 并非虚拟机管理程序独有；一些存储系统也利用 RoW 提供快照功能。对于虚拟机管理程序，将原始内容和 RoW 快照合并在一起，可能产生高并发的写入操作，如果管理不当，可能导致位于 RoW 上的系统出现 I/O 中断。在快照合并过程中，避免这种写入负载的一种技术就是防止合并；相反，可维护用于"正确"块的指针系统或某些变体。快照合并只是根据原始块和快照块的正确组合，为存储系统创建的新映射。但这并非没有局限性，可能导致快照与快照的原始 LUN 或卷保持在同一存储池中。如 5TB 存储池可配置 4TB 活动空间和 1TB 快照空间，所有这些都共享相同的磁盘。其他快照方法(如 CoFW 和 CoFA)可更好地将原始存储池和快照存储池拆分为完全独立的 LUN/卷集合，从而允许主卷容量和快照卷容量彼此独立管理。

10.3　崩溃一致性与应用程序一致性快照

　　再次考虑写入时重定向。如前文所述，这是虚拟化环境中最常用的方法，尤其适用于希望备份虚拟机的情况。由于原始内容在备份过程中不会发生变化，因此可安全地将其复制到备份存储环境中，以便在发生故障时进行后续恢复(第 14

章将涵盖这方面的其他内容)。

当组织考虑使用快照技术时，必须考虑快照是崩溃一致性还是应用程序一致性。崩溃一致性(Crash-consistent)意味着恢复时的状态，可能非常类似于意外崩溃并重新启动的系统。在生成虚拟机的快照时，虚拟机中可能存在打开的文件，更不用说虚拟机与更广泛的 IT 基础架构之间的活动通信状态。如果以此快照还原虚拟机，则所有目标和目的都将呈现在意外重新启动的虚拟机操作系统中。

但应用程序一致性(Application-consistent)快照略有不同，应用程序一致性快照意味着，虚拟机管理程序快照系统与虚拟机内运行的虚拟化软件进行更高程度的交互，以便在快照过程开始时适当地停止系统内可能运行的任何数据库。虽然虚拟机可能在恢复后仍然表现得像意外崩溃，但虚拟机内运行的应用程序/数据库已为"崩溃(Crash)"状态做好准备，以便可靠地重新启动并立即使用，而不需要单独的数据库还原。

因为许多不同的应用程序或系统可能正在运行并使用快照存储，实际上，这种崩溃与应用一致性快照问题适用于各类快照技术。虚拟化系统可能是最明显的，但在这个场景中虚拟化系统并不是唯一的。特别是，随着 10GB 网络在数据中心广泛应用，可看到越来越多的组织将应用程序和数据库工作负载(更不用说虚拟化工作负载本身)放在标准 NAS 存储上。这些应用程序层和管理程序层如何在发生重大故障时对快照的突然恢复做出反应，可用来定义成功的数据保护策略与资金浪费之间的差异。

这实际上回到 2.2 节介绍的关于数据保护的五个核心问题：

(1) 数据是什么？

(2) 数据在何处？

(3) 何人使用数据？

(4) 何时使用数据？

(5) 如何使用数据？

NAS 系统代表 IT 基础架构中，大量用户和/或系统的易于配置的大容量共享存储。如果对快照回滚/还原活动后，文件系统上数据残留的可访问性考虑不充分，则 NAS 系统提供快照的事实不足以证明有足够的数据安全保护策略。

这通常也使"工作组式"自由放任的数据保护方法与真正的企业对数据保护复杂性的理解有所区别。通常，数据保护市场的新进入者可能轻描淡写地宣称，对运行数据库软件的虚拟机执行崩溃一致性备份是完全可接受的，使用如下的假定"逻辑"。

- "应该"工作在如下逻辑中：
  - 可能数据库不是太忙
  - 如果存储系统响应速度足够快
  - 希望管理程序不是太忙于处理其他活动

- 如果……

以"如果""可能"和"希望"为前提的数据保护承诺(Data Protection Promises)根本不是承诺，会将业务数据置于相当危险的境地。企业内部的数据安全保护架构师和 DPA 必须注意：所部署的快照技术是否仅提供崩溃一致性快照或应用程序一致性快照；如果是应用程序一致的快照，支持哪些应用程序，以及在支持方面是否有注意事项。

10.4 只读与可读/写快照

与快照相关的另一个考虑因素是快照的实用性，而非为恢复时间和恢复点目标提供相当高的粒度级别，在处理单个文件丢失时尤其如此。

快照可实现的实用程序级别，在很大程度上取决于快照是只读还是可读/写的。就其本质而言，RoW 是可读/写快照：对快照区域进行写操作。但 COFA 和 COFW 快照未必配置为可读/写。

正如 RoW 快照中提到的，允许对快照进行读/写访问的一个优点是可承受潜在的破坏性活动，如果失败，可回滚到快照前状态并避免长时间中断或数据丢失情况。按照这些思路，数据库管理员可使用文件系统托管数据库的可读/写快照，从而测试生产环境数据库的升级，但不会使"真实"生产数据处于危险之中(也就是说，测试时使用最新且合适的生产数据副本，而不是数据的手动副本或测试数据的集合)。

虽然 RoW 明显是为这种技术设计的，但同样有争议的是，COFW 和 COFA 快照的主要操作目的，都是在执行快照时提供数据的不可更改的"原始"副本。

虽然从逻辑上讲，一旦后台克隆完成，COFA 快照就允许管理员轻松地访问快照数据，以便执行写入和读取操作，但上述 COFW 快照中没有此类功能。此外，这种情况下，允许用户修改该数据是不直观的；当然，这可能允许在特定情况下进行破坏性测试，但在测试期间，系统没有可用的数据副本，这与使用快照的目标背道而驰。

读/写快照的解决方案几乎总由快照技术本身提供。如果考虑 COFW 或 COFA 快照，可通过其使用 RoW 快照或类似的机制有效地创建快照的可读/写实例。在此方案中，原始快照数据保留下来，但数据的虚拟副本可通过 RoW 快照技术提供给所需的进程或人员。

图 10.12 显示了 COFW 和 RoW 的组合，用于有效地生成原始卷的间接读/写快照。

这种快照技术的组合既实现了快照的原始数据保护，又通过允许对原始数据的副本执行潜在的破坏性测试，为业务提供了额外的实用性。

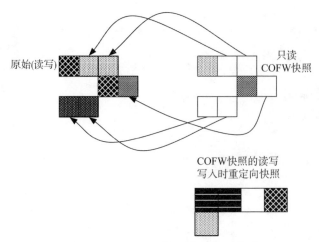

图 10.12   COFW 快照的可读/写快照

10.5   数据保护中的集成点

单个快照本身可提供单个时间点的数据保护，但当企业考虑快照的生成速度和空间效率时(取决于快照的原始实体的活动程度)，快照变得特别有用。

与传统的备份策略相比，这使存储管理员可提供更紧密、与业务更兼容的 RPO 和 RTO 的服务水平协议，在企业专注于使用 NAS 环境的情况下尤其如此。如果业务部门要求 NAS 服务器提供的文件系统的数据丢失时间不超过一小时，则可通过获取每小时快照实现，如图 10.13 所示。

图 10.13   通过每小时快照实现 1 小时的 RPO

　　许多 NAS 供应商都使用快照技术实现客户端操作系统集成点,允许单个终端用户执行自助服务恢复。通过这种方式,用户能通过操作系统钩子(Hook,如与 Microsoft Windows Explorer 的集成)执行文件系统的先前快照的只读挂载,并简单地从快照中复制希望检索的文件。这样可轻松检索数据,而不必启动正式的恢复过程,并且与传统的日常备份过程相比,这通常可看作一个主要的节省时间的优势。

　　虽然这提供了高水平的恢复粒度,并可保证满足业务部门严格的 RPO 目标,但必须注意潜在的性能影响。例如,考虑一个非常简单的例子,仅涵盖 2 小时的 COFW 快照。图 10.14 显示了第一个小时的快照刚被初始化的状态,图 10.15 显示了对原始数据执行更新后的状态。

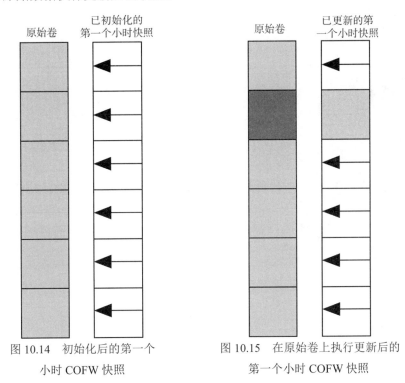

图 10.14　初始化后的第一个　　　　　　　图 10.15　在原始卷上执行更新后的
　　　小时 COFW 快照　　　　　　　　　　　　　第一个小时 COFW 快照

　　假设这是在第一个小时内对原始卷进行的唯一更新,在第二个小时开始时,初始化另一个快照,如图 10.16 所示。

　　此时,请考虑原始卷中的另一个块被更新的情况。在更新此块之前,可能必须将其复制到两个快照卷,如图 10.17 所示。

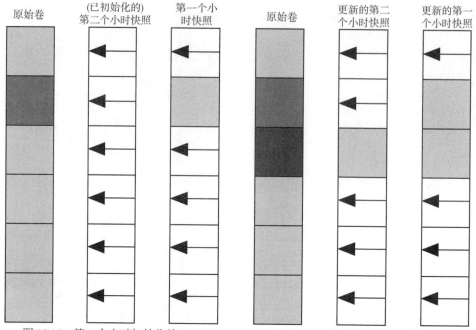

图 10.16　第二个小时初始化的 COFW

图 10.17　更新后的第一个小时和第二个小时的 COFW 会阻塞原始卷

一些快照系统可通过调整快照指针指向的位置智能地减少这种情况下所需的存储量。例如，在图 10.17 中，可看到在原始卷上更新之前，第三个块(从顶部算起)的原始数据已复制到第二个小时快照和第一个小时快照。一个更节省空间的系统可能看到数据只是复制到第二个小时快照，而第一个小时快照中该块的指针被调整为指向复制到第二个小时快照的块。如图 10.18 所示。

虽然图 10.18 中所示的这种体系架构更节省空间，但与图 10.17 中所述的多副本方案相比，这种体系架构未必能带来实质性的性能改进。因为指针本身仍然是需要更新的数据位，因此节省空间的方法最大限度地减少了实际的数据复制，但仍需要更新相同数量的指针。

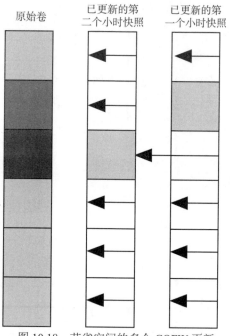

图 10.18　节省空间的多个 COFW 更新

虽然在一段时间内拍摄多个快照无疑是一种出色的数据保护技术，但这种技术最终会对原始数据造成性能影响，因此，这种技术始终需要与潜在的存储开销和潜在的性能影响相平衡。

10.6 本章小结

快照技术提供一种非常有效的机制实现较低的恢复时间目标(RTO)。在某些灾难恢复情况下，快照的卷或虚拟机的"回滚(RollBack)"比从传统备份中完全恢复快得多。同样，许多情况下，可快速访问快照以从中检索数据，而不是从传统备份系统执行更正式的恢复过程。

此外，随着需要保护的数据量的持续增长，与原始数据集相比，快照允许以极低的存储需求非常快速地生成时间点副本，从而允许业务合理地满足更短的恢复点目标(RPO)。

然而需要注意，使用快照技术并非没有任何风险或限制。虽然许多存储系统理论上支持数千甚至数十万个快照同时运行，但这么多快照对性能的影响可使整个运行毫无意义，即受到良好保护的存储由于过多的快照更新而变得毫无响应，造成业务停摆。同样，大量快照使得快照存储空间需求的持续增长，其工作方式可能无法为 IT 环境提供最节省空间的数据安全保护形式。最后，对于大多数快照技术，企业必须记住原始数据应有效用于自我保护。例如，COFW 和 RoW 都可用于防范大量潜在的故障情况，但两者也会失效；例如，底层存储遭受灾难性磁盘故障超出 LUN 的 RAID 系统的纠正能力。同样，COFA 仅在完全克隆完成后，针对源存储系统中的灾难性故障提供保护，并在克隆过程中与 COFW 快照一样容易受到此类故障的攻击。当组织想要从单个文件删除甚至某些形式的损坏中恢复时，副本的不完整性并不是问题，但不能防止原始数据在文件系统下的某一层中破坏至不可恢复的程度，因此应该始终谨慎，避免将所有数据保护资源集中到快照中。当快照与原始存储位于同一阵列、要求原始存储存在且原始存储丢失的情况下，无限数量的快照实际上不能提供数据安全保护服务。

在第 18 章中，将更详细地评估数据保护策略如何集成多种安全机制(包括快照技术)，以提供真正全面的数据保护体系。

第11章 备份和恢复技术

11.1 简介

曾几何时,"数据保护体系"实质上等同于"备份和恢复技术"。[1]到目前为止,"备份和恢复技术"在数据保护策略中仍占据至关重要的地位,从备份中恢复数据通常视为数据保护的最终方案,对于关键业务应用系统而言,这更是重要的数据保护手段。与所有数据保护机制一样,备份和恢复系统的可用性与其可满足的SLA水平直接关联。前几章讨论了持续可用性、复制以及快照等技术,这些方式都可实现从零到分钟级或小时级的RPO,而备份和恢复系统也可提供一天或更长时间的RPO。然而,虽然这些方式主要用于短期留存数据(以"零""秒"乃至"天"为单位进行衡量),但备份和恢复服务既可短期留存数据(某些环境中短至一天),也可长期留存数据,以"月""年"甚至"几十年"为单位进行衡量。

本书前言中提出了两大数据保护类型:主动式和被动式。通常,系统的持续可用性、复制和快照在某种程度上是为了主动防止数据在第一时间丢失,而备份和恢复系统旨在数据丢失后恢复系统数据。毫无疑问,备份是主动实施的,通常是组织为应对数据丢失而提前开展的准备工作。

对于普通业务系统,最普遍的数据保护方式是部署备份和恢复系统。但对于任务关键系统或业务关键系统(或受到法律法规强监管的系统),则需要综合使用复制、快照和持续可用性等技术,而备份和恢复系统可能完全覆盖环境中的各类业务应用系统。

许多公司错误地认为,只要购买并部署了企业级的备份软件,就拥有了恢复系统。然而,如前文所述,数据保护体系不仅涉及技术,还涉及人员、流程文档、SLA、培训和测试等要素。备份软件也许可帮助公司开展这项技术工作,但安装备份软件只是实现备份和恢复系统的第一步。

在实施备份工作前,必须清楚考虑备份工作实际上是什么。业界对于备份的定义如下。

---

1 RAID 技术是一个明显的例外。

备份就是数据副本，可用于根据需要恢复或重建数据。

请注意备份和恢复系统的关键词是副本(Copy)，这是备份与归档的显著区别。归档(Archive)过程指将数据实体从一个位置移到另一位置。备份围绕着主动制作数据的一份或多份附加副本，以便可在必要时取回数据，这证明了恢复作为数据安全保护的一种被动式响应。

11.2　备份和恢复的概念

在 IT 行业中，备份和恢复技术自出现以来有了长足发展。随着技术、基础架构方法和数据位置的变化，需要不断改进的备份和恢复也随之变化。理解备份和恢复如何适应数据保护策略是理解备份和恢复系统概念的基础。

11.2.1　主机命名法

在描述备份环境时，往往使用下列术语描述其中的各类主机。

服务器：备份服务器或主服务器负责备份调度、恢复协调、介质管理、索引处理以及作为备份配置和/或服务目录的存储库。

客户端：指的是受备份服务器保护的所有主机。这通常包括许多甚至所有在常规基础架构分类中称为服务器(如文件服务器、邮件服务器、数据库服务器)的计算机。

介质服务器或存储节点：存在于客户端和服务器之间的主机，承担了备份服务器的部分处理能力，但仍在备份服务器的控制和指导下。这台主机可能只为自身或各种客户机执行备份和恢复操作。

此外，应该考虑另外两种在备份和恢复系统中越来越普遍的主机类型。

专用备份工具包(Purpose-built Backup Appliances，PBBA)：直接用于提供备份和存储的"黑盒(Black Box)"设备。PBBA 具有一些类似于阵列的特性，但也有其他非常适用于备份的选项，如重复数据删除技术或从后台导出至磁带的功能。虽然许多阵列可用于备份目的，但 PBBA 的最初设计就是用于备份和恢复系统，而非用于主数据的存储或访问。

集成数据保护工具包(Integrated Data Protection Appliances，IDPA)：这将是一个具有附加功能的 PBBA，使其能在数据保护环境中更有效地运行，从而将备份和恢复功能扩展到传统企业的应用系统之外。这样系统可提供直接与数据库交互的插件，包括 SAN/NAS 的互操作性，实现更紧密的快照集成。由于这是 PBBA 的一个较新扩展功能，希望随着时间的推移，集成数据保护工具包能不断增强其功能。

11.2.2　备份拓扑

备份环境拓扑指服务器、客户端、介质服务器或存储节点的布局(根据上一节中讨论的术语)。目前有三种有效的拓扑结构：非集中式、集中式和混合式拓扑。

1. 非集中式拓扑

非集中式备份环境指每台主机将自己的数据备份到与其直接连接的备份设备上的环境。如果涉及商业备份产品，则通常环境中的每台主机都是自身的"主服务器"，并完全独立于环境的其他部分进行备份。这是在小型企业中常见的备份模式，这些企业往往从 1 台或 2 台服务器发展到最多 10 台到 20 台服务器。在这些环境中，通常在系统购买后才考虑备份，这导致需要为每个系统提供独立的备份存储。非集中式备份系统类似于图 11.1。

图 11.1　非集中式备份环境

虽然在较小的 IT 环境中，认为非集中式设备有助于减少每台主机对恢复的依赖性，但非集中式设备的缺点很快会凸显起来，且无法随着环境中主机和应用程序数量的增加而扩展。非集中式设备环境的主要缺点如下。

- **成本**。除非使用免费的备份和恢复软件，否则单台服务器许可证和多个客户端许可证的价格总比多个独立服务器许可证的价格便宜(同样，集中使用任何保护存储将不可避免地产生成本优化)。
- **存储效率低**。将专用备份存储附加到每台主机将导致备份存储效率低下。例如，如果使用磁带作为备份介质，同时备份五台服务器将至少需要使用五盘磁带，而实际上，在集中式模型下，这五台服务器都可轻松地通过一盘磁带进行备份。
- **持续监测和报告**。基于单台主机而非整体提供持续监测报告，这使得企业很难了解其数据保护状态。
- **配置复杂度高**。使用单个产品保护单台服务器，其配置比企业备份产品的配置更复杂，这种情况将造成无法有效更改多台服务器上的配置。更改 20 台主机备份时间的配置不像更改单台服务器那样简单。对于非集中式备份环境，这将涉及依次访问 20 台主机上的备份配置并进行相同的更改。这不仅耗时，还会带来更大的配置不匹配的风险。

- **介质处理**。随着环境中介质数量的不断增加，处理和存储成本(人力和物力成本)也将增加。
- **虚拟化**。这种拓扑结构不适合在虚拟化环境中工作，在使用任何形式的可移动介质时尤其如此。

2. 集中式拓扑

集中式备份方法(如图 11.2 所示)使用专用备份服务器备份多台主机来降低基础架构需求、配置需求、运营管理需求以及总体成本。[1]图 11.2 所示的示例集中式备份解决方案中，显示了其客户端和服务器通过 TCP/IP 网络进行通信，但有多种实现集中化的机制，最重要的是控制流(Control Flow)与实际数据流分离。这允许基于网络带宽、防火墙、物理位置等将备份数据分布在多个位置，同时受到集中管理和控制。

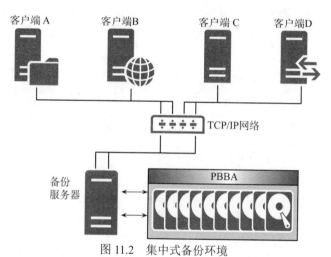

图 11.2　集中式备份环境

集中式备份的优点如下。

- **提升基础架构效率**。在企业环境中，随着业务发展需要留存的历史副本不断增加，可能造成备份存储需求快速增长，超过所保护系统的容量。将备份存储集中到更少位置(甚至单一位置)可提高存储效率。更大的存储池可帮助重复数据删除技术实现更高的去重率，降低占用的存储空间，同时仍保护相同数量或更多的备份。如果需要可移动介质，则其管理变得更容易，成本将远低于容量线性增长的介质。
- **岗位职能整合**。无论备份环境的专职管理员备份数据，还是负责数据保护

---

1 稍后将介绍存储节点/介质服务器如何适应这种部署模式。

和其他基础架构的管理员负责备份工作，集中式备份方法都可提高员工的工作效率，并可提高负责备份和恢复系统的员工的知识水平。

- **更灵活的恢复模式**。使用集中式系统，可方便地从在线介质(如磁盘或磁带)执行更多恢复，从而允许多位员工同时参与恢复过程。因此，恢复不是仅由备份管理员执行的活动，而可更方便由系统和虚拟化管理员、应用程序管理员、技术支持人员甚至最终用户执行。随着云计算环境的广泛部署，需要更多关注"自助式"模式，灵活性显得越来越重要(在大规模灾难恢复操作中，规避单个员工执行所有恢复操作的瓶颈是一项关键的设计要求)。此外，集中式备份服务通常会增加主机间恢复数据的便捷性。
- **易于配置**。由于所有配置都从单一来源控制，因此，数据保护管理员可更容易地调整和检查该配置，并通过减少更改大量主机备份配置所需的工作量，实现高效的配置变更。
- **持续监测和报告**。集中式系统可持续提供关于整个环境中数据增长的更高级的报告和统计信息，而不需要手动整理或合并多个单独的分散系统生成的报告。

3. 混合式拓扑

关键业务应用程序可能给企业备份和恢复带来挑战。业务部门希望将应用程序备份集成到集中式系统中，但也认识到在应用程序和/或可适应任意作业依赖性处理的单独企业级作业调度系统中，对备份过程保持控制的重要性。

解决这一矛盾的经典解决方案是为应用程序管理员提供额外的存储，以便应用程序管理员能控制应用程序备份并将其写入系统存储(DAS 或从 SAN/NAS 映射)，然后由标准文件系统备份代理将这些备份收集起来。这样的模型很简单，但不便宜，因为提供的存储通常是昂贵的主存储层，类似于数据库的性能特征，管理员通常会申请足够的存储来保存其应用程序的多个全备份。如果没有提供此空间，则 DBA 可在备份期间或备份后将其备份压缩到磁盘上。如果在备份期间压缩，则会降低备份效率；如果在备份后压缩，则可能影响系统性能。此外，大型压缩文件一直是备份环境中主要挑战，在使用去重存储系统时尤其如此。

这通常是由于应用程序备份和系统备份之间缺乏集成，应用程序管理员希望至少有一些最新的、可访问的在线备份，以满足严格的 RPO /RTO 服务水平协议，而不必通过以下方式恢复：首先从备份存储中检索应用程序备份文件，然后将其恢复到应用程序中。因此，一个 1TB 数据库可能需要连接到数据库服务器高达 10TB 的类似存储，以便从在线备份中快速恢复。

PBBA 向集成数据保护工具包(IDPA)的发展使得非集中式和集中式模式的高

效混合成为可能，同时允许数据保护管理员和应用程序管理员保留控制。[1]混合式备份拓扑的高级视图模型如图 11.3 所示。

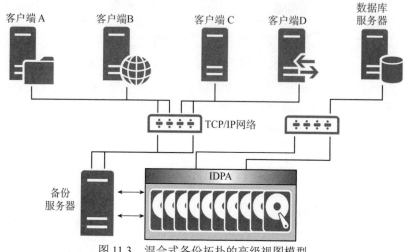

图 11.3　混合式备份拓扑的高级视图模型

在这种模型中，数据保护存储成为集中站点。备份和恢复系统在很大程度上仍然是一个集中化环境(即使是应用程序和数据库服务器，也应该对系统执行文件系统和操作系统层备份)，从而持续有效地管理环境中的大部分数据保护策略。此外，关键应用程序和/或数据库服务器可通过其本机备份和恢复工具的插件与集成备份设备紧密配合，直接控制和管理备份过程，同时与其他备份和恢复环境共享数据保护存储。通过消除直接连接到应用程序和数据库服务器的备份逻辑单元号(LUN)，同时确保业务运营应用程序所需的高细粒度的备份控制，可显著降低关键任务系统的存储成本。

虽然从数据保护管理员和架构师的角度看，完全集中的备份和恢复拓扑通常优于混合拓扑，但该拓扑必须从根本上支持业务运营需求。对于需要特别加以关注和进行数据保护控制的关键任务应用程序，混合模型实现了良好折中，同时确保满足业务运营的需求并实现数据保护存储的效率/成本控制。

11.2.3　备份级别

每次执行备份时，数据都会从客户端存储传输到数据保护存储。传输的数据量首先取决于备份级别。虽然备份还将具有与其关联的某种类型的内容选择(例如，"所有本地文件系统"或"名为 PROD 的数据库")，该级别将决定在任何操

---

1 虽然磁带和 PBBA 理论上都可集成到混合模式中，但与 IDPA 提供的优势相比，集成程度通常是较低的。

作中备份所选数据集的数量。

1. 全备份

全备份(Full Backup)将所有选定数据集从源传输到数据保护存储,而不论最近备份了多少次。在使用磁带的情况下,全备份尤其会为企业提供最简单的恢复机制,因为恢复操作从备份存储中执行单一的整合读取,而不必使用在不同日期或时间生成的多个源。

全备份的一个关键要求是,备份窗口必须足够大,以容纳每次备份时对系统上所有数据的完整读取。这对小型组织来说是可接受的,但对于许多数据正在增长的大型企业或业务部门来说,是非常不现实的。实际上,由于大多数业务的数据一直在快速增长,而备份窗口却不断缩减,企业试图减少所需的完整备份数量的现象越来越普遍。

全备份方式的常见优点如下:

- 从全备份中恢复涉及从一个备份"集"中进行一次整合读取。
- 全备份通常不会相互依赖。也就是说,第 1 天执行的全备份副本丢失,不会影响第 2 天执行的全备份的可恢复性。

其常见缺点如下:

- 对于所有类型的备份级别,如果不减少快照或进行源端重复数据删除等数据保护策略,备份窗口都是最大的。
- 如果没有重复数据删除(源或目标),全备份将使用每个备份数据集的最大介质量,并将花费最高的成本。

应该注意,执行真正的源端重复数据删除技术(只有唯一的、未出现过的数据从客户端发送到服务器)的备份产品可能每天都能执行全备份,而不会对客户端与每日全备份产生影响。通过利用以前遇到的数据段的本地数据库,并结合操作系统跟踪已更改的文件,源端重复数据删除产品可比传统的全备份更快地扫描和处理主机上更改的内容。第 13 章将介绍重复数据删除技术。

2. 增量备份

增量备份(Incremental Backup)仅针对自上次备份以来已更改的各级文件或项目。[1]这通常产生的备份数据量较小,并可容纳在更小的备份窗口中,尽管备份的数据量未必与需要运行的时间成 1:1 的关系。

在文件系统级别,增量备份会查找自上次备份以来已更改或已添加的文件。然而,增量备份不仅适用于文件系统备份,还适用于数据库、复杂应用程序以及虚拟机等形式的增量备份技术。例如,一个 50TB 的数据库在一天中可能只有

---

　1 某些备份产品将增量备份称为差异增量备份(Differential Incremental),即由上次备份以来的差异组成的增量备份。

2%~5%的变化率，并与文件系统备份一样，增量数据库备份将允许记录并备份这些更改，然后与先前的全备份集成，以便在需要时进行恢复。

将增量备份引入备份策略，通常会导致备份配置类似于表 11.1 和表 11.2。[1]

表 11.1　每周全备份与每日增量备份

星期一	星期二	星期三	星期四	星期五	星期六	星期日
增量	增量	增量	增量	增量	全	增量

表 11.2　每月全备份和每日增量备份

星期六	星期日	星期一	星期二	星期三	星期四	星期五
1 日-全	2 日-增量	3 日-增量	4 日-增量	5 日-增量	6 日-增量	7 日-增量
8 日-增量	9 日-增量	10 日-增量	11 日-增量	12 日-增量	13 日-增量	14 日-增量
15 日-增量	16 日-增量	17 日-增量	18 日-增量	19 日-增量	20 日-增量	21 日-增量
22 日-增量	23 日-增量	24 日-增量	25 日-增量	26 日-增量	27 日-增量	28 日-增量
29 日-增量	30 日-增量	31st-增量				

图 11.4 展示了不同备份级别的"备份变化图"，描述这些图之间的关联，显示每周全备份和每日增量备份。

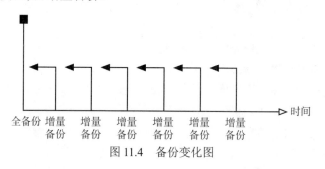

图 11.4　备份变化图

在图 11.4 中，全备份可看成拉伸图表高度的垂直线。横轴表示执行备份的时间。显示的每个增量备份都指向前一天进行的备份，这表明增量备份仅处理自上次备份以来发生变化的数据。

一些公司仍采用 9×5 运营周期的备份方案，在这种方法中，备份不会在周末执行，理由是用户通常不会对系统进行修改。这是一种错误的节约方式，更不符合日益增长的 24×7 小时环境。系统可能在周末自动安装补丁，应该在安装这些补丁前后执行备份。相比以往，移动用户更可能在周末检查和发送电子邮件，即使没有用户在周末访问系统，备份仍可用于在恶意进程或应用程序更正或删除数据时提供可恢复性。这也提出了备份和恢复的基本规则：多备份总比少备份安全。

---

1 当然，无论何种备份计划，对特定数据集执行的第一次备份将始终为全备份。

增量备份的优点包括：

- **提升介质效能**。每个备份作业只使用较少的备份介质存储自上次备份复制后更改的内容。言下之意，将全备份和增量备份相结合的备份机制所使用的介质，将大大少于同一时间段内仅执行全备份的备份机制。
- **备份窗口比全备份短得多**。在备份过程中需要中断的事件相当罕见，这样可以减少中断窗口的时间。

增量备份的缺点包括：

- **从全备份和增量备份混合模式中恢复可能需要更多的介质交换**。具体取决于自上次全备份以来用可移动介质(如磁带)执行了多少增量备份。
- **完整恢复存在依赖性**。如果没有全备份数据和全备份与故障之间的所有增量备份数据，则无法完成完整的系统恢复。如果这些备份中的任何一个丢失或无法读取，则无法 100%完成恢复。[1]

3. 差异备份

差异备份(Differential Backup)是备份一系列更改的备份方式，可能包含数天的更改。这会将多个更改"汇总"到一个备份作业中。如今，[2]差异备份的使用并不频繁；当磁带作为主要备份目标以减少恢复所需的介质量同时仍允许更快的备份时，差异备份特别有效，但在以磁盘备份为重点的环境中，差异备份的用处非常有限。

虽然差异备份对于任何标准文件系统备份来说没什么不同，但当差异备份用在数据库和应用程序时，其含义可能有很大差异。例如，数据库供应商可能将差异备份声明为：自上次备份以来，备份然后删除所有事务日志的备份。另一个数据库供应商可能认为差异备份是合理的数据和事务日志的备份。总之，在考虑文件系统以外的任何备份时，请阅读数据库/应用程序供应商和备份供应商提供的文档，以了解差异备份的执行方式，以及备份的内容。

实际上，产品可能使用两类差异备份：简单(Simple)和多级(Multi-level)。下面将对两者进行介绍。

简单差异备份活动仅备份自最近一次全备份以来发生的所有更改，无论两者之间发生过哪些备份。例如，考虑表 11.3 所示的每周备份制度。

1　一些所谓的"企业级"备份产品没有执行足够的依赖性检查，而且实际上，设计层面可删除全备份，但注意，增量备份仍然依赖于完整的系统可恢复性。

2　某些备份产品将差异备份称为累积(Cumulative)增量备份，即"增量"是自上次全备份以来所有更改的累积。

表 11.3　每周混合备份机制示例：全备份、增量备份和差异备份

星期六	星期日	星期一	星期二	星期三	星期四	星期五
全备份	增量备份	增量备份	增量备份	差异备份	增量备份	增量备份

在正在考虑的备份机制中，在星期六执行全备份，在星期日到星期二执行增量备份。差异备份在星期三执行，随后在星期四和星期五执行增量备份。可在备份更改图中显示这一点，如图 11.5 所示。

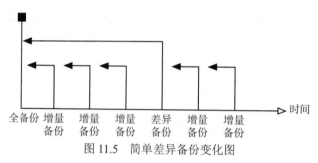

图 11.5　简单差异备份变化图

在图 11.5 中可看到，虽然前三个增量只是记录前一天以来发生的更改，但在第五天，调用的差异备份将备份自全备份以来发生的所有更改。随后在第六天执行的增量备份将仅备份自第五天以后更改的内容。

有时，差异备份将用于完全替换增量备份。因此，在任何给定的日期，恢复系统所需的唯一备份将是全备份和最新的差异备份。这类似于图 11.6 所示的配置。

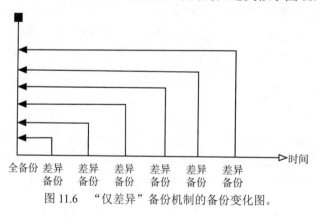

图 11.6　"仅差异"备份机制的备份变化图。

在这样的配置时，备份将按以下方式工作：
- 全备份可记录所有内容。
- 第一个差异备份记录自全备份以来已更改的所有内容。
- 第二个差异备份记录自全备份以来已更改的所有内容。
- 第三个差异备份记录自全备份以来已更改的所有内容。
- 以此类推……

从历史上看，差异备份通常集成到每月备份周期中，其中每月只执行一次全备份。这种备份配置可能类似于表 11.4。

这样的配置有两个关键目标：

(1) 确保每日备份所需时间尽可能短。

(2) 最小化系统恢复所需的备份集/介质数。

要从此类备份配置执行完整系统恢复，需要全备份、最新的差异备份以及从最新的差异备份以来的所有增量备份。例如，要在 27 日恢复系统，需要使用下列备份：

- 第一次全备份
- 在 22 日执行的差异备份
- 23 日至 27 日(含)的增量备份

除了简单差异备份级别外，一些备份产品还可能提供多级差异备份，从而允许其他选项。多级差异备份从旧的 UNIX 工具继承了其部分方法，例如"转储(Dump)"和"恢复"。使用这种方法，而不是单个"差异"备份级别，可用的备份级别变为：

- 全备份
- 增量备份
- 差异级别 1…9

表 11.4　月度备份机制，包括全备份、增量备份和差异备份

星期六	星期日	星期一	星期二	星期三	星期四	星期五
1 日-全	2 日-增量	3 日-增量	4 日-增量	5 日-增量	6 日-增量	7 日-增量
8 日-差异	9 日-增量	10 日-增量	11 日-增量	12 日-增量	13 日-增量	14 日-增量
15 日-差异	16 日-增量	17 日-增量	18 日-增量	19 日-增量	20 日-增量	21 日-增量
22 日-差异	23 日-增量	24 日-增量	25 日-增量	26 日-增量	27 日-增量	28 日-增量
29 日-差异	30 日-增量	31 日-增量				

在此方法中，任何差异级别 x 都会备份自上次全备份或最后一个较低/相同编号的差异级别备份(以较新者为准)以来更改的所有文件。

表 11.5 给出了单周多级差异备份配置的简单示例。

表 11.5　多级每周差异备份配置示例

星期六	星期日	星期一	星期二	星期三	星期四	星期五
全备份	增量备份	差异级别 5	增量备份	差异级别 7	增量备份	差异级别 3

在表 11.5 中列出的配置中，备份将按如下方式工作：

- 星期六执行全备份。

- 星期日执行增量备份，备份自星期六全备份以来更改的所有内容。
- 星期一执行差异级别 5 备份，备份自星期六全备份以来更改的所有内容。
- 星期二执行增量备份，备份自星期一差异级别 5 备份以来已更改的所有内容。
- 星期三执行差异级别 7 备份，备份自星期一差异级别 5 备份以来已更改的所有内容。
- 星期四执行增量备份，备份自星期三差异级别 7 备份以来已更改的所有文件和内容。
- 星期五执行差异级别 3 备份，备份自星期六全备份以来更改的所有内容。

此配置的备份变化如图 11.7 所示。

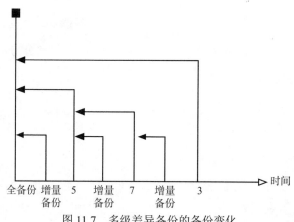

图 11.7　多级差异备份的备份变化

当磁带是主备份介质时，多级差异备份将非常有用，可延长全备份之间的时间(特别是对于变化率非常低的大型文件系统)，同时仍将完整系统恢复所需的备份集数量减至最少。例如，对于每季度只执行一次全备份的临时存档文件服务器，可考虑采用多级差异备份策略。这种策略可能类似于表 11.6。

表 11.6　季度多级差异备份策略季度表

星期六	星期日	星期一	星期二	星期三	星期四	星期五
第 1 个月						
1 日-全	2 日-增量	3 日-增量	4 日-增量	5 日-增量	6 日-增量	7 日-增量
8 日-5	9 日-增量	10 日-增量	11 日-增量	12 日-增量	13 日-增量	14 日-增量
15 日-5	16 日-增量	17 日-增量	18 日-增量	19 日-增量	20 日-增量	21 日-增量
22 日-5	23 日-增量	24 日-增量	25 日-增量	26 日-增量	27 日-增量	28 日-增量
29 日-5	30 日-增量	31 日-增量				

(续表)

星期六	星期日	星期一	星期二	星期三	星期四	星期五
第 2 个月						
			1 日-增量	2 日-增量	3 日—增量	4 日-增量
5 日-3	6 日-增量	7 日-增量	8 日-增量	9 日-增量	10 日-增量	11 日-增量
12 日-5	13 日-增量	14 日-增量	15 日-增量	16 日-增量	17 日-增量	18 日-增量
19 日-5	20 日-增量	21 日-增量	22 日-增量	23 日-增量	24 日-增量	25 日-增量
26 日-5	27 日-增量	28 日-增量	29 日-增量	30 日-增量		
第 3 个月						
					1 日-增量	2 日-增量
3 日-3	4 日-增量	5 日-增量	6 日-增量	7 日-增量	8 日-增量	9 日-增量
10 日-5	11 日-增量	12 日-增量	13 日-增量	14 日-增量	15 日-增量	16 日-增量
17 日-5	18 日-增量	19 日-增量	20 日-增量	21 日-增量	22 日-增量	23 日-增量
24 日-5	25 日-增量	26 日-增量	27 日-增量	28 日-增量	29 日-增量	30 日-增量
31 日-5						
第 4 个月						
	1 日-增量	2 日-增量	3 日-增量	4 日-增量	5 日-增量	6 日-增量
7 日-全	...					

在这份配置中，在季度的第 1 个星期六进行全备份。在星期六以外的所有工作日执行增量备份。在本月剩余的所有星期六，将执行 5 级备份；这可确保在第一个月的任何给定日期，完成系统恢复所需的唯一备份集是全备份集、最新的 5 级备份集(假设已完成一个备份集)和该周内完成的增量备份集。本季度第 2 个月的第一个星期六执行 3 级备份。这将备份自本季度初全备份完成后更改的所有内容。除了星期六以外的时间进行增量备份，第二个月的星期六都将还原为 5 级备份。因此，在第二个月完成系统恢复最多只需要：

- 全备份
- 3 级备份
- 最新的 5 级备份
- 自 5 级以来执行的所有增量备份

季度的第三个月是第二个月的重复。只有在下个季度(第 4 个月)的第一个星期六，才能得到新的全备份。

差异备份的优点如下：

- 减少完全恢复所需的备份集数量(除非备份到磁带，否则与此无关)。
- 在磁带环境中，差异备份可降低故障磁带阻止完全恢复的风险(如果内容在多天内保持静态，将出现在多个差异备份中)。

差异备份的缺点如下：

- 特别是对于文件系统备份，差异备份在执行磁盘备份时的实用性受到限制，可能导致不必要的介质消耗(尤其是在不使用重复数据删除技术时)。
- 与数据库/应用程序供应商进行多种形式的交互。
- 变更率较大且每天更改的内容，系统可能在备份机制结束时生成非常大的差异备份。

随着企业越来越多地将磁盘作为主要备份介质，使用中的多级差异(甚至可用性)正在显著减少。当备份在磁盘速度访问级别可用时，差异所提供的优势将减弱。

4. 合成全备份

数据保护中的常见问题是执行全备份所需的时间，还包括执行完整的数据读取对客户端的潜在影响。

合成全备份方法将全备份的处理，从客户机转移到整个备份基础架构中。为此，需要综合前一次全备份的新全备份，以及自该时间点以来执行的所有增量备份。这类似于图 11.8 所示的备份更改图。

图 11.8 显示了合成全备份(通过虚线序列)是从先前采用的全备份和增量备份中构建的。注意，理想情况下，新的增量备份将在全备份合成前立即执行，以便系统的最新更改包含在合成全备份中并受其保护。

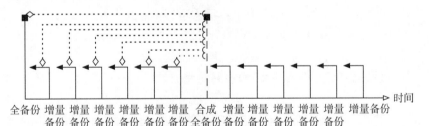

图 11.8　显示合成全备份变化图

许多提供合成全备份的备份产品将提供使用指导，详细说明合成全备份能否无限期执行，或是否应定期补充标准全备份。合成全备份的用户应确保遵循此指导，以免出现可恢复性受损问题。

合成全备份的优点包括：

- 消除或大大减少在系统生命周期内执行多次全备份的必要性。
- 允许从最近的全备份中恢复，无论自从执行实际全备份以来已过了多长时间。
- 用于通过慢速链路将远程办公室备份到中心位置(前提是可集中执行，或执行限速式(如 Trickle)[1]第一次全备份)。

合成全备份的缺点包括:

- 通常对数据库和复杂应用程序的支持非常有限。
- 并非所有备份产品都支持。
- 在完成一定数量的合成全备份后,某些备份产品将需要定期进行标准全备份。
- 虽然可能执行合成全备份以通过慢速链接为远程办公室提供备份,但无法解决通过此类链路发生的潜在恢复缓慢问题

5. 虚拟合成全备份

这是一个较新的备份概念,指的是高 IDPA 提供的功能,特别是那些使用重复数据删除技术的功能。这种情况下,创建合成全备份实际上已经转移到数据保护存储中。备份服务器将指示保护存储通过组合以前在系统上执行和存储的备份来组合新的全备份。特别是在使用重复数据删除存储时,这允许高速构建合成全备份,而不必在此过程中执行数据再水化(Rehydrate)[2]。

虚拟合成全备份(Virtual Synthetic Full)具有标准合成全备份的所有优点,还具有避免数据再水化和从备份服务器或介质服务器/存储节点转移数据处理的附加优势。

6. 手动备份

虽然不是一项技术性备份级别,但通常需要确认备份产品是否支持手动备份(Manual Backup)。手动备份往往是由管理员或最终用户临时发起的而不是由备份软件计划执行的备份任务。

手动备份提供额外的保护水平,允许最终用户扩展使用备份产品,以满足备份供应商无法预测或直接支持的应用程序和安全方案。如果支持手动备份,则应谨慎使用,因为手动备份代表备份服务器/服务无法预期的系统可用率。例如,虽然备份服务器可能适用于为 2000 台客户端提供备份和恢复服务,但其负载平衡的方式可能是,在任何给定时间备份的客户机不超过 200 台。如果单个管理员在执行计划备份作业的同时执行过多手动备份,则可能导致备份服务器中的资源耗尽。

以下是手动备份的优点。

- 允许根据随机或紧急需要启动临时备份,不必制定计划。
- 允许将备份系统扩展到原始备份供应商的设计之外。

---

1 "限速式"全备份指在比全备份通常可接受的更长周期内缓慢复制完整的数据。这可能很简单,第一次全备份需要一周或更长时间才能完成(取决于带宽),或可能通过"滚动全备份(Rolling Full)",即第一次全备份通过一系列数据子集的分阶段完整备份完成的。Linux 通过 Trickle 对 FTP Client 限速。Trickle 是一款用户端带宽管理软件。Trickle 通过控制 Socket 数据读写量来控制和限制应用的上传/下载速度。

2 数据再水化技术将在第 13 章详细介绍。

以下是手动备份的缺点。

- 如果使用不当，可能导致备份服务器上的资源竞争甚至耗尽。
- 如果经常使用，可能会产生管理费用或维护延迟。

7. 跳过备份

阻止备份运行并非真正的备份级别，但阻止备份运行的确在企业级备份机制中发挥了重要作用。这允许管理员故意阻止在预定时间/日期运行备份。这种功能旨在避免必须手动关闭和打开备份的情况。例如，考虑一个业务部门的备份需求：

- 每日增量/每周全备份，保留 6 周。
- 每月全备份，保留 13 个月。

在这个场景下，在"每日"序列中与"每月"序列中的全备份在同一天(甚至同一周)运行全备份并不一定有意义。合理的备份计划将允许跳过每日全备份序列，而执行每月全备份，不需要手动管理干预。能方便地跳过备份实际上是备份产品中的一个重要特性，如果没有备份跳过，会增加人为错误的风险，并且需要手动干预。

通常有两种"跳过(Skip)"备份操作的特定方法：

(1) 将跳过选项定义为一个级别，以便根据需要将其插入备份计划中。

(2) 将跳过选项定义为时间窗口(全局或基于每个备份集)从而无法运行备份。

跳过备份级别/窗口的优点包括：

- 允许备份计划完全自动化，不需要管理员手动干预。
- 允许提前安排非正常备份停机时间。

跳过备份级别/窗口的缺点包括：

- 应记录并理解跳过级别/窗口的使用，以防在备份未运行和后续故障发生时导致数据丢失的风险。

跳过级别备份产生的另一个潜在挑战是，需要为每个日期手动定义，未使用永久性的可重复选项。例如，虽然某些产品可能支持定义，例如"每月最后一个星期五跳过"，但对于不支持永久选项的产品，更特殊的跳过要求(例如，每个复活节周日跳过)或备份跳过可能导致管理员提前 1 年或更长时间批量设置这些级别。如果不定期重新访问和更新这些文件，可能导致意外的备份行为。

8. 一次全备份，永久增量备份

虽然这是一个更全面的备份功能，但与备份级别密切相关，因此值得考虑。一次全备份、永久增量备份定义为节省时间的功能，在第一次备份期间生成一个全备份，随后所有备份都是增量备份。这与合成全备份不同，因为从未进行完全的备份合成。相反，采用这种技术的产品通常执行某种形式的介质整合，从而删除过期的备份(从数据版本数或备份后的时间看)。对于磁带，当过期备份的百分比达到特定阈值时，需要复制当前/所需的备份。例如，一个产品可能配置为保存一个文件的 10 个版本。一旦磁带上的 v11 版或更高版本的文件数达到 35%，就会将磁带上仍处于当前/活动状态的文件迁移到另一个磁带上，以便回收该磁带。

在仅限磁带的环境中，这可能表示全备份系统恢复所需的介质单元数量惊人。例如，考虑一个 1TB 的文件服务器，文件服务器上的某些文件可能很少更改。假设在一个环境中有足够的服务器，每天使用一个磁带来执行备份，那么一年后将有 365 盘磁带。即使更改率较高(允许在 65%的文件上实现 11 个以上版本)，一年中介质的减少可能也只有 80%；因此在年底，可能需要多达 73 盘磁带才能完成文件服务器的恢复。

特别是在仅使用磁带的环境中，这些备份策略通常不需要执行整个系统恢复，而使用另一个数据保护或高可用性系统来执行该功能。例如，请考虑前面的示例，即需要 73 盘磁带(使用介质整合后)才能完成文件系统恢复。如果假设每个介质的恢复增加了 3 分钟的加载/卸载时间，而每个介质的恢复又增加了 5 分钟的磁带查找时间，那么这种恢复策略可能需要在实际数据读取之外，进行额外 9.7 小时的介质处理操作。

永久增量备份策略的优势包括：
- 第一次全备份后，对于以后的所有备份，备份窗口将大大缩小。
- 如果部署的备份产品不支持合成全备份，但支持此模型，则可能无限期地允许较小的备份窗口，尽管需要付出很高的成本代价。

永久增量备份策略的缺点包括：
- 即使该模型支持数据库，数据库管理员由于需要采用两阶段备份方法，也可能极不愿意接受此模型。
- 完整的系统或完整的文件系统恢复可能需要使用大量备份卷。
- 虽然允许在不中断常规备份和恢复操作的情况下进行介质整合，但这需要许多额外备份，并将随着系统保护的数据量的增加而继续增加。
- 在较大规模恢复过程中，介质和设备的物理磨损可能过大。

11.2.4　数据可用性

根据执行的备份类型，最终用户对数据的可用性可能受影响，或者说，企业所需的数据可用性级别将对可执行的备份操作类型产生深远影响。

1. 离线备份

离线备份(Offline Backup)指备份的数据或系统在备份过程中不可用于其他用途。IT 从业人员通常将这类备份称为冷备(Cold Backup)。

顾名思义，这将导致使用该数据的数据和应用程序出现中断，并需要花费相当长时间才能完成备份操作，不可否认，这对需要 24×7 小时的业务运营来说是明显劣势。但对于可用性不需要 24×7 小时的应用程序或业务，离线备份最典型的优势是，不需要专职 IT 人员执行其他形式备份，但可能导致恢复更复杂。

这种离线备份方式的成本低廉。对于某些企业级产品而言，数据库备份将是一项需要付费的许可功能[1]：企业可制定一套策略，对生产数据库采用热备份或在线备份(Hot/Online Backup)，但对需要备份的开发和测试数据库却可关闭后采用离线备份。

离线备份实际上可能导致备份窗口外的性能问题。许多现代企业级应用程序，特别是数据库，使用复杂的缓存技术来减少所需的 I/O 操作，其中 SAP 和 Oracle 就是采用这种技术的代表。一旦关闭应用程序，应用程序可能维护的任何缓存通常都会丢失。事实上，出于缓存性能的原因，一些应用程序供应商强烈建议不要频繁重启应用程序。

离线备份的优点包括：

● 恢复过程简单快速。

● 即使是相对复杂的环境，只要遵循经过良好测试的说明，则无需应用程序管理员或系统管理员，非 IT 人员也可执行恢复操作。

● 当离线备份与快照、卷复制和/或集群结合使用时，此技术可能允许对临时关闭的静态副本或节点执行备份，从而在最短的应用程序停机时间内实现更简单的备份。

离线备份的缺点包括：

● 如果没有与快照或其他昂贵的技术结合，依赖数据的应用程序在备份期间将不可用。

● 必须确保备份期间数据的任何组件都未使用(例如，如果数据驻留在多个文件系统上，为保持一致性，在备份期间不得对任何这些文件系统进行任何更改)。

● 对于数据库而言，通常不支持增量脱机备份，这意味着离线备份将强制执行新的全备份。数据库内的数据较少时(如几千兆字节)，可使用离线备份。然而，随着数据库大小的增加，离线备份很快变得不切实际。

● 随着时间的推移，要备份的数据量和业务系统可用性要求的不断增长，离线备份的可用性越来越小。

2. 在线备份

在线备份(Online Backup)中，需要备份的数据或系统在备份期间保持完全可用。数据库管理员将此备份形式称为热备份(Hot Backup)。

---

1 对于许多企业级备份产品而言，基于容量的许可正逐步取代基于功能的许可。这允许采用更多的自适应部署的模型，其中企业有权使用产品的大多数或全部功能，并基于受保护的数据量来支付许可费用。根据前端容量(按受保护环境的全备份的大小)或后端容量(按存储在许可证下的所有备份的总容量)计算容量许可。前端容量许可通常更可取。

在线备份可能会对正在保护的应用程序或系统产生影响，虽然系统仍可使用，但由于需要为常规用户功能和备份读取提供服务，因此会对性能造成影响。最终用户能否感知到这一点，将取决于应用系统的设计、备份系统的设计、系统的性能指标、备份期间系统执行的处理量以及要备份的数据量。

对于数据库，该性能损失通常是由于在备份期间需要执行更高级别的事务日志记录所致。事务日志用于备份数据库文件可能不一致的情况，但事务日志生成的另一个文件(并在全备份数据库文件之后备份)可通过再次写入确保一致性。

常规的文件系统备份(如操作系统磁盘的备份、用户账户的备份)可通过两种方式进行。具有紧密备份集成的、功能丰富的操作系统可提供执行文件系统快照的能力，将快照作为静默的时间点副本提供给备份应用程序。其他操作系统可能不提供此类集成，因此该类备份成为一项有风险的工作：备份在系统使用频率最低的情况下运行。理想情况下，备份期间更改的文件由备份应用程序报告，并可执行适当的步骤以确保数据仍然受到保护。[1]

某些应用程序、文件系统或操作系统可能对要访问的数据实施独占文件锁定，这可能导致在备份时完全丢失这部分文件。管理员应了解有哪些选项可避免这种情况，例如，如前所述，此类系统可通过向备份应用程序提供文件系统或数据的只读时间点快照来解决该问题。

同样需要了解那些没有实现独占文件锁定的应用程序和操作系统。虽然从技术角度看，这些方法可能允许在整个数据库打开并处于活动使用状态时对其进行读取和备份，但如果没有适当的一致性恢复过程，则所备份的数据可能不会用于恢复目的。

由于即使是最基本的系统也逐渐需要 24×7 小时的可用性，因此，在线备份已成为许多公司的唯一选择。如果最终客户拒绝等待或无法暂停关键的业务流程，这意味着组织也无法关闭应用程序进行备份操作。[2]

对于离线备份和在线备份间的关系，虽然离线备份可能意味着服务交付的重大中断，但离线备份代表了一种极简化的恢复。与离线备份相反，根据要备份的数据库或应用程序，为不中断用户而设计的联机数据库备份，可能需要更长或更复杂的恢复过程(应注意，数据库/应用程序备份中的细粒度恢复选项，通常需要通过在线备份实现)。

以下是在线备份的优点：

- 备份过程中不会给最终用户或客户造成中断。

---

1 这种情况下，备份期间最可能更改的文件是日志文件和临时文件。大多数系统、应用程序和备份管理员将接受备份到日志文件和临时文件期间发生的更改，特别在他们仍可恢复某些文件内容的情况下。

2 现在认为向客户报告"系统当前不可用"是一种非正式说法，相当于告知客户："请从我们的竞争对手那里购买此产品或服务"。

- 应用程序和数据库的复杂粒度恢复通常需要由在线备份或热备份实现。

以下是在线备份的缺点:

- 配置和管理可能更复杂。
- 对于数据库,因为在线备份的恢复不是简单的文件系统还原,所以可能需要训练有素且经验丰富的管理员来执行数据恢复。

3. 快照备份

如前所述,快照备份(Snapshot Backup)是一种时间点备份,允许将系统立即恢复到启动备份的准确时间。无论文件在何时备份,快照为所有文件提供相同的时间点备份;而传统的热备/在线备份允许在不同时间备份不同的文件。例如,在备份中可能看到使用以下时间段复制的文件:

- C:\Data\File1.dat——backed up at 22:30
- C:\Data\File2.dat——backed up at 22:32
- C:\Data\File3.dat——backed up at 22:45

快照备份和常规在线/热备份之间的区别在于文件在备份过程中能否更改。在常规的热备份/在线备份中,无法阻止 File2.dat 在 File1.dat 备份期间发生更改,也无法阻止 File1.dat 在备份后但在其他文件备份完成前发生更改。事实上,在备份 File1.dat 时,也没有任何情形可阻止它的更改。

但在快照备份中,要备份的文件系统实例是只读的,不能由任何进程更新。这意味着多文件一致性(Multi-file Consistency,实际上是整个文件系统或系统一致性)是有保证的。在备份过程中,示例中的任何文件都不会更改。

快照备份的优点包括:

- 允许轻松获取系统的时间点副本以进行备份。
- 允许更快的恢复-加载快照并复制所需的文件(用于单个文件恢复)或回滚快照以执行完整的文件系统恢复。
- 根据快照技术,请考虑以下事项:
  - 可在短时间内执行多个快照,从而使系统满足 SLA 要求,将使数据丢失降至最低,而使用标准每日备份无法做到这一点。
  - 快照可安装在备用主机上,进一步减少备份过程中客户端的负载。

快照备份的缺点包括:

- 通常需要额外的卷管理软件或智能磁盘阵列。
- 需要额外的磁盘空间(尽管很少与受保护的磁盘空间相等,但这要归功于现代快照功能)。
- 快照存储必须与原始磁盘的速度相同,以最大限度地减少对性能的影响。
- 难以实现跨多台主机协调快照(例如,对于集群服务或多主机数据库/应用程序服务器)。

11.2.5 数据选择类型

备份产品分为两大类：包含性备份(Inclusive)或独占性备份(Exclusive)。这指的是备份代理如何选择数据进行备份。最后记住一条规则，备份多一点总好过不够。独占性备份选择模型应始终优于包含性备份选择模型(译者注：有些参考文献使用类似"白名单"和"黑名单"的术语，虽然确实有助于理解上述概念，但不够严谨)。

1. 包含性备份

包含性备份是由需要备份的数据或文件系统的管理员填充列表，只将明确列出的项目包含在备份过程中。对于传统的文件系统备份，这可能指的是附加文件系统的简单列表：

- UNIX/Linux：
  - /
  - /boot
  - /var
  - /home
- Windows：
  - C:\
  - D:\

一些公司更喜欢这类备份系统，因为包含性备份可更好地控制备份数据的范围。这是一种基于错误经济效益的论断：几乎所有使用该系统的公司都会一次又一次地遭受数据丢失事件。

最常见的是，使用此模型的企业声明诸如"我们不会备份操作系统，因为操作系统可重新安装并重新应用设置。"大多数情况下，这类声明未经过深思熟虑。例如，对于采用普通的 UNIX 环境，可能包括下列情况：

- 重新安装操作系统
- 定制可访问系统的组和用户或将主机重新集成到全局身份验证系统中
- 对邮件发送系统等项目进行修改以适应组织的需要
- 重新创建打印机
- 重新安装位于操作系统区域中的任何第三方系统管理工具
- 执行所需的任何额外安全加固
- 安装任何安全证书、加入公司域服务等

根据系统的使用情况，定制级别可能高于或低于此列表，但在安装基本操作系统后，主机上总需要执行一些必需的操作。这种定制级别需要的时间并不"短"，即使对于有良好文档记录的系统也是如此。Windows 系统也无法幸免，Windows

系统自身的问题有时会与上面的列表重叠。例如,某些备份产品对关键的 Windows 组件(如注册表)执行特殊备份,而不备份构成 Windows 注册表配置单元的基本文件:首先必须正确地导出构成 Windows 注册表配置单元的基本文件,才能保障全备份 Windows 注册表。因此,这些文件可能根本无法作为 "C:\" 备份的一部分进行备份,需要启用其他特殊选项。包含性备份策略的一个常见错误是忘记这些特殊组件,因此无法执行主机灾难恢复。

一旦定制计算机恢复所用的时间超过 "短" 的范畴(如 10 分钟),并且具有非自动进程,则不备份操作系统的任何感知优势都将失去。

考虑这样一种情况,假设计算机操作系统的大小是 4GB。由于操作系统区域变化极少,因此在这样的系统上进行增量备份几乎不影响介质需求。可合理地假设,这样的操作系统区域每天的更改量少于 100 MB,当然,供应商发布大型修补程序的时间除外。制订一个 6 周的每日保留备份周期(每周一次全备份),可假设这需要 6×4GB 的全备份和 36×100MB 的增量备份。这相当于 6 周的周期内,所需的额外备份容量约为 28GB(四舍五入)。如果同一个系统有 200GB 的生产数据存储需要备份,且更改率为 5%,则同一计划中备份的数据组件的大小将为 1.52TB。特别是考虑到备份到 "重复数据删除" 存储的可能性越来越大,与手动重新创建配置所花费的时间(以及忘记一个或多个设置的风险)相比,无法备份操作系统和应用程序区域的容量节省可忽略不计。

这个例子表明,在最佳情况下,包含性备份展示了 "假省钱" 模型。若不需要恢复,在备份存储容量上能省点小钱,但几乎可忽略不计;即使只有少数用户因此无法访问系统,这样的节省也是得不偿失的。

由于人为错误也可能导致数据丢失,使得包含性备份带来的威胁要比上述严重得多。包含性备份通常的结果是:存储数据的文件系统并非备份系统;或者指明要备份的文件和文件系统中缺少特定文件,导致无法快捷地恢复,甚至更糟,导致恢复失败。在包含备份中,一个常见错误是管理员将新文件系统添加到主机,此后却未更新该主机的备份条件。

例如,一家公司曾拥有一个 SAP 系统,其夜间冷备份是通过包含性备份手动管理的。即明确列出要备份的每个文件系统。在检查中,发现主机上添加了额外的 2×30GB 文件系统,其中包含 SAP 数据库文件,而没有将这些文件系统包括在备份机制中。此错误是在添加文件系统数周后才发现的。尽管当时没有发生故障,但故障的可能性很高,整个公司的生产运营都是围绕着对 SAP 的完全依赖而进行的;因此,SAP 系统的数据丢失将导致严重的业务中断,甚至可能导致公司倒闭。即使在更正上述错误后,也使公司面临一个无法恢复其系统的空窗期,很可能触犯法律合规性问题。在这个场景下,更糟的是,该企业所使用的备份产品通常可选择独占文件模型工作,却刻意回避,而使用包含性备份模型。

强烈建议不要使用包含性备份的策略和产品。此外,由于产品内置的数据存在潜在的丢失风险，在评估企业备份软件时，应将仅提供包含性备份策略的产品从备选项中移除。

以下是包含性备份的优点：

- 无优点。没有恰当管理的专用备份系统，就无法实现包含性备份系统的功能。

以下是包含性备份的缺点：

- 当主机或应用程序配置发生更改时，需要手动干预备份配置，毫无扩展性可言。
- 可能产生数据丢失，并导致严重后果，轻则增加额外恢复数据的工作量，重则导致相关负责人员失业，甚至造成依赖于此备份的关键应用程序崩溃或公司倒闭。

2. 独占性备份

独占性备份与包含性备份完全相反。只明确定义了不应备份的内容，而不是明确指定应备份的内容。通常，通过指定一个特殊的"全局(Global)"备份选择参数(例如，"所有文件系统"的 All 或 ALL_LOCAL_DRIVES)来自动选择要备份的内容。尽管该参数因备份产品而异，最终结果是相同的：不手动指定要备份的各个文件系统，也不在添加更多文件系统时调整设置，一个参数将充当"打包"的角色。

独占性备份产品将自动保护连接到客户端的所有文件系统。通常，这仅限于"本地"连接到系统的文件系统，也就是说，通常不包括网络附加文件系统(由于 SAN 存储可看作任何应用程序的本地连接存储,独占性备份策略将自动包含 SAN 存储)。如有必要，可将网络附加文件系统明确添加到备份策略中。

独占性备份系统遵循"备份得多一点总好过不够"的理念，始终比包含性备份系统更受用户青睐。从这个意义上说，独占性备份产品的设计显然是为了最大限度地保护数据，而包含性备份产品的设计是为了节省费用(同时带来了大量数据丢失风险)。独占性备份系统的一个关键好处是，当添加或更改文件系统时减少人为操作错误的风险。备份系统应自动检测环境中为独占性备份配置的主机上的任何新文件系统，并在下次备份时自动进行保护。[1]

用户在备份软件的包含模式下工作时，通常会以"只是不想备份某些数据"为由反对独占性备份。如果涉及操作系统或应用程序配置，马上就会发现其错误之处。在其他案例中，可合理地避免此类情况。例如，由于存在侵犯版权的风险，组织希望执行文件服务器备份时，跳过用户主目录中的所有 MP3 文件。这种情况下，独占性备份提供比包含性备份更好的机制：不必像在包含性系统中那样指定

---

[1] 可注意到，有关包含性备份和独占性备份的大多数讨论都集中在文件系统备份上。检测和自动保护特定数据库的能力几乎完全依赖于数据库供应商提供的 API。

要备份的多媒体文件以外的所有内容，独占系统将允许针对特定目录位置或已知的文件名/扩展名，执行特定操作(如跳过文件或目录)。

独占性备份的优点如下：

- 最大限度地利用备份环境来提供数据和系统的可恢复性。
- 降低人为错误或遗忘而导致的数据丢失风险。

独占备份的缺点如下：

- 可能需要对系统进行分析，以确认哪些(如果有)可安全地从备份中排除。(无论如何，许多人都认为这是一个标准的系统管理功能)。

11.2.6　备份留存策略

备份产品处理备份留存的方式，直接影响数据恢复的工作方式以及数据恢复的执行时间。因为本书一开始就声明，备份的目的是允许在需要时执行恢复，因此数据留存策略会直接影响备份产品的质量。

备份中的数据留存策略类型有两大类：简单模型(Simple Model)和基于依赖关系的模型(Dependency-based Model)。虽然基于依赖关系的模型更复杂，但是依赖关系模型是最适合先行讲解的，因为理解该模型所提供的功能，可证明简单模型在备份环境中有多么糟糕和不适用。

1. 基于依赖关系的数据留存模型

此模型采用的方法是基于指定的留存期，为真正的数据保护执行的各个备份创建依赖关系。例如，考虑 6 周的留存期。这意味着在备份 42 天后，就不再需要该备份了，可在依赖关系图中显示与备份相关的留存期，如图 11.9 所示。

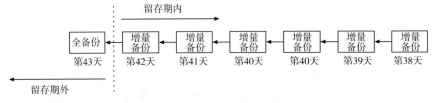

图 11.9　备份依赖关系图

基于依赖关系的备份留存模型的设计原则是，一个单独的备份可为该备份中包含的特定文件和数据提供可恢复性，但文件系统或数据的完全恢复可能需要依赖于该备份的其他备份。图 11.9 显示了 6 周留存期外的全备份。全备份后立即执行的增量备份取决于全备份的情况，以便提供完全恢复功能。第一个增量后执行的增量需要第一个增量(依次需要全备份)，以便提供完整的恢复功能。

在此类模型中，即使备份不在其声明的留存策略范围内，也要等依赖于该备份进行系统还原的所有备份都超出了其留存策略范围时，再删除该备份。这通常会在生成额外的全备份[1]时发生，从而破坏依赖关系链。如图 11.10 所示。

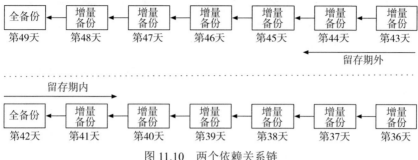

图 11.10　两个依赖关系链

因此，通常认为，在基于依赖关系的备份留存模型中，并不是单个备份符合删除条件，而是当备份链中的所有都超过了留存条件时，整个备份链中的备份都符合删除条件。

考虑这种留存形式的另一种方法是，认为它提供了"完全恢复保护"，备份产品的设计不仅允许从中恢复任何单个备份实例，而且基于最坏情况(完整系统还原)也需要在完全配置的留存时间内实现。如果出于法律或审核原因必须留存备份，这可能意味着基于依赖关系数据留存模型是环境中唯一合法的、可接受的选项。

尽管全备份自始至终都非常重要，但在基于依赖关系的数据留存系统中，全备份更重要，因为此数据留存系统需要使用依赖链，并允许在某些情况下删除旧的依赖链以节约存储空间。在全备份，或任何会中断依赖关系链的备份无法成功执行的情况下，只能继续依靠依赖关系链实现备份。这反过来又可能促进基于依赖关系备份的发展，如图 11.11 所示。简而言之，如果全备份无法执行，备份产品必须延长以前的全备份并延长中间增量备份的留存期，以强制保持管理员设置的备份周期的完整性。注意在本例中，指的只是失败的全备份或未运行的全备份，而不是成功运行但随后擦除的备份或其所在的介质失效。

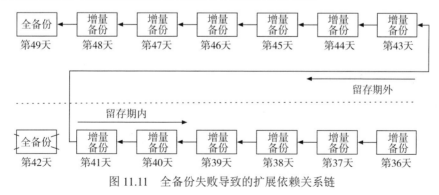

图 11.11　全备份失败导致的扩展依赖关系链

---

1 可使用差异备份模型来构建具有部分删除功能的复杂依赖关系链。不需要对这些依赖关系链进行检查就可以理解依赖关系链。

基于依赖关系的数据留存模型的优点包括:

- 对于超出留存期的备份,只有当系统确定在留存期内没有任何备份仍依赖于这部分超出留存期的备份来完成系统恢复时,才可将其删除。
- 在备份的整个留存期内,需要保证备份能完成系统恢复(除非用户干预或介质故障)。

基于依赖关系的数据留存模型的缺点包括:

- 对比简单数据留存模型可能需要更多备份介质。

2. 简单数据留存模型

遗憾的是,简单留存模型仍是一些产品中处理备份留存时最常见的模型。这种情况下,仅根据从单个备份中恢复的情况确认为备份指定的数据留存时间。

举个例子,到目前为止,在示例中使用的留存时间为 6 周。这相当于保存 42 天的备份。通过留存窗口可查看超出留存时间的备份会发生什么情况。在表 11.7 所示的模型中,可立刻删除所有斜体字标识的备份。

表 11.7 简单保留模型中的可移动备份

第 48 天	第 47 天	第 46 天	第 45 天	第 44 天	第 43 天	第 42 天	第 41 天	第 40 天	第 39 天	第 38 天	第 37 天
增量备份	*增量备份*	*增量备份*	*增量备份*	*增量备份*	*全备份*	增量备份	增量备份	增量备份	增量备份	增量备份	增量备份

这是一种完全基于错误经济理论的留存策略。如果在第 43 天删除该完全系统备份,则意味着整个系统在整整 6 周的备份时间内无法恢复。相反,使用完全系统恢复模型可恢复 5 周的备份(假设所有全备份成功)。尽管从第 37 天到第 42 天的增量备份仍可用于恢复单个文件,但无法成功恢复整个文件系统的备份。这种方法本质上避免了只需要为最近的全备份执行完整的文件系统恢复。但仍有大量的恢复场景不适用这种备份模型。

这种模式最常见和不合逻辑的表现之一,是让用户以为定期发生的全备份和几乎每天都发生增量备份之间无关。例如,在这些类型的备份产品中,用户可能将"每周备份"和"每日备份"称为两个截然不同的备份集合。这在很大程度上诱使用户相信每周完整备份和每日增量备份之间没有关系。当从一个完整的系统保护的角度进行评估时,这样的想法是可笑的。

在考虑整体数据保护要求时,应尽量避免在企业环境中使用这类备份留存策略的备份产品,除非使用留存期较长的留存模型,并提供管理层对所涉及的系统恢复风险的认可。

以下是简单数据留存模型的优点:

- 无优点。与无法恢复系统的风险相比,在介质上节约的成本无足轻重。

以下是简单数据留存模型的缺点:

- 无法在备份管理员指定的整个留存期内实现完全系统恢复。
- 经常以丧失系统可恢复性为代价，在全备份和增量备份之间进行手工分离。

11.2.7　再次考虑手动备份

在前文描述备份产品可能提供的各种备份级别时，曾讨论了手动或临时备份的概念。大多数情况下，计算保留依赖性的备份产品应该完全避免将手动备份纳入依赖关系链中，也就是说，依赖关系链通常建立在计划备份上，因为手动备份可能仅用于正常自动备份的一个子集。

如果计划使用手动备份，请务必考虑这可能对备份系统中依赖关系造成的影响。如果无法确认影响，请联系服务供应商并进行记录。

11.3　恢复策略

备份产品都提供几种实现恢复的方法。但并非所有产品都支持每种策略，因此，如果要寻找新产品，则必须先确定最需要实现的备份策略，并从备份和恢复供应商那里确认其产品支持的策略情况。

11.3.1　恢复类型

恢复类型是指备份产品如何促进恢复，如何选择已备份的文件和数据进行恢复，或者不必选择就可恢复文件和数据。尽管这里提供了多种类型，但对于备份产品，有三种类型应视为是必需的：

(1) 最近文件系统视图恢复(Last File System View Recovery)。这将显示文件系统在上次备份时的视图。

(2) 时间点恢复(Point-in-time Recovery)。尽管最近的文件系统视图可以说是管理员和用户需要的、最常用的恢复类型，但对于许多公司而言，恢复的很大一部分需要最近一次备份之前备份的数据。该选项允许用户回退以前的文件系统版本或视图，不仅允许选择要恢复的内容，还允许选择恢复的时间点。

(3) 非索引恢复(Nonindex Recovery)。能从备份的文件索引中执行恢复是一项常规要求，但一项非常规需求是，即使索引已丢失，仍需要能够执行恢复。这允许立即启动紧急恢复，而不必在启动实际恢复前先恢复索引。

1. 聚合文件系统视图

聚合文件系统视图(Aggregated File System View)与前文介绍的最近文件系统视图相反。聚合文件系统视图不仅显示上一次备份时的文件系统内容，还将最近的全备份和上次运行备份之间的所有备份文件包括在视图中。

　　为更好地理解聚合文件系统视图，假设有这样一份备份计划，星期五晚上进行全备份，星期六到星期四晚上进行增量备份。现在考虑以下场景：

- 星期五进行全备份。
- 星期日，计划作业删除目录/Users/pmdg/Archives/Oldest。
- 星期一，创建文件/Users/pmdg/Desktop/expenses.xls。
- 星期二，删除文件/Users/pmdg/Desktop/expenses.xls。
- 星期二，创建文件/Users/pmdg/Desktop/Letter.pages。
- 星期三，/Users目录意外删除，需要恢复。

　　如果使用聚合文件系统视图的恢复代理程序在星期三上午进行恢复，将显示/Users/pmdg/Archives/Oldest目录和/Users/pmdg/Desktop/expenses.xls文件，即使这些文件都不存在于最近执行的备份中。

　　尽管此恢复模型初看起来提供了一种很好的恢复机制，但实际上弊大于利。聚合文件系统视图的优点包括：

- 通常显示自上次全备份以来备份的所有文件。这减少了更改浏览恢复时间点的需求。
- 提供一种简单机制，可从连续数天的意外或恶意数据删除中恢复数据。

聚合文件系统恢复视图的缺点包括：

- 可能导致安全或合规事件。如果出于整体安全性需求或合规性考虑而有意删除备份，恢复操作员将无法查看恢复后需要重复执行的操作或从恢复中排除文件。
- 此模型可能导致这样一种情况，即当有意删除的旧数据被恢复，恢复可能填满目标文件系统(具体取决于有意删除的数据量)。
- 在恢复过程结束时导致文件系统出现混乱。
- 用户可能对以前出现的文件和目录版本感到困惑。这甚至可能导致用户或管理员意外删除新文件却保留旧文件，进而造成数据丢失。
- 如果在连续备份文件和目录之间切换，则可能导致恢复后出现重复数据。

2. 最近文件系统视图

　　这个恢复选项仅显示上次备份时存在的文件和目录结构。也就是说，假定在备份之间执行的删除实际上是有意的，并希望尽可能将文件系统恢复到接近故障时的状态。

　　在前面的示例中，考虑了以下场景：

- 星期五进行全备份。
- 星期日，计划作业删除目录/Users/pmdg/Archives/Oldest。
- 星期一，创建了/Users/pmdg/Desktop/expenses.xls文件。
- 星期二，删除文件/Users/pmdg/Desktop/expenses.xls。

- 星期二，创建文件/Users/pmdg/Desktop/Letter.pages。
- 星期三，/ Users 目录意外删除，需要恢复。

如前所述，聚合文件系统视图将在星期三早上，显示星期二晚上备份之前删除的那些文件，可能造成操作员恢复逻辑上不一致的文件系统，甚至恢复过多的文件系统造成存储空间不足。

对于最近文件系统视图恢复，实际上只看到最后一次备份时文件系统上存在的文件/目录。假设在上一个示例中有一个星期二晚上备份，将看不到/Users/pmdg/Archives/Oldest 目录(星期日删除)和/Users/pmdg/Desktop/expenses.xls文件(星期二删除)。

最近文件系统视图恢复的优点包括：

- 显示上次执行备份时的文件系统。这允许恢复操作员非常快速地检索上次备份时的系统状态。
- 将文件系统回退到其最新状态时，提供逻辑上最一致的视图。

最近文件系统视图恢复的缺点包括：

- 为恢复在最近一次备份之前删除的数据，实际上需要时间点恢复(请参阅后续内容)。
- 如果数据是逐步丢失的，可能需要多次恢复。

虽然前面提到缺点，但应该注意，那些优点的效用和实用性完全抵消了这些缺点。

3. 时间点恢复

时间点恢复扩展了“最近文件系统视图”恢复模型的概念，以显示在特定时间点进行备份时的文件系统视图。此模型的有效性示例包括：

- 用户连续几天对文档进行了大量更改，这些更改将很难回退；因此，引用最新备份对于实现恢复目标无济于事，用户将需要从过去的一个或多个备份中进行文档恢复。
- 税务律师要求公司提供上一财政年度结束时的银行数据副本。
- 处理休假用户的文档时，其终端会建立会话并要求登录应用程序。遗憾的是，这段时间内，应用程序崩溃，文档自动保存在 0 字节的磁盘上。当用户休假回来发现这个“空”文件，需要从几天前的时间点进行恢复。
- 数据库管理员为完成上个月的报告，要求将一个月前的数据库副本恢复到另一台服务器上。

在所有这些示例中，目标不是恢复最近备份的数据，而是恢复过去某个时间点备份的数据。

时间点恢复(Point-in-time Recovery)证明了备份复制(Backup Duplication)的必要性。稍后将讨论备份复制，即生成“备份的备份”。某些组织坚持认为，如果备份到远程站点(例如，通过高速网络连接的灾难恢复站点中的保护存储)，则不需要执行备份复制。时间点恢复清楚地表明这是一个错误声明：在灾难恢复站点丢失的情况下，尽管当前的生产数据未损坏，但所有文件历史记录都已丢失。

时间点恢复证实快照不是备份。有些人坚持认为，在环境中实现快照意味着客户不需要运行其他备份。但对于几乎所有企业来说，在备份的整个可预期的生命周期内，保留足够数量的快照以提供时间点恢复功能，无论在技术上还是在财务上都不可行。例如，大多数财务数据需要保存至少 7 年。与一个全面的数据保护解决方案相比，保存 7 年的快照所使用的存储将带来严重的性能影响和非常高昂的财务成本。

时间点恢复的优点如下：

- 允许在备份留存期内，恢复以前任一时间点备份的系统或数据状态，而不仅是最近备份的状态。
- 通过恢复旧记录，促进许多公司履行审计、法律或税务义务。
- 允许在不影响或覆盖当前实时生产数据的情况下，通过将旧数据恢复到备用系统，重新运行以前执行的处理(或遗漏的处理)

时间点恢复的缺点如下：

- 没有缺点——备份产品支持时间点恢复至关重要。

4. 破坏性恢复

尽管破坏性恢复(Destructive Recovery)听起来可能有点自相矛盾，但破坏性恢复指将文件系统、整台主机或数据库的内容完全替换为要恢复的内容，从而删除备份时不存在的文件或数据。

有两种破坏性恢复类型。第一种类型是，在逐个恢复文件的过程中删除备份时不存在的文件或数据；第二种类型是，通过块级(Block-level)备份恢复系统而不是文件级(File-level)备份来完全覆盖文件系统(稍后将讨论块级备份)。

破坏性恢复的优点如下：

- 如果外部代理已将损坏引入系统，那么破坏性恢复是将系统恢复到可用状态的适当机制。
- 如果由于文件系统压缩而执行了块级备份，这可能使恢复的执行速度比传统的逐文件恢复快几个数量级。
- 当与时间点恢复结合使用时，破坏性恢复可删除最近时间点中不一致的文件，从而提高恢复系统的一致性。

破坏性恢复的缺点如下：

- 顾名思义，如果使用不当，破坏性恢复可能导致严重的数据丢失。

5. 无索引恢复

到目前为止，书中主要讨论了通过"浏览"要恢复的文件系统或数据执行的恢复。在几乎在所有备份产品中，随着备份数量的增长，必须为备份的每个文件视图维护的索引会变得非常庞大。此外，索引可能受损或被意外删除。在发生灾难时，由于 SLA 原因，即使索引无法使用，可能也需要立即启动数据恢复(此外，某些备份甚至是在故意关闭索引信息的情况下生成的。例如，当确定不再需要恢复单个文件的情况下，通常会在文件服务器"关闭"备份索引)。

因此，大多数备份产品都提供了不必引用索引即对整个备份执行恢复的能力，而不必引用索引(虽然大多数情况针对单个文件系统备份，但由于环境或产品不同，可能包含多个文件系统备份)。也就是说，无论备份可否逐文件浏览，作为单个备份的一部分存储的所有内容都将恢复。

在最近的备份已满的情况下，就算索引可用，管理员也会选择执行无索引恢复，因为按索引恢复所有文件的"成本"高昂。当文件系统存有大量文件时，将进一步提升成本。因为在交互模式下，备份产品可能需要枚举所有的文件选择过程。在基于索引的恢复中，必须搜索索引以查找相关条目，并且必须对这些条目"标记"以执行恢复。这需要时间，并必须在内存中构建和维护具体的数据结构，以保存要恢复文件的详细信息。如果单个文件等待选择完成的时间不到 10 秒，这似乎没有太大关系，当需要恢复数百万个或更多文件，这可能对恢复时间产生重大影响。

基于备份产品的不同，可在备份介质(尤其是磁带)受到物理损坏的情况下使用非索引恢复，以使备份产品"尽可能"检索备份。

无索引恢复的优点包括：

- 即使备份产品本身遇到数据丢失或损坏，也允许恢复数据。
- 根据产品的不同，当需要恢复大量(如数以百万)文件时，这可能有助于加快恢复速度。
- 根据产品的不同，这可能有助于从故障介质中恢复数据，跳过过去的软差错(Soft Error)。

无索引恢复的缺点包括：

- 如果未正确过滤不需要恢复的备份，对比预期的恢复，可能恢复额外的数据。
- 无索引恢复通常不会"合并"多个备份(如全备份和多个增量备份)以进行完全恢复；相反，准备恢复的每个备份都需要单独选择和恢复(这甚至可能导致执行相当于"聚合视图"恢复的结果)。

6. 增量恢复

这是指备份产品以增量方式从上次全备份到当前选定备份逐步恢复。无论是否需要这些数据，增量恢复将恢复中间所有的增量备份。虽然这看起来与"最近文件系统视图"恢复差不多，但区别在于，增量恢复执行恢复时，没有对可能已更改的预期目录内容或数据进行任何智能映射。例如，假设在 7 天的备份中，每天都有 2GB 文件修改并进行备份。对于最近文件系统视图恢复、时间点恢复或聚合恢复，恢复文件系统只恢复文件的最新副本(或最适合时间点恢复的副本)。对于增量恢复过程，将以增量方式恢复每个版本的 2GB 文件，从全备份开始(或首次出现在文件系统上，以较新版本为准)。在恢复所需版本之前，该文件的每个副本都将在该文件的上一个副本的基础上恢复。因此，当 7 天前从具有 6 个增量的全备份中恢复文件系统时，将为单个 2GB 文件恢复 14GB 数据。

综上所述，提供增量恢复策略的备份产品没有任何优势可言，如果存在于产品中，则应避免使用该策略；如果默认使用此模型，则应完全避免使用该产品。

11.3.2　恢复位置

恢复位置是备份服务器和拥有要恢复的数据的主机启动恢复的位置。根据使用产品的差异，可能有多个可用的位置选项，这又可能提升可提供的服务水平。

1. 本地恢复

本地恢复指从备份数据的客户端启动恢复，而不用考虑其网络位置以及所需数据可能备份到的位置。这可认为是一种"拉取(Pull)"恢复，客户端从备份存储"拉取"文件和数据。

这是最简单的恢复形式，允许单台主机的最终用户或系统管理员控制恢复过程，而备份管理或操作员尽量不参与控制恢复过程(特别是从磁盘恢复数据时)。

注意，要在环境中正确支持本地恢复策略(特别是在最终用户不知道整个备份系统的情况下)，必须配置备份环境的硬件和存储容量，使其具有足够的在线备份以满足大多数恢复请求，并自动通知备份管理员/操作员需要定位和加载的离线介质，以便在需要时进行恢复。此选项在磁盘备份环境中最有效，在这种环境中，体系架构不存在介质加载时间和介质争用问题。

2. 服务器启动恢复

服务器启动恢复是指可使用备份服务器启动恢复，数据可从本地恢复到备份服务器，也可推送到客户端。因此，某些产品会将此恢复模式称为"推送(Push)"恢复。

这为一些恢复提供了一种方便的机制，当这只是许多恢复位置选项中的一个选项时，应将其视为备份产品中的优势。但仅提供服务器启动恢复的产品可能无法很好地扩展到更大的环境中。

3. 定向恢复

定向或远程恢复(Directed or Remote Recovery)是指获得适当授权的管理员或用户可在一台主机上启动恢复并将数据恢复到另一台主机，而该主机又可能不是最初备份数据的主机。定向恢复具有三种不同类型的客户端，可能是同一台主机也可能不是：

(1) **控制客户端(Control Client)**。正在运行恢复程序/进程的主机。

(2) **源客户端(Source Client)**。正在恢复其数据的主机。

(3) **目标客户端 (Destination Client)**。将接收恢复数据的主机。

当备份产品支持定向恢复时，通常还会支持本地恢复，因为源、目标和控制客户端可以是同一主机。

定向恢复在执行恢复方面具有相当大的灵活性，但需要额外考虑安全因素，以确保该设施不被滥用和数据挪用。随着环境规模的扩大，定向恢复特别有用，定向恢复允许帮助技术支持人员或其他非管理 IT 用户执行恢复操作，而且定向恢复实际上允许备份和恢复系统向环境提供附加功能。例如，定向恢复可帮助数据科学家通过定向恢复将生产数据库恢复到大数据环境进行处理，而不会以任何方式影响原始生产数据库的性能或生产数据库管理员的工作流程。

定向恢复的另一种形式是跨平台定向恢复。这是将一种操作系统(如 Linux)上备份的文件或数据恢复到另一种操作系统(如 Windows)上的位置。根据产品及其安全模型不同，在环境中具有有限的功能，而数据本身可能是可获取的，但即使在使用了集成身份验证的情况下，访问控制、所有权等也不一定会在平台之间转换(实际上，某些组织将这视为安全缺陷)。

11.4　客户影响

备份产品和技术还可根据其对备份客户端性能的影响程度进行区分，在本节中，将其称为所有者主机(Owner-host)，即"拥有"数据备份的计算机。这允许将数据所有权与备份所有权分开，因为根据所使用的模型，拥有数据的计算机可能不是出于备份目的而承载数据的计算机。

11.4.1　基于服务器的备份

在备份术语中，"基于服务器的备份"是指直接从所有者主机读取数据的备份。这是部署在基于代理备份的组织中最常用的备份形式。在此过程中，所有者主机客户端负责读取自身的数据，并将数据传输到备份服务器、中间服务器或直接传输到备份介质。这种备份对所有者主机的影响最大，除了备份期间的其他处理请求外，还必须读取数据并将数据传输到适当的主机或介质。

这是通过网络进行分散和集中备份的传统备份模式。对许多组织来说，基于服务器的备份是完全可接受的，但虚拟化可能需要替代的备份技术，因为可能需要随时能保证高性能的环境。

基于服务器的备份通常会在所有者主机上，发生另外两种额外的负载：

(1) 用于将数据从所有者主机传输到备份介质/主机所消耗的 CPU 和网络带宽。

(2) 用于读取数据的磁盘 I/O。

虽然基于服务器的备份在很大程度上是物理环境中的一个常见过程，但随着许多公司的 IT 基础架构都已向虚拟化方向发展，这种备份安排对性能的影响可能是不可接受的。毕竟，虚拟化是共享对硬件资源的访问，其基础是虚拟机监控程序托管的每个单独系统对虚拟机管理程序性能的影响很小。基于服务器的备份旨在尽快将数据从 A 传输到 B，以满足 SLA 的要求，例如，对于托管 10 台虚拟机的管理程序，如果每个虚拟机开始执行完整备份，其所需的工作负载可能增加几个数量级。

基于服务器的备份的优点如下：

- 最简单的备份方法。易于理解，拥有数据的主机和传输数据备份的主机之间有 1:1 的映射，使得用于恢复的数据位置变得简单。

- 通常，除了运行此类备份必要的备份代理安装和配置外，不需要额外的安装或配置步骤。

基于服务器的备份的缺点如下：

- 备份直接影响拥有数据的主机的性能。

- 备份所需的任何中断直接影响受保护数据的可用性。

- 基于服务器的备份可能给虚拟化管理程序带来超出其限制的压力，并对环境中大量主机的性能产生负面影响，在虚拟化环境中尤其如此。

11.4.2　无服务器备份

在讨论基于服务器的备份时，引入了术语"所有者主机"，指的是应当拥有备份数据的计算机。对于无服务器备份，还必须引入术语"数据提供者(Data-provider)"，指的是为数据提供存储的设备。在直连存储环境中，所有者主机和数据提供者相同。但这在企业环境中越来越少见。当虚拟化、SAN 和 NAS 添加到场景中时，数据提供者可能是完全不同的计算机或设备。

在传统的备份环境中，所有者主机负责备份其数据。这适用于大多数情况，但不适用于以下情况：

- 当数据提供者将数据提供给多个操作系统，任何一个操作系统都不可能负责数据备份，或不够安全，对于 NAS 系统而言尤其如此。

- 如果所有者主机对处理可用性的要求十分严格，则可能不允许其降低向备份过程提供的数据处理能力。

- 所有者主机可能无法为备份过程提供足够的性能(无论其生产工作负载如何)，而数据提供者则可以。

- 链接到所有者主机的网络可能不足以进行高速备份。

因此，无服务器备份指所有者主机在备份过程中受影响最小的备份。注意，这并不能保证此类备份消除所有者主机对备份的全部影响，但在最特别的高性能体系架构环境中，在备份之前、期间或之后，对所有者主机仍有一些影响。

可使用多种技术来实现无服务器备份，包括但不限于以下内容：

- 对于 NAS 设备，完成备份的最有效方法是通过网络数据管理协议 (Network Data Management Protocol，NDMP)，这是一种行业标准的备份和数据保护协议，适用于无法安装传统操作系统代理的系统。
- 对于 SAN 系统，可将卷的克隆(或克隆卷的快照，从而允许继续进行复制) 装载到另一台主机上进行备份处理。根据备份介质的接近程度，这也可能需要使用无局域网备份(LAN-free Backup)。类似的技术也可用于 NAS 系统，不过 NDMP 仍应用于备份过程。
- 在环境中使用 IDPA 时，可能允许使用更高级的无服务器备份技术，例如，所有者主机上的数据库备份代理只需要启动备份，然后直接在主存储器和 IDPA 之间处理数据的传输。这可有效减轻数据所有者的整个工作负载。在使用重复数据删除和更改块跟踪的情况下，可大大加快备份过程。

根据存储技术、备份产品和在用的应用程序，无服务器备份甚至可通过日志记录和/或持续数据保护技术(CDP)提供应用程序/数据库一致性备份。

无服务器备份的优点如下。

- 将备份过程中的大部分影响从所有者主机卸载(直至剩余影响可忽略不计)，这在高性能环境中尤其重要。
- 可在备份过程中提供更高的性能。
- 也可用于实现 LAN-free 备份。

无服务器备份的缺点如下。

- 通常比传统的基于服务器的备份方法更复杂。
- 可能需要其他恢复步骤或处理流程。
- 如果出于备份目的将卷装载到备用主机上，则可能需要环境中的其他文档记录，以确保管理员了解需要查找的位置，找到用于恢复的数据。
- 可能无法与组织内使用的所有应用程序和/或数据库完全集成。

11.5　数据库备份

前文中关于在线和离线备份的讨论，已经分别介绍了数据库热备份和数据库冷备份的概念。现在将讨论业务部门和管理员需要考虑的、与数据库备份相关的其他注意事项。

11.5.1　数据库冷备份

冷备份是可执行的最原始数据库备份。在备份之前关闭数据库及其关联的进程,确保不会在备份时发生任何更新。然后,备份系统对客户端(即数据库服务器)执行简单的文件系统备份,其中包含所有数据库文件。

这听起来虽然很简单,但必须考虑到该过程需要一些脚本以确保在开始备份之前关闭数据库,然后在备份完成后立即重启数据库。为最大限度地确保备份成功,备份产品应使用"预备份(Pre-backup)"脚本关闭数据库,并应在完成后重新启动数据库(在这种配置中,如果备份持续时间过长,持续监测进程可中止备份,以便用户可在指定的时间访问系统,这种情况并不少见)。

如果未正确处理关闭和启动顺序,并在备份开始后关闭数据库,或在备份仍在运行时重新启动数据库,则可能发生下列情况:

- **可能生成无用的备份**:如果正在使用的文件系统不支持独占文件锁定,则备份可能继续进行,但需要备份的数据将不一致,且无法用于恢复目的。
- **数据库可能已损坏,需要恢复**:如果正在使用的文件系统执行独占文件锁定,则在启动数据库时,备份可能已经打开数据库文件的部分句柄(Handle)。若数据库在启动时处理这些文件,可能导致文件不一致。通常,这种不一致性只能通过恢复来解决。

数据库冷备份的优点包括:

- 完全灾难恢复或完全数据库恢复非常简单,通常不需要应用程序或数据库管理员的干预。
- 使软件和许可的投资最小化,并且对于非生产数据库的备份尤其具有成本效益,这种情况下,业务部门认为较长的停机时间是可接受的。
- 如果数据库不支持不能访问基于阵列或文件系统的快照的其他备份方法,则数据库冷备份可能是实现备份的唯一方法。

数据库冷备份的缺点包括:

- 数据库在备份期间不可用。
- 对于大多数数据库,使用冷备份不允许对数据库进行增量恢复或时间点恢复。
- 如果数据库的启动和关闭顺序处理不正确,可能导致无法使用备份或损坏数据库。
- 如果备份反复超出所需的时间窗口,而且每次备份都中断,则可恢复性和任何法律合规性要求都将受到影响。
- 数据库经常通过使用数据缓存技术来提高性能。如果为了备份而每晚关闭数据库,那么每天都无法利用缓存的优势。
- 尽量使用保护存储容量/介质,因此只有极少数据库供应商支持增量冷备份。

11.5.2　数据库热备份

热备份是指在执行备份时保持数据库的正常运行。如前所述,热备份相当于文件系统的在线备份。当备份产品支持特定的数据库时，通常意味着有一个模块或代理插件，允许在最终用户可用的情况下备份数据库。

如果备份模块或插件执行热备份，则该过程通常如下：

- 正常情况下，客户端定期进行文件系统备份，但跳过数据库数据文件。
- 备份服务器使用数据库服务器上的备用备份命令，启动特殊的数据库备份。
- 数据库服务器上的命令运行热备份，将数据传回备份服务器，以便将数据包含到磁盘或磁带的标准备份中。

数据库热备份的优点包括：

- 数据库在备份期间保持在线并可访问。
- 恢复通常很简单，因为可通过备份软件提供的恢复应用程序或数据库供应商提供的恢复应用程序控制恢复。如果在实用程序中内置了恰当的"向导(Wizard)"或自动化过程，这甚至可能允许恢复按预定程序进行，而不需要应用程序或数据库管理员介入。
- 通常有助于细粒度的恢复。例如，对于邮件服务器，这可能允许恢复单个邮件项目或用户邮件文件夹；对于数据库，这可能允许细化到单个表或行。

数据库热备份的缺点包括：

- 根据备份产品的差异，这可能需要增加额外的许可。
- 初始配置通常比冷备份更复杂。尽管热备份的好处明显优于这部分配置工作。

另一种情况可能是与 IDPA 交互的数据库插件，允许直接将热备份传送到集中式保护存储，而 DBA 保持对备份过程的控制。

11.5.3　数据库导出备份

数据库导出通常是一系列纯文本命令，可用于重新创建数据库内容和权限。例如，以下是从 PostgreSQL 数据库导出的数据库的一部分：

```
CREATE TABLE anywebdb_saved_query (
id integer DEFAULT nextval('anywebdb_saved_queries':: regclass) NOT NULL,
name character varying(75) NOT NULL,"object" character varying(175) NOT NULL,
username character varying(16) NOT NULL, private character(1) NOT NULL,
query text NOT NULL, max_results integer,
sort_field character varying(32), order_by character(1)
);
ALTER TABLE public.anywebdb_saved_query OWNER TO pmdg;
```

除非数据库供应商明确说明，否则应注意，如果在导出时正在访问或更新数据库，则数据库导出实际上可能存在不一致的情况。使用此备份选项前，必须确认数据库支持热导出。如果不支持，则优先使用冷备份或冷快照备份。

以下是数据库导出备份的优点：

- 如果在访问数据库时支持导出，并且没有其他可用的热备份方法，这将提供比冷备份更好的可用性策略。
- 这允许在一个操作系统(如 Windows)上备份数据库，并在另一个平台(如Linux)上进行恢复。

数据库导出备份的缺点包括：

- 导出占用的磁盘空间可能比原始数据库更多，因为导出不仅包含数据库的内容，还包含重新创建数据库结构所需的命令。在生成导出时进行压缩可能节省大量存储空间，但代价是备份期间 CPU 负载较高，并影响保护介质压缩效率或重复数据删除的去重率。
- 通常，导出不包含重新创建数据库本身的指令，仅包含其内部结构和数据。在规划恢复时间时，需要考虑此任务的复杂性/时间。
- 应按冷备份的方式仔细规划导出，以确保正确备份了生成的导出文件。
- 数据的导出可能比生成一个与数据库相关的简单副本文件花费更长时间，具体取决于数据库中的数据量。
- 某些数据库供应商有额外的要求，来实现涉及二进制大对象的导出。
- 导出可能无法重建数据库相关的元数据。例如，无法导出用户账户和密码，需要在任何导入操作前手动建立这些账户和密码。[1]

11.6　备份启动方法

有两种主要的备份启动方法：服务器和客户端。虽然服务器启动备份(Server-initiated Backup)几乎是所有企业备份系统的目标，但在某些情况下，可能需要客户端启动备份(Client-initiated Backups)。

服务器启动备份是指"主"服务器上的备份服务器软件在指定时间为一个或多台主机启动备份。几乎所有备份软件都包含备份计划功能，可在指定时间启动备份。服务器启动备份的优点不容小觑：可使备份管理员控制备份的时间安排，这直接影响备份服务器可用于提供这些服务的资源。当备份服务器启动备份过程时，应准确了解需要分配哪些资源以使备份顺利完成，并基于当时执行的其他活动来了解哪些资源可用。此外，集中化的备份和调度对于减少备份环境中的管理开销至关重要。

客户端启动的备份指根据需要运行自身备份进程的单台计算机，这些计算机可手动执行，也可通过自动化作业执行(根据计划在特定时间从客户端启动)。以

---

[1] 如果数据库导出按用户 ID 分配的表、列、行或元组所有权或访问权限，可能使恢复安全/授权凭据变得非常麻烦。

每个客户端为基础控制和执行作业是一种无法扩展的解决方案，会导致大多数备份服务器上的资源争用，备份管理员也几乎不可能安排维护活动。

几乎所有备份管理员都对备份有一致的看法：

如果依赖用户启动备份，备份将永远不会执行。

因此，客户端启动的备份通常只是一种实用功能，仅在管理员需要执行临时备份的情况下使用，通常不应是备份过程的中心。

一个简单的例外情况是具有多个网段、虚拟专用网络(Virtual Private Networks，VPN)和/或防火墙的多租户环境。这些情况可能造成客户端必须连接到服务器，而不是服务器能够可靠地连接到客户端。这种情况下，调度仍由备份服务器执行，但备份服务器将创建一个工单，而不是立即启动备份作业。连接的客户端将检查是否分配了任何工单，并启动所需的活动。另一种方法是笔记本电脑备份，其中备份代理在连接到网络时自动查找备份服务器，如果能够访问服务器，则执行备份。关键是要确保用户不必参与备份启动过程。

备份启动的另一种方式是：组织具有需要通过专用作业调度系统启动的批处理控制过程。在此类情况下，作业调度系统应与备份产品充分集成，以触发备份作业，而不是从单个客户端执行手动备份。这在数据库备份环境中特别有用，因为在这种环境中，备份启动的时间和方式都有严格的限制，这使得仅在备份软件的指导下进行调度成为问题(这种情况并非不可能)。例如，业务流程可能要求在夜间完成批处理活动后立即进行备份，但根据所涉及的数据，这可能需要半小时到三、四个小时。或者，系统的备份只能在满足了一组条件(每个条件都具有依赖关系)之后启动。这种复杂的调度操作通常不是备份产品的作业控制功能的一部分，需要在纯数据保护活动之外进行考虑。在考虑外部计划的备份作业时，必须确保系统工作负载和资源利用率之间的平衡，避免因为这些外部计划作业导致整个数据保护环境变得不稳定。

11.7　并发作业

虽然有些备份产品逐个处理所有备份作业(具有特定工作负载目标的工作组尤其如此)，但企业备份技术最常见的功能之一是同时运行多个作业，这可能称为多路复用(Multiplexing)、多流(Multi-streaming)、并行(Parallelism)或并发(Concurrency)等。

虽然不同产品可能在配置的特定区域内提供并发限制的选项，但在备份配置中，以下三种并发作业最常见：

(1) **服务器并发(Server Concurrency)**。服务器将执行或允许执行的并发备份作业的数量。

(2) **客户端并发(Client Concurrency)**。单个客户端可以发送的并发备份作业数。

(3) **设备并发(Device Concurrency)**。可写入单个备份设备的并发备份作业数[1]。根据备份产品的不同，服务器和客户端并发可能指作业总数或备份作业总数。[2]

图 11.12 显示了这三个主要的并发作业选项：客户端 A 向备份服务器同时发送四个作业，客户端 B 向服务器发送一个作业，客户端 C 向服务器发送三个作业。服务器正在接受所有八个作业，并将其中五个同时发送到 PBBA，而另外三个作业将直接发送到磁带驱动器。

注意，这并不代表环境中任何单点配置的并发作业总数。

11.7.1　服务器并发

大多数备份产品将支持非常高级别的服务器并发(例如，在企业环境中看到备份服务器被设计成可接受数千个并发作业，这并不罕见)。由于存储环境/介质服务器和/或直接从客户端发送到 IDPA 的作业导致备份环境的扩展性，如今，服务器并发通常指不受控制的作业数，而非通过备份服务器传递的作业数。

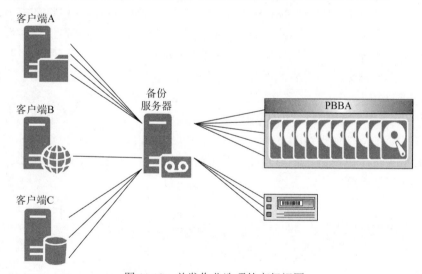

图 11.12　并发作业选项的高级视图

服务器并发性主要取决于以下三个因素：

(1) **环境中所有备份设备可接受的并发作业数**。如果服务器并发设置得太低，则备份设备可能运行不佳。相反，如果服务器并发设置得太高，备份服务器可能

---

1 注意，使用磁带时，设备并发性也可能与介质多路复用相关联。17.1.2 节将详细讲解这一点。

2 有些产品允许在不考虑作业并发限制的情况下启动恢复，这是对恢复操作优先性的确认。另一些则实际保留一定数量或百分比的并发作业用于恢复，以确保始终可执行恢复。

过载(具体取决于其处理能力)，或作业可能长时间排队等待可用的备份设备。

(2) **CPU 速度和备份服务器可用的内存容量**。除了处理作业和作业报告的调度和执行的 CPU/内存要求之外，通过服务器传输的任何数据也都需要 CPU 和内存资源。

(3) **服务器可用的网络带宽**。特别是在备份服务器也接收备份作业流式传输到设备的情况下，备份服务器的传入网络带宽将直接影响其可处理的并发作业的数量。

在使用存储节点/介质服务器的情况下，备份服务器并发性的潜在限制将适用于这些单独的主机，但前面引用的设备并发限制将限于直接连接到存储节点/介质服务器或由其控制的设备。

11.7.2　客户端并发

客户端并发作业指配置为同时向备份环境发送多个数据流的单台主机。通常，"流"指的是文件系统，不过具体取决于要执行的备份类型。例如，对于数据库备份，这可能指同时备份的数据库数量；对于更大的数据库环境，指每个数据库同时备份的数据库数据文件数。可以想象一下，使用客户端并发作业可更快地完成单台主机的备份。

执行客户端并发作业时[1]，必须考虑以下因素：

(1) 执行的其他处理活动，这些处理活动与备份作业相比的优先级，以及备份作业可能对这些活动产生影响的限制。

(2) 客户端 CPU /RAM 的性能。

(3) 底层磁盘子系统或文件系统的性能。

(4) 客户端将数据发送到备份环境前是否对数据执行加密或压缩[2]。

(5) 其他代理(如防病毒软件)是否正在扫描客户端发送到备份环境的数据。

(6) 客户端和备份环境之间的网络链接。

客户端并发作业也在较小的程度上取决于备份设备的速度，但在现代备份和恢复设备中，很少有设备流传输性能低于单个客户端流传输性能的情况，见 17.1.2 节的介绍。

通常令人感到意外的是在评估单个客户端的并发作业选项时，底层磁盘子系统或文件系统的性能是客户端性能的关键因素。当系统用于随机文件访问时，许多设计或架构问题在操作系统或系统实现级别可能不明显——但在对文件系统进

---

1 现代数据中心的另一个考虑因素是，客户端是物理主机还是虚拟主机。如果是虚拟主机，则还需要考虑其他大量因素。这些问题将在第 14 章中详细讨论。

2 传统上，认为通过软件执行的客户端压缩或加密是非常耗资源的。一些新型号的 CPU 已经结合了特殊的指令集和操作模式来加快压缩或加密，如果备份软件能利用这些指令，则可最大限度地减少这些功能在备份操作期间产生的影响。

行大量持续的顺序读取时，可能会凸显出以前未留意的问题。

当客户端使用直接连接存储时，通常认为并发作业的最大设置不应高于为客户端提供的物理磁盘数量。注意，如果定义的文件系统多于物理磁盘，则从客户端定义的高于磁盘数量的并发作业级别可能造成驱动器崩溃，起因是从磁盘上两个不同位置同时执行较大的顺序读取(尽管闪存和固态存储系统将消除此问题)。

RAID 系统无法立即保证客户端可接受更高级别的作业并发性。特别在 DAS 或内部 RAID 结构中，与 SAN 级别的存储系统相比，基本硬件甚至软件 RAID 控制器的性能都不理想，与较低的并发作业级别相比没有任何优势，在降级 RAID 状态下尤其如此。

虽然 SAN 存储在理想情况下可为客户端并发作业提供最佳性能，但一旦共享存储系统包含在备份环境中，备份和存储管理员应该密切合作，以避免大规模备份操作导致 SAN(甚至更重要的 NAS)存储的性能过载。例如，在评估使用 SAN 存储的最佳客户端并发作业设置时，有必要评估同时备份所有连接的客户端时 SAN LUN 上的 I/O 负载，并适当平衡各个客户端作业的并发。

虽然配置备份环境以充分利用客户端和备份目标之间的网络链接是很重要的，但避免网络拥塞同样重要，特别是当网络同时用于生产活动的场景下。[1]在评估与网络相关的客户端的工作并发选项时，建议管理员记住，TCP/IP 通信流不仅包括发送的数据，还包括标识数据流本身和数据流中数据包位置的元数据。如果来自客户端的单个作业使客户端的网络接口饱和，则添加第二个流不太可能改善性能，甚至由于将元数据包的数量加倍而使性能下降(以损害实际数据为代价)。

11.7.3　设备并发

备份设备可同时处理的作业数量，在很大程度上取决于设备的类型及其自身的性能特征。现在，某些高端 IDPA 能处理一千个或更多的并发备份作业；由于这些数据写入磁盘，不会影响数据的可恢复性。另一方面，应对磁带驱动器进行优化，使并行流尽可能少地流向磁带驱动器，否则可能影响较大备份的完全恢复性能。

使用基于磁盘的备份设备时，应根据供应商对最大并发流计数的指导来设置并发作业，或者如果正在使用简单磁盘/RAID 系统，则需要根据设备的性能特征进行调整。第 17 章将详细讨论基于磁带的备份设备的注意事项。

11.8　网络数据管理协议

最初，开发 NDMP 是为了便于管理网络应用(通常是 NAS 主机)的备份。虽然

---

1 专用备份网络和基于源位置去重方法，都可用于最大限度地减少分布式备份对生产网络的影响。

这些主机包括与备份产品支持的其他操作系统类似的操作系统，但为了最大限度地确保性能和稳定性，NAS 供应商通常禁止访问安装了第三方软件的操作系统。

由于 NAS 系统易于使用和配置，并能集成到企业认证系统中，因此 NAS 系统已经接管了大多数企业的文件服务功能。特别是，NAS 系统使存储管理员可以轻松地：

- 添加新共享
- 允许多台主机同时读写一个共享
- 允许多个操作系统类型同时读/写共享

执行上述操作时，通常不需要任何中断，即使主机以前未访问过 NAS 设备也同样如此。相比之下，将新主机添加到 SAN 将需要更改分区，安装驱动器和 SAN 级别配置以授予对 LUN 的访问权限，可能需要中断以添加光纤主机总线适配器，还可能需要重新启动主机从而对 LUN 可见。虽然这样的配置复杂性对于服务器而言是可接受的，但对于使用台式机和笔记本电脑的最终用户来说这是不切实际且昂贵的。

回到 NAS 系统，世上没有免费的午餐。NAS 提供的日常管理简单性是有代价的，在备份和恢复操作期间会感受到这个代价；随着横向扩展 NAS，现在允许组织将单个逻辑文件系统扩展到数 PB 或更高，优化 NAS 备份对企业来说是一个重要考虑因素。

要了解 NDMP 在企业环境中的重要性，首先要思考如何在没有 NDMP 的情况下执行 NAS 存储的备份，可参见图 11.13。

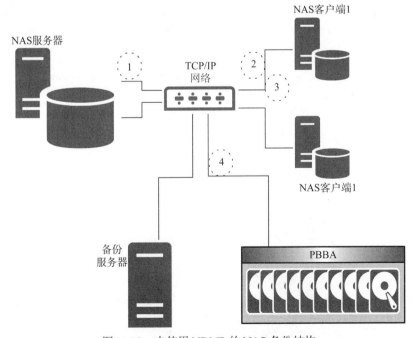

图 11.13　未使用 NDMP 的 NAS 备份结构

如果没有 NDMP，备份服务器将无法直接与 NAS 系统进行通信，因此必须通过一个或多个从 NAS 系统映射共享的主机备份其数据。启动备份时，数据将按以下方式流式传输：

(1) 给定的共享数据将通过 TCP/IP 网络从 NAS 服务器读取到其中一个 NAS 客户端或专门配置的备份代理。

(2) NAS 客户端/代理上的备份代理就像本地文件系统一样从 NAS 服务器读取数据。

(3) 然后，NAS 客户端/代理上的备份代理通过 TCP/IP 网络将数据发回指定的备份目标。

(4) 如果备份目标是一个连接到网络的 PBBA 或 IDPA，数据随后将通过 TCP/IP 网络流回到指定目标。或者，如果数据发送给磁带，则可能直接从相关的客户端发送，但这可能带来服务起停和其他以磁带为中心的低效率风险。

在上述配置中，相同的数据必须传输三次。即使备份直接从客户端传输到光纤通道连接的设备，仍然需要至少两次跨 IP 网络的传输。这种形式的备份对于使用 NAS 共享的较小的工作组环境(NAS 最多共享几百 GB 的数据，而且没有备份/恢复服务水平协议)来说是可接受的，但随着 NAS 环境扩展到 PB 范围，这种备份的资源密集性和破坏性非常大。此外，如果一个 NAS 共享由多个操作系统访问，这甚至不一定能提供全面的备份，这样的备份只会保护与用于执行备份的 NAS 主机的操作系统相关联的访问控制列表/权限。例如，如果使用此机制将 Windows 主机用于备份/恢复，虽然 Linux 主机也可访问该共享，但任何特定于 Linux 的访问文件权限都不太可能作为操作的一部分进行备份或恢复。

NDMP 巧妙绕过了前面提到的备份配置，允许 NAS 服务器将其数据直接流式传输到指定的 NDMP 兼容设备。根据 NAS 系统支持的 NDMP 版本和备份产品中的可用选项，这可能是以下任一选项：

(1) 磁带驱动器/库通过 SCSI 或光纤通道直接连接并专用于 NAS 系统。

(2) 磁带库通过光纤通道同时连接到 NAS 系统和其他备份主机，并共享对磁带驱动器的访问。

(3) 由 PBBA 或 IDPA 提供的虚拟磁带库。

(4) 备份服务器或存储节点上的 NDMP 服务。

由于 NDMP 本身不支持备份到磁带驱动器以外的任何其他设备，因此选项(4)是备份环境配置为将 NAS 备份发送到物理或虚拟磁带以外的其他任何设备的唯一方法。在此类环境中，在备份服务器或存储节点/介质服务器上运行的 NDMP 服务伪装成 NDMP 目标，然后将 NDMP 数据封装到标准备份流中。这样，备份产品就可对 NDMP 数据流施加更多控制，并引入以下选项：

- 以磁盘而不是 VTL 模式备份到 PBBA 或 IDPA。
- 备份流的多路复用(本机 NDMP 不支持)。

● 将 NDMP 和非 NDMP 备份混合到同一备份卷上(NDMP 本身不支持)。

图 11.14 演示了以 VTL 模式写入 PBBA 时 NDMP 备份的概况。在此配置中，NAS 系统具有到 PBBA 内 VTL 模式功能的光纤通道连接。当备份服务器指示 NAS 系统进行备份时，数据直接通过光纤通道传输到 PBBA 上的模拟磁带机，完全绕过 IP 网络(此外，数据只传输一次)。

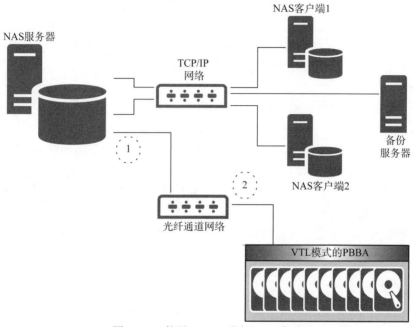

图 11.14　使用 NDMP 进行 NAS 备份

随着 NAS 系统的不断发展，越来越需要在庞大企业体系架构中关注 NAS 系统备份以确保数据在规定的时间范围内得到充分保护，并且总是需要备份/恢复操作补充使用快照和复制等主要保护方法。

11.9　其他企业级功能

有一组特性本身不是一个完整类别，但可汇集在一起形成企业级功能，即应该在任何企业备份和恢复产品中找到的功能。在本节中，将概述其中一些功能。

11.9.1　预处理和后处理

预处理和后处理(Pre&Post-processing)指备份产品在备份前后在备份客户端上执行任意脚本或命令的能力。预处理和后处理可能包括下述任意一种情况：

● 在备份之前，数据库进入热备份模式，并在备份后立即使数据库退出热备份模式。

- 在文件系统备份前，将对数据库执行热导出。
- 在每月备份前，关闭应用程序以进行冷备份而不是常规热备份，并在备份后，重新启动应用程序。
- 在周五晚上成功完成备份后，客户端可能自动重启，以使系统更新生效。
- 在开始备份前，可为特定的密集文件系统构建映射，并自动调整客户端的配置，以支持密集文件系统的大规模并发备份，从而提高性能。

预处理和后处理允许备份系统的扩展远远超出供应商的原始设计考虑因素，并确保产品可紧密集成到业务流程中。评估预处理和后处理时的一些关键考虑因素包括：

- 命令是否设置了超时期限，或者管理员能否定义任意命令超时？
- 是否有必要在运行预处理或后处理之前建立命令执行环境？
- 为每个文件系统或唯一的备份集执行预处理和后处理命令，还是在所有备份之前和之后执行这些命令？
- 对于具有多台主机的应用程序，能否使用依赖项跨多个客户端调度前处理和后处理？
- 是否提供安全措施以防止执行任意命令？
- 备份代理是否有权执行用户账户下运行的命令？如果没有，能否更改用户账户？
- 当预处理或后处理失败时，有哪些安全控制措施？

11.9.2　任意备份命令执行

任意备份命令执行意味着能用特定主机自定义的备份工具替换本机备份机制，以便处理备份供应商无法预期处理(或有足够的商业支持需求)的数据。例如，已知公司使用任意备份命令执行来为没有代理的数据库执行热备份，或者通过检测数据库文件和对数据库文件做出不同的反应来模拟此类备份。

尽管公司很少需要将备份产品扩展到此级别，但某些备份产品使用任意备份命令执行作为提供数据库和特殊应用程序备份功能的机制，也就是说，这是用于启用插件或模块的工具。

11.9.3　集群识别

作为一个有效集群，集群的最终用户不需要知道或关心当前正在访问集群中的哪个节点。当然，当发生集群节点故障转移时，最终用户不必手动配置访问权限。

在服务范围的另一端，备份管理员同样不必手动跟踪集群故障转移。备份软件本身应能自动执行此操作，或将自动识别集群主机作为初始配置的结果。

在提供虚拟服务 y 的任何集群节点 n 中，典型配置可能是：

(1) 物理集群节点 n 中的客户端实例，用于备份其私有数据和操作系统配置。

(2) 每个虚拟集群服务 y 中的客户端实例，用于备份共享/提供的数据和应用程序。

对于主/从集群(Active/Passive Clusters)，集群识别的目标是避免出现这样的情况：恢复操作员需要知道集群的哪个节点托管了现在需要恢复的备份数据。对于主/主集群(Active/Active Clusters)配置，目标是避免对集群显示的数据进行多次备份，每个节点只需要备份一次。

11.9.4　客户端集合

在最原始的情况下，客户端的"集合(Collection)"是一组同时启动备份的客户端。可通过两种方式处理：

(1) 每个客户端都有一个与之关联的启动时间计划，并独立于所有其他客户端启动。

(2) 备份产品提供一个集合配置资源，该资源允许对类似客户端进行逻辑分组，以强制使用相同的启动时间(甚至可能是共用的备份计划)。

这些集合存在不同的名称，其中"组(Group)""策略(Policy)"和"类(Class)"是三个常见的变体。当备份产品允许这样的分组时，将大大简化管理开销。例如，假设 50 台 Windows 客户端通常在时间点 21:35 备份。如果决定这些计算机应在 22:55 的新时间点开始备份，那么在包含全部 50 台客户端的单个组中调整启动时间要比调整所有 50 台客户端的配置方便得多。

11.9.5　备份隔离

备份隔离(分离)指定哪些数据可发送到哪个备份介质集合。这种备份介质分组通常称为"池"。以下是备份隔离要求的一些示例。

- **异地介质(Offsite)与现场介质(Onsite)**：确保生成的要发送到异地的备份副本不会与保留在现场的副本存储在同一介质上。
- **数据隔离**：某些情况下，根据法律或合同要求，可能需要在不同介质上存储不同部门或公司的备份。
- **备份留存期**：特别是在使用磁带时，应将不同留存期(如每日备份留存 6 周，每月留存 7 年)的备份放在不同介质上，以便根据需要处置老化介质，或者予以回收。
- **去重技术**：如果使用重复数据删除设备，则环境中可能存在一些不能去重的数据(如压缩或加密数据)。备份隔离允许将此类数据直接发送到备用备份介质，以避免对去重存储的容量影响。

原始备份产品只能提供简单和不可靠的隔离机制，如：

- 哪些介质目前位于独立设备中？

- 磁带库中放置了哪些插槽号的备份介质？
- 为介质分配了哪些标签？

换句话说，这些情况下，介质隔离是由备份管理员或操作员在设置介质时完成的。这成了一个无法很好地扩展的手动过程。

然而，自动化的数据隔离提供了基于各种考虑要素将备份拆分到不同介质的功能，例如：

- 原始客户端集合
- 原始客户端
- 备份是原始备份还是副本
- 备份的预期留存期
- 备份级别

通过基于这些选项提供隔离，备份产品可提供足以满足大多数组织需求的自动化数据隔离操作，并可根据业务的备份需求进行扩展。

11.9.6 备份粒度控制

这是指在符合一个或多个条件时才对特定主机进行备份的过程。在数据选择方法的上下文中已涉及一个表单。除了备份时排除的内容，独占备份产品会自动备份主机上的所有内容。这本身就是一种备份控制。例如，通过配置粒度备份控制，除了扩展名为".mp3"的文件，备份主机上所有的文件系统。

然而，在排除多媒体类文件以外，还需要更多的细粒度备份控制。以下是其他粒度备份控制示例：

- 强制对特定文件或文件类型进行基于软件的客户端加密或压缩。
- 防止数据库文件在受数据库模块保护时作为文件系统备份的一部分进行备份。
- 强制包含未作为文件系统自动探测的一部分而提取的其他文件系统(例如，从备份软件不支持的操作系统主机提取网络文件系统并进行备份)。
- 禁止显示有关系统日志等活动文件的错误或警告消息，这些文件不需要备份或停止。
- 备份文件时执行强制的独占锁定，以防在备份过程中被修改。

通过对单台主机的备份过程进行细粒度控制，可修改备份系统，使其与备份软件设计人员不一定预料到的系统协同工作。

11.9.7 覆盖备份计划

所有备份产品都支持某种类型的备份计划同，前面已经讨论过与备份计划相关的级别。例如，常见的时间表是"每日进行增量备份，星期五晚上进行全备份"。

但为了减少管理开销，备份产品提供了一些机制来覆盖已设置的备份计划，这非常重要。例如，如果只执行每日备份，则计划运行良好。如果同时执行每月备份，则需要每月覆盖一次每日计划以跳过星期五完整备份，而该备份将由每月计划执行。同样，如果公司计划关闭机房以进行维护，则希望能在周末暂时跳过与该机房中的计算机关联的所有备份，而不是手动禁用所有备份，然后在以后手动重新启用。

覆盖备份计划对于最大限度地实现自动化备份至关重要，随着主机规模不断扩大，覆盖备份计划的重要性将不断提升。

11.9.8 安全性

备份安全性具备两个方面，但这两个方面存在潜在的矛盾：

(1) 要备份系统上的所有内容，备份软件需要对系统进行合理的完全访问。

(2) 因此，如果破坏了备份安全性，那么数据极有可能被盗或受到破坏。

考虑到这些因素，企业必须对备份环境保持严密、安全的控制，并且备份产品也要支持这些安全控制需求。理想情况下，这将包括能使备份软件与企业级身份验证系统(如集中式 LDAP/Active Directory 系统)集成。至少，备份产品还必须支持定义：

- 谁可管理备份服务器？
- 谁可与备份介质和设备交互？
- 谁可在各个客户端恢复数据？

此外，备份软件应根据需要提供有关在备份环境中执行的活动的报告、日志和详细信息。

许多备份环境中常见的安全漏洞是允许太多用户访问备份管理角色。这与 IT 管理的其他问题一样，仅通过数据混淆实现安全性是不够的，备份服务器上的安全漏洞应该视为任何组织都面临的极其危险的情况。毕竟，如果备份服务器的安全性遭到破坏，那么受备份服务器保护的所有数据都可能受到损害。

11.9.9 复制和迁移

虽然稍后将详细介绍此主题，但此处需要进行简单讲述，备份复制是一种保护 IT 环境(以及扩展到公司)免受任何单个备份中发生故障影响的方法。理想情况下，生成的所有备份(至少生成的所有生产备份)都应具有另一个副本，以便在主副本出现故障时，可使用另一个副本来恢复所需的数据。

另一方面，备份迁移是指将备份从一个介质移动到另一个介质。使用备份迁移的示例包括：

- 将写入磁盘的备份迁移到磁带或云存储提供商以进行长期存储。
- 从出现故障的介质中提取可读备份。
- 将长期备份和归档备份从已停用的介质类型转移到新的介质类型。

- 介质合并。如果未按留存时间执行备份隔离，则可能需要将长期保留的备份移至新介质，以便在短期保留的备份到期时回收介质。
- 如果按法律要求销毁特定数据，则可能需要在销毁原始数据前将同一介质上的所需数据迁移到备用卷。或者，可能需要将数据副本移交给即将离境的客户，或者作为法律调查过程的一部分。

11.9.10　警报

在备份服务器运行 GUI 并观察当前状态是需要完成的任务，但并非所有组织都雇用 24/7 工作人员。即使有这样的工作人员，如果还有其他并行操作，员工也可能无法快速响应出现的问题。

基于这个考虑，备份产品必须有其他方法来警告用户、操作员或管理员需要注意的事件，而不是简单地期望有人在事件发生时注意到 GUI 中的提醒。

一些业内人士对产品是否支持特定警报方法(如 SNMP、手机短信)感到困扰。但如果从外部考虑，只要备份产品提供自定义警报(即在特定事件时执行警报)，可通过少量脚本或数据配置实现任何形式的警报。因此，如果备份产品不直接支持公司的首选警报机制，则可使用自定义警报将其集成。

随着企业的成长和收购其他业务，最终在一个组织内使用多个备份产品的可能性也越来越大。如果所有备份产品都支持第三方警报，则可构建整体的数据环境保护视图，并进行全局级别警报而不是针对每个产品执行警报。

11.9.11　命令行界面

尽管有人说一图抵千言，但一个 GUI 并不一定等同于一千行命令。 GUI 实现特定功能，简化了与计算机程序或操作系统的交互，更便于用户访问系统。这本身就像其需求一样令人叹服。当然，在备份产品中，GUI 通常允许用户更好地查看备份服务器配置的"全局(Big Picture)"，更简便地控制业务配置、操作和恢复。但 GUI 通常会有以下限制：

- 无法轻松实现自动化。
- 没有太多的可扩展性。
- 通过子局域网网速链路显示信息的速度可能较慢。
- 无法提供备份系统的所有功能，也无法复制每个功能的每个选项。
- 可能无法提供与命令行选项同级别的错误/日志消息。
- 可能无法有效分隔多租户环境数据和操作信息。

对备份产品的命令行访问也有助于在远程支持、持续监测、备份和恢复操作中发挥重要作用。许多在办公室不使用命令行执行日常操作的备份管理员，在家中通过 VPN 连接时会使用命令行方式。

更重要的是，命令行通过接口来支持产品持续可扩展性。这促进了产品的集成和长期维护，对于无法在本机自动执行特定功能的产品，命令行允许使用最少的脚本进行扩展。如今，随着环境中需要处理多租户情况的增多，命令行选项以及 RESTful API 允许 DevOps 开发团队将数据保护过程集成到面向客户的门户中。

11.9.12 备份目录

所有备份系统都需要提供备份目录。备份目录提供了一种跟踪以前执行的备份的机制，从而在恢复操作期间快速检索数据。如果没有备份目录，管理员将不得不按如下方式进行恢复：

- 用户希望恢复文件或数据。
- 管理员或用户必须确定文件丢失的时间。
- 管理员必须检索在该日期或之前生成的介质。
- 管理员必须读取介质以搜索所需的文件或数据。

这样的"解决方案"无法扩展，违反备份恢复的原则。因此，目录通过允许如下过程来实现快速恢复：

- 用户启动对所需文件或数据的备份搜索，或浏览特定的日期和时间的备份文件系统视图。
- 用户选择要恢复的文件/数据并启动恢复。
- 如果介质处于在线状态，备份软件会自动恢复数据，或者为不在线但需要的介质启动调用操作。

备份目录至少应该：

- 跟踪系统正在使用的介质。
- 跟踪每个介质上的备份。
- 跟踪备份副本。
- 启动恢复时提示用户/管理员提供所需的介质。

备份目录最好还包含以下功能：

- 对于磁带，足够的索引可将介质快速转发到备份位置，而不必读取整个磁带。
- 对于磁盘，足够的索引可知道备份文件中需要恢复的数据的位置。
- 搜索用户希望恢复但不记得其原始位置的文件和目录。
- 介质使用信息——介质标记/重写的频率、安装次数以及最初添加时间等。
- 目录数据的在线、热备份和维护。
- 自动和手动检查目录的一致性。
- 最好基于每个备份、每个客户端或每个卷的最小粒度恢复目录数据。
- 通过读取或扫描备份介质来重新生成目录数据。

11.10　备份和恢复的未来

随着业务发展，需要处理的数据量不断增长，业务的备份需求也随之增长。曾经有一段时间，仅将备份和恢复作为业务中的保险策略进行处理；如果发生意外，备份可帮助数据恢复。随着数据的不断增长，充分提供备份和恢复服务所需的投资也在增加，许多企业都希望从备份和恢复投资中获得额外的效用。

虽然备份和恢复系统的主要目的仍然是数据恢复，但可使用备份和恢复系统扩展新业务流程，而不仅仅是数据恢复服务。

很多公司使用这种实用的备份方法由来已久。例如，将生产备份恢复到开发/测试区域来刷新开发和测试数据库，这种方式已经用了几年甚至几十年了。这就消除了在生产数据库上放置额外工作负载的必要性(从生产到开发的直接复制中会自然而然地完成)。

大数据加速了这种实用备份方法的推广使用，直接从生产来源获取数据科学活动和大规模数据分析所需的所有数据是耗时的、资源密集的，并且对核心业务功能有影响，但是查询和分析这些数据对未来业务决策和新的市场洞察的重要性是毋庸置疑的。通过扩展多年前采用的"将产品恢复到开发中"的方法，企业可将所需数据从其备份系统提取到大数据环境中。但这只是一个开端。考虑到高 IDPA 的增长趋势，可看到以下情况：如果需要测试，但首先执行恢复的时间成本过高，则实际上不从备份环境中恢复数据，而是直接从备份环境中读取数据进行分析。

除了使用大数据之外，备份和恢复系统还可对受保护内容提供长期的可视性。网络搜索应用也许能提供一种快速查找组织中已有数据和文件的机制，并且无论何时备份，备份软件中包含的搜索能力允许在所有受保护的内容上进行深度搜索。这不仅可给用户或管理员省时，还可在司法调查中使用，在很短的时间内以很低的成本快速响应，为公司节省大量时间或金钱。

随着以云和云服务概念主导的 IT 时代的到来，特别是引入服务目录的概念，当备份系统集成到企业报告和持续监测时，不仅可决定哪些是受保护的，还可决定哪些不是受保护的。同样，由于备份和恢复系统已深入集成到许多企业的 IT 基础架构中，其程度通常仅与实际的网络基础架构本身相匹配，因此，对备份活动和故障的捕获和分析可很好地为公司提供对基础架构的可靠性和稳定性的重要见解。

这是备份和恢复仍在发展的一个方面，将继续根据数据增长和业务敏捷性需求而不断完善。因此，负责基础架构的架构师和业务分析师必须停止将备份视为仅用于恢复用途，并认真评估如何利用备份和恢复系统的投资来节省公司的时间和金钱。

正如前言中所述，备份已不再是 IT 领域的一个独立主题，你已经可以看到采用更集成的数据保护方法具有的业务优势。

第12章　云计算技术

12.1　简介

云计算技术就如其名一样，是一个有些模糊感的话题。但随着组织通过购买或租赁 IT 基础架构(Infrastructure)等新方法获得受益，云计算日益流行开来。与以前的前期资本支出(CapEx)模式相比，云计算向运营支出(OpEx)模式快步转变，这使得许多组织得以使用以前没有经济能力购买、部署和管理的基础架构。

NIST (美国国家标准与技术研究院)定义了云计算的五个基本特征。[1]

- **按需自助服务(On-demand Self-service)**。云用户可自主选择计算资源选项，云平台自动化交互界面负责提供资源，而不需要人工干预。
- **广泛的网络访问(Broad Network Access)**。各类客户平台可通过传统网络和移动网络获取服务。
- **资源池(Resource Pooling)**。云平台基础架构采用多租户的模式，基础架构的物理位置与服务交付或可用功能无关。
- **快速可伸缩性(Rapid Elasticity)**。基础架构可根据需要扩展或缩减，不会影响云用户。
- **可计量的服务(Measured Service)**。云平台可监测、控制资源的使用情况，并将这些信息提供给云用户和云服务提供商，从而保证绝对清晰的价格透明度。

广义上讲，云平台有三种可用的模型。

- **公有云(Public Cloud)**。此类基础架构由第三方工具模式提供。成千上万的云用户访问共享的多租户(Multi-tenanted)基础架构。
- **私有云(Private Cloud)**。此类基础架构完全位于所有者的组织内部。这种部署具有与公有云计算技术相同的功能，但组织可完全控制计算资源和数据并保护隐私。
- **混合云(Hybrid)**。根据实际业务需要，私有云可扩展使用部分公有云。这

---

[1] "The NIST definition of cloud computing"(Peter Mell, Timothy Grance)，2011 年 9 月，特别出版物 800-145。在线网址：http://csrc.nist.gov/publications/nistpubs/800-145/SP800-145.pdf。

常允许组织使用比可负担成本更高的基础架构，同时，仍可高度控制数据和资源的存储、安全、管理和保护。

除了以上三种模型外，还有一种"伪"云，称为"社区(Community)"或"共享(Shared)"云。这是指许多组织共享可信基础架构，虽然说是多租户，但实际上基础架构常由出资的所有组织共同拥有，这些组织共同使用云平台服务上的系统。

不应将云计算模型与传统的"场所内部(On Premises，也称场内)"和"场所外部(Off Premises，也称场外)"数据位置模型混淆。虽然公有云肯定代表了场所外部数据，但反过来不一定适用于私有云。组织可能选择在并不拥有的数据中心维护其私有云，从而拥有私有的"场外"云平台。

无论实际使用哪种云模型，都可为云客户提供各种服务模型。这些服务模型通常被定义为"一切皆服务"(X-as-a-Service，XaaS)这种通用缩写格式。最受欢迎的三种服务模式如下。

(1) **软件即服务(Software as a Service，SaaS)模型**：这是指以多租户共享方式运行的软件包，向大量潜在组织提供业务访问服务接口，例如，以 Salesforce 为代表的 SaaS 高端云计算服务。

(2) **基础架构即服务(Infrastructure as a Service，IaaS)模型**：这允许云用户在可配置的存储、计算和网络基础架构上合理地运行任意操作系统和应用程序。从云计算技术的角度看，这是一个"虚拟数据中心(Virtual Datacenter)"，当然，IaaS 存在一定局限性。

(3) **平台即服务(Platform as a Service，PaaS)模型**：通常 PaaS 位于 IaaS 和 SaaS 环境之间，提供具有特定功能的、可扩展的高级可编程平台，允许云租户自行扩展而不需要管理虚拟机、操作系统和数据库等资源(这些资源将以服务形式调用)。PaaS 常用于基于云平台的快速应用程序开发和/或部署的大数据分析系统和框架。

最近，随着云计算服务模型的不断发展，XaaS 定义也不断扩展，出现了一些与数据保护体系相关的内容，如下所示。

- **IT 即服务(IT as a Service，ITaaS)服务模型**：这实际上是根据业务需求融合外包和 IaaS、PaaS 或 SaaS 服务模型的混合体。
- **存储即服务(STaaS)服务模型**：为归档或其他应用程序中使用的存储提供大规模的基于对象的访问，而其他云服务提供商也可能利用存储即服务来提供 SaaS、PaaS、BaaS 或 AaaS 服务。
- **备份即服务(Backup as a Service，BaaS)服务模型**：通过云工具模型提供的备份和恢复服务。
- **灾难恢复即服务(Disaster Recovery as a Service，DRaaS)服务模型**：通常认为云服务提供商为云用户的备份提供复制目标恢复环境。如果出现重大灾难，组织可从副本数据中恢复。甚至可利用 DRaaS 提供商的产品或服务，在发生灾难时为云用户的业务提供有限数量的计算和存储资源，帮助云用户在云端启动业务运营。

- **归档即服务(Archive as a Service，AaaS)服务模型**：作为一种允许组织完全放弃磁带备份的替代技术手段，AaaS 越来越受到各类组织的欢迎，归档即服务是允许大规模存储长期资料或合规数据而不必管理存储系统的云计算服务。

随着所有这些不同模型和服务的出现，越来越明显的趋势是，云计算技术需要特别关注数据保护体系，以降低出现重大甚至灾难性数据丢失的风险。一旦将工作负载迁移至云端，云服务与传统数据中心持有相同的数据，因此，应避免无意间降低可用的数据保护水平，这一点是非常重要的。

12.2　影子 IT 的崛起

"影子 IT(Shadow IT)"这一术语越来越多地用于定义非 IT 人员(管理人员、非专职技术人员或业务领域内的高级用户等)开始采购、组织并运营基于云计算技术的 IT 资源的场景。当业务部门需要某些 IT 功能但无法或不愿意通过传统 IT 渠道实现时，影子 IT 就出现了。影子 IT 不是坐等可用资源，而是通过公有云服务寻求可用资源。由此，组织内部出现了业务所依赖的 IT 孤岛，而这些孤岛处于 IT 部门视野之外，不受约束，难以管理，伴随着极大的安全隐患。

可以说业务部门影子 IT 的存在是由于业务和 IT 部门之间的沟通问题，然而，这种沟通不畅所引发的问题必然会导致数据的完整性、可恢复性和可用性等安全问题。

不可否认，影子 IT 具有潜在的短期优势，然而，组织内部的高级管理层要特别注意影子 IT 带来的风险：业务运营职能部署在不满足可恢复性、记录留存、数据可用性或数据集成需求的不可控系统之上。虽然这不意味着应该回避使用云计算服务，但影子 IT 现象的存在，确实表明在 IT 服务管理中，无论服务从何处交付，业务部门和 IT 部门都需要积极沟通、加强协作并提高成熟度。

12.3　公有云和可用性

12.3.1　再谈高可用性指标："99.999…."

多年来，IT 产业界一直特别关注"多个 9(99.999…，High Nines)"的可用性问题，"多个 9"指的是系统运行时间的百分比，曾在第 9 章的 9.1.1 节讨论过。

在云计算来势凶猛的大背景下，有必要简要地重新审视"多个 9"的高可用性问题，这里需要特别指出：如果组织希望将工作负载迁移至公有云或社区云平台，则组织必须深入了解云服务提供商的广告宣传和实际能达到的可用性水平的差距。虽然许多公有云服务提供商在可用性方面做出了强有力的承诺，但这些可用性承诺并非总与数据保护体系需求相匹配，甚至可能与实际交付的可用性相差甚远、大相径庭。

许多公有云服务提供商无法提供有关其可用性状态的详细信息，致使市场上出现了专门收集、分析和提供此类信息的第三方分析师或顾问。CloudHarmony 公司[1](现在是 Gartner 成员企业)在其"关于(About)"页面上声明：

"CloudHarmony 公司成立于 2009 年底，当时，我们认识到需要通过客观的性能分析对不同的云服务进行比较。我们的目的是成为云平台性能分析的公正、可靠的来源。"

评估公有云服务组织最好在协议锁定(Lock in)前先研究这些服务的可用性指标。那些公开的运行或可访问时间仅供参考，大多数云服务的操作响应几乎总是由云用户与云服务提供商之间的链接速度决定，而不是由云端中某个真实组件的响应时间决定。

截至 2015 年 07 月 04 日，CloudHarmony 汇总了 Amazon、Microsoft Azure 和 Google 的 365 天周期可用性统计信息，如表 12.1 所示。其范围介于几分钟到几天之间。[2]

除非组织通过拥有镜像或高可用性工作负载的混合云，构建弹性负载均衡系统来接入云端，否则表 12.1 中显示的业务中断就不仅代表单个系统的中断，甚至可能是整个数据中心的访问中断。也就是说，每种情况下，都有完全业务中断的可能性，这不仅是单项工作的负载失败，而是迁移到云服务提供商的所有工作负载宕机。因此，如果组织没有审慎的架构和规划来缓解风险，将全部工作负载迁移到公有云平台的决策可能对业务运营造成重大的负面影响。

表 12.1　三大知名公有云服务提供商的宕机时间示例

提供商	可用性百分比	中断次数	总宕机时间
Amazon S3	99.9962	33	3.03 小时
Google cloud storage	99.9998	14	12.42 分钟
Google compute engine	99.9639	106	9.49 小时
Microsoft Azure object storage	99.9902	142	11.02 小时
Microsoft Azure virtual machines	99.9613	118	46.58 小时

12.3.2　数据丢失与访问中断

当组织考虑使用公有云平台时，数据保护体系的考虑要素包括数据丢失的场

1　https://cloudharmony.com/about。
2　本书完成时，CloudHarmony 将审核窗口减为不超过一个月。

景和数据访问中断的场景。

对于业务运营严重依赖于 IT 基础架构的组织而言，在传统的基础架构模型中，维护至少两个物理上独立的数据中心已成为标准的业界实践，以保证发生灾难时，至少一个数据中心能支撑关键业务系统的任务和职能。

许多组织运行双数据中心或多数据中心的主要目的是保障业务连续性与灾难恢复，即在一个数据中心不可用的情况下，组织的业务可在其他数据中心继续运营。这种实践可应对各种各样的 IT 中断场景，包括：

- 物理服务器故障
- 存储系统故障
- 电力故障
- Internet 访问失败
- 内部网络故障
- 物理站点无法访问
- 物理站点坍塌

组织不应因为不再拥有所使用的云基础架构的所有权，而立即放弃对这些风险的治理。组织必须考虑失去云服务提供商访问权的运营风险。虽然本章的其余部分侧重于数据丢失和损坏，但网络访问中断，特别是长时间的访问中断，将与数据丢失一样对业务运营产生严重负面影响。

组织必须意识到，即便最大的公有云服务提供商也会发生意外宕机事件。将关键任务工作负载迁移至公有云平台前，必须在先期进行风险评估。评估范围不仅包括数据丢失，还应包括访问中断以及适当的架构和维护计划，以保证业务运营职能可正常运转。为防止降低私有基础设施能力，可安排紧急托管服务；或者说，对于真正的关键任务系统，组织应在地理位置完全不同的两个或多个公有云服务提供商之间复制和获得相同的服务。虽然一些较大的云服务提供商可能提供跨地域故障转移的服务，但如果云用户有数据司法管辖权监管限制，则可能无法使用这个安全选项。此外，所有云用户服务都在同一个云服务提供商内部，很可能受到全球性云服务提供商网络或安全问题的影响。

当然，这并不是什么新鲜事。公有云模型应当考虑标准数据中心设计实践中的大部分注意事项。数据中心实践中需要考虑如下一些通用规则。

- 数据中心不应该只依赖于一家电网供电，至少应该由不同的电网同时供电。
- 数据中心应具有来自备用网络/Internet 提供商的冗余链接。
- 数据中心之间应保持足够的物理距离，以降低同一场灾难同时影响主数据中心和辅助数据中心的可能性。
- 数据中心不应受到相同类型物理灾难情况的影响(例如，如果主辅站点所在的两个地区都易受到洪水的影响，则两个物理上隔离的数据中心不能都在地下室)。

即使在公有云端，这些风险要素仍然存在。虽然目标是确保云服务提供商的SLA涵盖免于物理破坏之类的场景，但云服务提供商网络中发生一个局部故障而不分地域地影响整个基础架构的情况确有耳闻。

实际上应该像对待水力、电力和网络等传统公用事业服务提供商一样对待公有云服务提供商，并做出相同决策以确保业务运营得到充分安全保护，免受类似服务中断的影响。

12.3.3　目标和协议

在评估公有云服务提供商的合同或声明中的可用性/可访问性水平时，潜在云用户需要特别注意，合同中是否说明该"水平"是协议还是目标。虽然，不同地区之间的法律定义可能会有所变化或甚至相互矛盾，但在 IT 行业，通常认为服务水平协议(SLA)和服务水平目标(SLO)之间存在重大差异。

通常，组织签署的服务水平协议是由法律部门或财务部门审议通过的协议版本。也就是说，协议的概念涵盖了需要履行的合同义务，如果由于某种原因未能履行合同义务，则可由签订服务合同的另一方收取罚金。根据故障的严重程度，可能导致退款、失信甚至是免费终止合同。在一些合同中，可能与罚款相关。

另一方面，服务水平目标被认为是供应商对达到规定的服务水平不具约束力的承诺。服务水平目标是达到服务水平，但其本身并不承诺达到这些水平，因此，SLO 不在未能达到这些水平时承担责任。

将工作负载(尤其是生产负载)从具有固定服务水平协议的内部 IT 服务部门转移到仅提供服务水平目标的外部 IT 服务组织，实际上是对依赖于这些 IT 工作负载提供业务职能的能力进行赌博。如果这些工作负载是业务关键的或由外部强加了服务水平协议，则更危险。就像伊卡洛斯(Icarus)在飞向太阳，靠近时因为附在翅膀上的蜡脱落后而坠落一样，一家总是相信一切都会好起来的组织，发现自己从云端中坠落时，已经无法阻止自己的下降了。

简而言之，SLA 和 SLO 之间的区别实际上是书面合同和君子协议之间的区别，在一定程度上反映出业务的操作成熟度。禁止供应商服务契约基于不成文的君子协议的组织，应该对依赖 SLO 实现业务系统可用性持谨慎态度。具有技术背景的云用户往往很爽快地接受终端用户许可协议(EULA)，而如果非 IT 人员也可访问公有云服务，往往意味着将业务运营职能置于保护不足的环境中，其风险远高于组织所能接受的水平。也就是说，尽管从事新型服务的 IT 经理可能仔细审查该服务的条款和条件，但部门中的开发人员或创新者可能不会仅将该服务用作"测试"环境。特别是，这些"测试"服务对业务有帮助时，通常会直接转为生产服务。这种情况下，组织可能尚未对服务水平进行尽职调查。

12.3.4　级联供应商

在评估云服务提供商时，组织必须考虑的另一个可用性因素是：谁在为这些云服务提供商提供上游服务？虽然，一些大型公有云服务提供商在自有基础架构和数据中心内开展业务，但在云服务市场中，云平台的整合时有发生(译者注：指重组、合并和拆分)。例如，提供 CRM 系统的 SaaS 提供商，实际上可能将其 CRM 系统托管在另一个云服务提供商的 IaaS 或 PaaS 产品上，而该 SaaS 提供商很少考虑 IaaS 或 PaaS 产品提供商的业务规模和运营能力。

一些小型 SaaS 提供商往往选择在另一家公有云服务提供商平台上开展业务，以节省可能永远不会使用的基础架构的建设成本。另一方面，一些大型 SaaS 提供商也会意识到运营和维护当前 SaaS 租户所需的基础架构的成本过高，基于 SaaS 租户数和工作负载基础架构成本，转而选择迁移至其他上游云服务提供商。

因此，所使用服务的可靠性和可用性不仅要根据主要云服务提供商的可用性进行度量，还要根据其上游主要云服务提供商的可用性及其在服务中构建的弹性水平(Resilience)进行度量。遗憾的是，到目前为止，尚未发布这样的使用数据标准，实际上，很多云服务提供商认为其上游供应商是一个运营机密信息，需要严格保护并避免向大众公开。例如，如果恶意黑客知道了云服务提供商使用了某个特定的上游云服务提供商，则可能使用该上游云服务提供商作为黑客团队的主要攻击媒介，进而攻击该下游组织。在这个意义上，掩盖上游云服务提供商与不宣传其业务连续性站点位置(甚至没有关于建筑物、通过代理租赁或通过管理组织获取等的信息)的组织没有什么不同。同时，这对于需要依据云服务提供商的服务可靠性真相而做出是否迁移决策的云用户来说，也是非常不利的情况。

12.4　云原生数据的数据保护

许多最常见的主要 SaaS 云服务提供商可能对数据保护采取几乎与云租户敌对的做法，在云计算行业中，这是众所周知的情况。例如，常见的情况是，这些云服务提供商采取严格的策略确保系统数据保持可用性和可恢复性，但不将其包含在与云用户的 SLA 中。也就是说，SaaS 云服务提供商的数据保护策略完全围绕服务全局可用性和防止大量数据丢失的场景，不会承诺单一云用户的数据备份与恢复能力。[1]

一些"著名的"SaaS 云服务提供商所提供的"恢复服务"实例如下。

- 为文件和电子邮件提供"垃圾桶(Trash)"选项：内容在一段时间后自动

---

1 鉴于此类提供商将软件或特定应用程序作为服务提供，将无法区分有效数据删除(Valid data deletion)与无效数据删除(Invalid data deletion)。这是删除数据后做的事情，但对数据保护体系非常重要。

过期并删除(Expunge)，通常可根据云用户需求进行手工删除。已删除或
已过期的内容一旦清除就无法恢复。

- **在删除账户时提供"宽限期(Grace)"**：管理员指定删除账户内容，账户内容将在一段时间后自动过期并清除。一旦清除/过期，内容将无法恢复。
- **以极高的单位成本和极慢的周期提供数据恢复服务**：需要 1~2 周以上的时间，并花费超过 10 000 美元的单位恢复成本。

对于组织的数据保护体系，这些都不是真正有效或充分的措施。前两种情况下，SaaS 云服务提供商可能声称"垃圾桶"或"宽限期"选项作为备份已经足够，但这是一种极荒谬的说辞。更恰当地说，这些云服务提供商是在含蓄地或以其他方式通知用户，"如果删除了数据，就永远无法恢复。"同样，一个对业务关键数据处理成本如此之高、处理速度如此之久的数据恢复服务设计方案，也非真正为云用户考虑的。

就像 SaaS 环境一样，PaaS 环境通常更关注服务的可用性，而不是对单一云用户的数据进行保护。通常，云用户将面临确保将数据或应用程序的副本保存在PaaS 环境之外的问题。在大数据系统中，内容从本地源复制到云端，数据保护体系通常在云用户自身的数据中心运行本地副本。对于应用程序框架，这可能需要围绕提供程序中用于导出数据和应用程序定义的选项而自动构建。

因此，重要的是，组织一定要能控制驻留在云端数据的数据保护流程。现在，有几家供应商正在提供保护 SaaS 和 PaaS 系统上数据的产品，可以说，这些数据是"云原生(Born in the Cloud)"数据。这些产品通常与分配给使用者的云租户级管理员权限集成，允许本地设备/产品取回数据的副本，或将数据复制到定义在另一个云平台中的存储系统。

从概念上讲，SaaS 云服务提供商及其云客户可能如图 12.1 所示。

图 12.1　SaaS 云服务提供商和云客户的概念示意图

任何希望为其 SaaS 账户建立与业务契合的适度数据保护解决方案的个人云客户，更关注 SaaS 账户里的个人数据保护问题；然而，已部署的数据保护解决方案仅用于保护 SaaS 云服务提供商中的云租户的系统数据。这样的解决方案可能类

似于图 12.2。

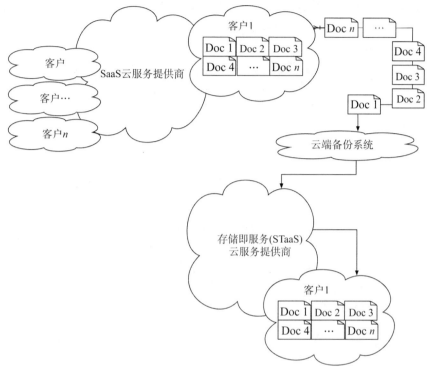

图 12.2　"云原生"数据备份解决方案的逻辑示意图

　　深入研究 SaaS 云服务提供商的某一客户。客户 1 部署了一个云内备份系统，可针对其云用户生成的数据提供合理且适当的数据保护，超出了 SaaS 提供商提供的基本"数据中心保护"。假设 SaaS 产品是一个电子表格、文字处理器文档或演示文件等的文档系统，这样一个备份系统的目标是在用户更改文档时提供文档备份，以及将文档恢复到备份系统维护的某一特定版本或某一天/月的备份。备份将会写入托管云内备份服务本身的提供商或第三方云服务提供商。

　　这种系统的最终结果是更加全面和以业务为中心的 SaaS 和 PaaS 数据保护。通常，这些服务将基于标准云系统按工具类功能的可变模型收费。例如，每个云租户每月、每年的固定成本，或根据每周期 GB 量和单位 GB 费用生成的备份数据量计费。

　　这可以在两个方面实现数据保护。

　　(1) 运用 SaaS/PaaS 提供商使用的数据保护策略保证系统的整体可用性。

　　(2) 依靠外部提供商或服务保护体系以适当粒度保护生产内容/数据，该粒度独立于为法律监管合规和数据留存目的而申请的服务的状态。

　　虽然此类系统增加了使用云系统的成本，但允许组织充分保护并确保潜在关键业务数据的可恢复性。

有趣的是，在数据保护方面，寻求转向云优先 SaaS 部署模式的组织将依赖于多个 SaaS 提供商，所有这些云服务提供商的成熟度各不相同。目前，缺少的是用于数据备份和恢复的通用操作模型或 API。行业在一定的范围内，为 SaaS 提供商以及 SaaS 备份提供商的数据备份和恢复操作开发了特定框架。请记住，存储和数据保护行业共同开发了网络数据管理协议(Network Data Management Protocol，NDMP)，用于为 NAS 系统提供备份和恢复操作而不必考虑供应商是谁；也就是说，存在这样一个行业级合作的先例。

12.5　云内基础架构的数据保护

当组织从 SaaS 和 PaaS 返回 IaaS 时，将进入更熟悉的领域。IaaS 本质上是虚拟数据中心在云端的扩展，这是大多数 IT 部门、CIO 和 CFO 现在都非常熟悉的内容。

IaaS 云环境可采用两种不同方法：服务目录或自助服务。根据数据的关键程度、成本和留存要求的不同，可组合使用这两者。

12.5.1　服务目录方法

服务目录方法将利用 IaaS 云服务提供商自身的数据保护产品，基于提供商的不同，这可能包括不同的功能和选项，例如：

- **虚拟数据中心复制。**实现高可用性并避免 IaaS 云服务提供商内部的数据中心故障。
- **虚拟基础架构的常规快照。**虚拟机和/或虚拟数据卷。
- **用于操作系统和数据库/应用程序的传统备份和恢复代理和/或策略。**

此外，对于快照和传统的备份/恢复选项，可能提供各种数据留存(Data Retention)时间框架，例如：

- 每日备份，留存 30 天。
- 每日备份，留存 60 天。
- 每月备份，留存 12 个月。
- 每月备份，留存 3 年。
- 每月备份，留存 7 年。

此类数据留存服务通常按每 GB 计费，但对于某些云服务提供商而言，留存的持续时间可能影响每 GB 成本(例如，留存 12 个月的每月备份的单 GB 成本可能低于留存 7 年的每月备份)。

云用户需要了解，云服务提供商提供的数据保护选项将在服务停止时同时停止。虽然，这似乎是一种常识，但可能对为满足合规目的必须留存特定关键数据的组织产生重大影响(例如，即使云用户不再希望使用特定服务，鉴于法律合规的原因，可能需要将备份数据留存更长时间，因此服务将必须保持可用状态)。或者，这有时会导致 IaaS 云用户选用"永不删除(Never Delete)"选项。如果数据库持续保留一个月的日备份数据，而没有从数据库中删除任何内容，任何一天的备份都意味着更长的留存时间。虽然这在逻辑上可能是正确的，但实际上无法满足外部审计师或监管机构的要求，除非使用可证明和经备案的政府批准的适当方法来防止任意数据删除(译者注：指保证法律意义上的数据完整性，通常会使用证据保管链策略)。任何选择走这条路的云用户应该从设计阶段到实施阶段都聘用法律团队和独立的审计员，以确保形成完善的解决方案，不会在后期引起司法管辖权当局或政府监管机构的不满。

云服务提供商(IaaS、BaaS 或 STaaS 等)可能将另一个额外的成本要素引入数据保护服务中，这与被保护数据的去重率，或与数据的每日变化率有关。例如，云服务提供商可构建其内部成本模型，以便为云用户提供备份服务，唯一前提是其数据的日增长率不超过 1%。如果经常超出此额度(如平均每月超过几天)，则可能自动向云用户的账户收取额外的管理费，以允许云服务提供商弥补计划外存储或数据安全保护的成本。因此，云用户不但必须检查基本服务目录产品，还必须检查例外和任何级联成本。这些额外成本可能根据存储在系统中的工作负载或数据而产生。这种成本模型还允许云服务提供商阻碍云用户自行部署数据库，转而选用生成数据库压缩转储而不是部署适当数据保护代理的方式"节约成本"。

用于数据保护的服务目录产品通常位于云服务提供商制定的基础数据保护之上，以确保服务的持续性，但云用户选择的水平将直接影响和限制其环境的恢复能力。IaaS 云服务提供商将明确免除对云用户实际选择的服务目录选项没有涵盖数据丢失情况的责任，而云用户的协议取决于所提供的服务。例如，较小的 IaaS 云用户可能只允许 IaaS 目录中选择每日备份等较低的服务水平。这可使云用户在特定时间内(如 30 天)恢复数据或数据库，但若 IaaS 云服务提供商的数据中心出现故障，则签署较低 SLA 的云用户的服务将不能在迁移后的数据中心重新启动。这种情况下，在恢复服务器前，云用户只能指望 IaaS 云服务提供商能够获取原始数据中心备份并运行，而且不会丢失数据。

目前，许多企业都计划将其部分工作负载转移到公有云上，因此，出现一个新兴咨询领域来帮助组织实施云迁移工作也就不足为奇了：

- 了解与云服务提供商和服务目录选择相关的细微差别和成本。
- 准确识别和分级其数据和工作负载，以确定云迁移前的就绪状态。
- 了解服务目录产品是否适合组织的数据安全保护体系，是否满足业务职能需求及其差距。

12.5.2　自助服务方法

虽然服务目录方法通常更简单，并且对业务的本地 IT 资源需求更少，但它确实会使企业面临几个不同的风险：

- 与现有的本地数据保护功能相比，云端的服务目录选项可能更低端。
- 长期数据留存完全取决于与云服务提供商保持合同关系，特别是 IaaS 云服务提供商的有效锁定(lock in)。
- 无论选择何种单独的数据保护目录选项，云用户一定面临 IaaS 总体故障的风险。

由于这些原因以及其他与责任和合规性相关的原因，一些组织选择放弃所选的 IaaS 供应商提供的服务目录选项，而将自身的数据保护环境直接构建到云计算环境中。

需要非常谨慎地规划和准备这些数据保护方案，以避免与备份数据处置相关的明显缺陷。例如，考虑图 12.3 所示的场景。

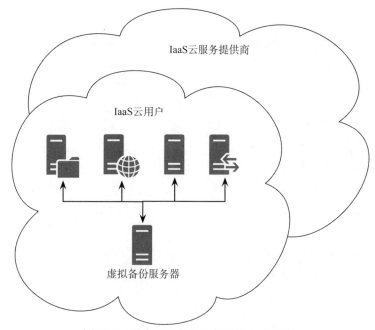

图 12.3　具有可用备份服务器的 IaaS 服务

在这样的配置中，IaaS 云客户在其选择的基础架构/虚拟数据中心中部署虚拟备份服务器。这个虚拟备份服务器与 IaaS 云服务提供商内置的电子邮件、数据库、文件和通用服务器共存。虽然这将提供本地化的备份/恢复服务，从而允许从单个文件、电子邮件或数据库丢失中恢复，但仍依赖于 IaaS 云服务提供商提供的整体物理数据中心和基础架构保护。

为 IaaS 云用户提供数据安全保护的更全面方法是将备份基础架构部署到第二个 IaaS 云服务提供商处，如图 12.4 所示。

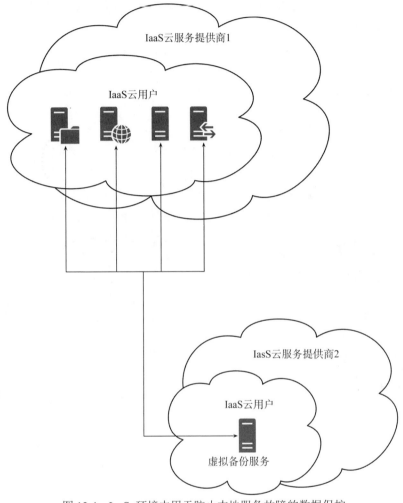

图 12.4　IaaS 环境中用于防止本地服务故障的数据保护

这样的云内备份解决方案将高度依赖于两个云服务提供商之间的可用带宽。这不仅包括他们可通过互联网连接为单个云用户提供的带宽，还包括两个位置之间可实现的持续互联网速度。

虽然这种考虑对于 SaaS 备份产品也很重要，但在 IaaS 内部备份中要考虑的数据量可能要大得多。为缓解这种情况，以基于源的、重复数据删除为中心的备份系统将是最合理的保护方法；第一次备份后，需要通过 Internet 发送的数据量应该大大减少。[1]大多数云服务提供商也根据环境中运行的虚拟机所消耗的 CPU 和内存量收费，因此，云端使用的重复数据删除技术可能是一把双刃剑：降低两个云服务提供商之间传输的数据量会节省成本并提高速度，而这可能被为实现重复数据删除而消耗的 CPU 和内存的费用抵消。

在两个云服务提供商之间的链路速度不够快的情况下，企业可采取的另一种方法是使用单一云服务提供商不同地理位置所提供的服务。例如，全球性云服务供应商可能允许云用户将服务"锁定"在特定位置，如美国东海岸、美国西海岸、法国或澳大利亚等。这种情况下，可用的站点内部带宽将比云服务提供商间的链路更有保障。这种配置下，将美国东海岸或西海岸配置为主要业务运营服务站点，同时锁定澳大利亚的备份服务基础架构，以提供业务可接受的安全保护水平和服务隔离。

与 SaaS 数据保护流程一样，这里主要考虑的是足够的备份和恢复系统，但数据安全保护不仅是备份和恢复系统，之前讨论的各类技术，包括复制、CDP 和快照等选项将完全依赖于组织对其购买的基础架构的访问级别，而访问级别又依赖于 IaaS 云服务提供商使用的技术。

当大量数据位于公有云端并需要进行数据保护时，需要认真考虑数据的退出成本。云服务提供商可能不会对进入其服务的数据收取任何费用，但对退出服务的数据收取介于象征性费用和每 GB 高成本之间的任何费用。因此，与传统的数据中心间备份复制成本相比，需要每天传输数百 GB 的云间备份服务的操作成本可能要高得多。在评估公有云服务提供商内部或之间的数据保护时，组织也应特别谨慎，确保数据传输的累积成本不会超过或以其他方式抵消"廉价"基础架构日常运营的成本优势。

12.6　私有云和混合云

组织将私有云和混合云放在一起讨论的原因很简单，因为它们都从数据中心开始建设。就本章的主题而言，无论是组织自有的数据中心，还是组织租用建筑并在其中安装自有的基础架构的数据中心，并无区别。

12.6.1　私有云

当"私有云"一词开始使用时，人们常将其误解为是一种狡猾的营销手段，认为这不过是将"云"标签贴在与之前相同的设备上并收取高价。

越来越明显的是，组织正在关注云计算技术的基本方面(特别是快速可伸缩

---

1 基于数据的类型及敏感程度，对其实施重复数据删除技术。

性、随需应变的自助服务和服务提供的准确度量等),并希望 IT 部门也能适应这种灵活性。这通常要求 IT 部门关注聚合基础架构(Converged Infrastructure,CI)。CI 的核心是帮助提供高度虚拟化的数据中心,该类数据中心集中了计算、存储和网络等能力,使用强大软件技术支撑,使得配置和管理过程具备高度自动化能力。

对于 IT 部门中的基础架构团队,CI 类似于图 12.5。IT 基础架构的所有传统元素现在都将是网络、存储、计算和数据保护,通过一个集成的基础架构管理软件层紧密地融合在一起,并通过自助服务 Web 门户呈现给业务中授权的终端用户。

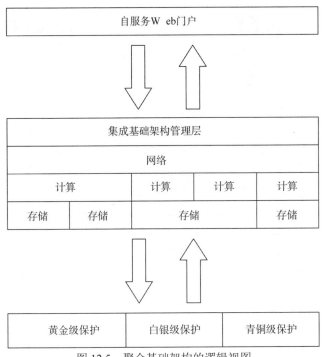

图 12.5　聚合基础架构的逻辑视图

然而,对于终端用户而言,视图将有所不同。终端用户对基础架构的体验就是对 Web 门户(Portal)的使用体验,Web 门户允许终端用户直接配置服务,如图 12.6 所示。通过一个或多个门户对话框,提示选择所需的基础架构类型,[1]并同意计费(对于私有云,这通常等同于内部费用结算)。

要使私有云在组织中有效地工作,不仅需要提供云用户和业务部门正在寻找的所有关键的云功能,还需要与组织的变更管理、服务台请求和访问控制等过程控制元素集成。这通常是基础架构管理层需要发挥作用的地方,否则自助服务

---

1 为简化起见,图 12.6 中没有显示所有这些选项。例如,一些业务可能要求云用户选择所需的性能水平,而另一些业务还可能要求云用户确认提供的基础架构需要使用的周期。

Web 门户只会成为一个简化的请求层(简而言之,如果一个系统没有在云用户请求之后的预定时间内自动提供服务,它就是一个仅用于营销目的的私有云)。

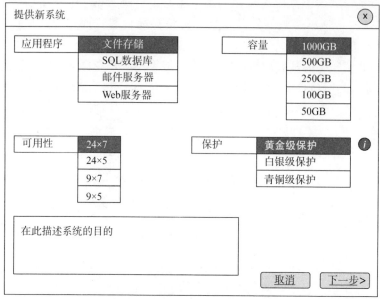

图 12.6　用于自助服务聚合基础架构的终端用户门户

对于追求私有云数据中心的组织来说,一个绝对优势是自动化提供所需的服务和必要的数据保护模型。例如,如果组织考虑提供图 12.6 中的选择对话框,实际上包括数据保护的两个方面:

(1) **保护等级**:黄金级、白银级及青铜级。

(2) **可用性**:24×7、24×5、9×7 及 9×5。

组织应注意到所指出的保护等级与期望在服务目录中看到的标题是一致的,而不是复杂、专业且难于理解的描述。简而言之,云平台提供的目标是允许云用户继续使用他们所需的组件,同时提供简化的选择模型。从这个意义上讲,IT 部门和组织事先就每种黄金级、白银级及青铜级的保护模型对应的内容达成一致。[1]

可用性选项同样对所提供服务的基础架构需求予以指导,与保护选项结合使用时尤其如此。表 12.2 列举了一些例子。配置门户如果询问与系统性能或加密需求相关的其他问题,则可能产生与总体数据保护需求相关的进一步细化的自动化策略。

---

[1] 一个完整的自助配置门户可能包括"帮助"超链接,该超链接可提供关于服务水平、排除事项和允许宕机时间等的详尽信息。

表 12.2　自助服务门户中确定可用性和保护选择的服务和基础架构含义

可用性	保护等级	服务和基础架构的影响
24×7	黄金级	**关键任务** 可能需要在两个站点之间持续复制存储和虚拟机,以便允许从一个数据中心立即转换到另一个数据中心,而不会对云用户造成可见的服务中断。传统的备份将每天进行一次,而应用程序感知快照将每半小时进行一次,并附带应用程序的日志传送,这允许使用非常小的 RPO 和 RTO 进行高粒度的恢复
9×5	黄金级	**关键业务功能** 要求在两个站点之间持续复制存储和虚拟机,以允许在业务时间内从一个数据中心立即转换到另一个数据中心,而不会对云用户造成可见的中断,但允许在工作时间之外进行异步复制和延迟。支持应用程序的快照将在办公时间内每小时执行一次,一天的最终快照将"滚动"到系统的每日备份中
24×7	青铜级	**非关键但重要的服务** 这可能表示业务希望看到的服务在任何时候都可运行,但理论上中断是可持续的。例如,为适应全球市场,前端 Web 服务(只要不包括电子商务)可能被指定为 24×7 提供。这将需要集群可用性,而不是站点之间的连续复制,标准的每日备份可能足以满足 RPO 和 RTO

在组织中为私有云提供此类服务要求数据保护的两个分支(主动式和被动式)之间紧密配合。为此,组织内的数据保护选项必须如下:

- **策略驱动(Policy Driven)**。管理员应定义宽泛的策略,而不是针对每个系统配置进行精确定位。
- **集成(Integrated)**。所需的服务水平越高,计算层、传统系统存储中的数据保护活动与备份和恢复系统之间的集成就越有必要[1]。
- **兼容(Compatible)**。集成意味着兼容。通过减少用于基础架构寻源的供应商数量或使用本地 DevOps 团队非常强大的脚本可实现兼容。

云服务模型由于自助服务方式而需要自动配置,因此存储、虚拟化和备份管理员没有足够的空间来接收配置主服务或相关数据保护的服务票证。相反,管理员的角色转变为:

- **策略定义(Policy Definition)**。基于服务目录定义,创建数据保护相关的核心策略和工作流。
- **服务介入(Service Intervention)**。解决服务可能出现的问题。

最终目标是,一旦定义了数据保护策略和满足这些策略所需的工作流,驱动基础架构的管理软件层就应该在不需要人工干预的情况下,自动将存储、虚拟机

---

1 例如,将快照从主存储器自动复制到备份和恢复存储器,并由备份软件编排和寻址。为发挥作用,这些快照需要与存储在其中的任何应用程序或虚拟系统完全集成。

和应用程序添加到各种工作流和策略中。

　　与工作流关联的策略可能如图 12.7 所示。通过将保护策略开发为工作流，可以很容易地看到配置过程应该是可自动化的。软件管理层应该自动完成这一切，而不是让备份管理员启动控制台、添加客户机、选择组、安排计划和确认数据留存期。

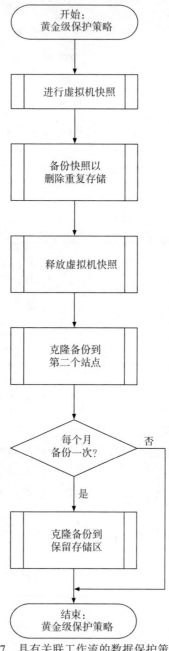

图 12.7　具有关联工作流的数据保护策略示例

如果数据保护配置有限制(例如，管理员或供应商可能声明"备份软件不应该有超过 150 个客户机系统同时执行备份")，那么管理层应该考虑到这一点，适当地添加进度表、组和容器。

12.6.2　混合云

许多企业将完全满足于部署私有云，因为与传统的数据中心基础架构方法相比，这些部署将提供更高层次的灵活性、效率和成本准确性。

混合云适用于那些在计算和存储方面需要一定弹性(可伸缩性)的企业，而这些弹性超出了企业可以自建的范围。

然而，自动化对于混合云工作负载的成功运行仍然至关重要，自动化应该在不需要云用户干预的情况下转移或扩展到公有云。只要满足工作负载服务器的性能要求，工作负载在何处运行应该没有什么区别。[1]

更重要的是，定义和配置的数据保护策略应该在私有云定义的支持下继续起作用，而不需要关注位置在哪里。这可能导致服务水平的某些修改。可回顾一下第 2 章中的表 2.2，建议可根据数据中心内的混合云还是公有云端存在数据来更改服务等级。例如，"黄金级"服务的 RTO 为：

- 传统基础架构[2]：1 小时
- 混合基础架构：4 小时
- 公有云：8 小时

作为混合云环境中的供应和控制机制的一部分，通常可对服务的存在位置进行约束。具有内部数据监管合规需求的关键任务系统将在功能层面锁定，永远无法迁移到公有云服务。如果重要性较低，或需要在峰值期间加载整个私有云能力以外三倍计算资源，则可作为混合部署的基础架构，可选择混合基础架构服务水平和保护选项交付。

但在所有情况下，不管这些服务当前是在场内还是场外，目标都是确保能够满足 IT 团队定义的数据保护策略，并与所提供的服务保持一致。

与适当的开发和服务相结合后，这种灵活性给予组织云平台一定的独立性。通过控制私有云基础架构中的策略，组织可不再受制于公有云服务提供商提供的可变/有限责任的数据保护方法，并在工作负载转移或扩展到公有云时自动执行任意模式的数据保护部署操作。

参考图 12.7 中黄金级数据保护策略工作流。如果组织使用云端内部 IaaS 备份服务，这样的工作流可像映射到公有云环境一样映射到私有云环境。服务可能在

---

1 其他因素，如基于数据位置的合规性，当然会影响工作负载是否应该转移到公有云端的决策，并且应该由编排流程管理软件处理。

2 这可能同样指私有云。

私有云端启动，并从企业数据中心的基础架构中接收快照、备份和备份克隆操作。随着时间的推移，如果服务需求发生变化，工作负载可能转移到公有云，但可使用第二个云端的兼容备份服务来提供数据恢复服务。如果服务仍然需要长期的每月合规备份，那么第二个公有云端的IaaS备份可能随后被复制回私有云基础架构，以保证长期存储。

12.7 将数据保护扩展到云端

越来越吸引人的一个主题是，将传统的数据保护服务扩展到公有云端，这种方法可为长期的合规性备份或归档提供最低成本。从本质上讲，这利用了云存储提供商中基于对象存储的每GB成本较低的优势，当基于预计的检索频率和数量，SLA对访问速度和可接受的成本影响方面没有强制性约定时更是如此。

这种解决方案类似于图12.8所示的解决方案。

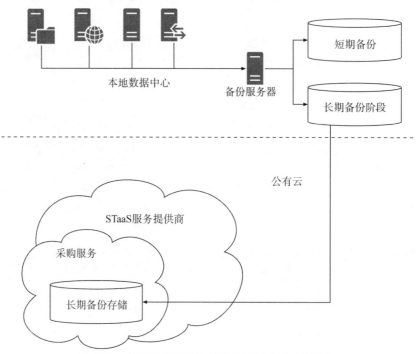

图 12.8 利用基于对象的云存储扩展数据保护服务

这与当前的基础架构数据留存方法类似。如果考虑一个相当典型的业务，那么现在很常见的是，每天、每周甚至最近的每月备份都完全存储在磁盘上(通常是使用重复数据删除的数据格式中)。所有短期和大多数中期恢复都将通过磁盘进行，从而可在不受设备占用或介质召回要求影响下快速进行本地检索。传统上，需要真正长期数据留存的备份(例如，出于法律原因保留 7 年或出于医疗或制造要求留存数年的备份)已被推送到磁带，磁带存放在安全的非现场设施中(出于冗余目的，将始终生成至少两个磁带副本)。

　　虽然，磁带技术仍将在未来一段时间内继续存在于许多组织中(为了满足传统访问要求)，其他组织也将云技术对象存储视为一种从处理大量物理介质中解脱出来的手段，该存储技术具有如下优势：

- **存储成本(Storage Cost)**。场外磁带存储供应商通常按存储的介质单元收费，此外每月还收取固定服务费和/或运输费。而当以重复数据删除的方式写入云对象存储时，长期云存储可能显示出巨大的经济优势。

- **介质和设备成本(Media and Equipment Cost)**。除了实际的存储成本之外，长期使用磁带存储的组织还必须购买可写入的磁带，并维护磁带库和用于写入磁带的设备。因为需要在数据编写完成后的较短时间内将数据发送到场外，因此场外磁带存储通常比现场磁带更"浪费"。也就是说，大多数用于长期存储的磁带都没有完全写满。

- **介质测试(Media Testing)**。由于很少访问磁带(如果有)，因此无法确定磁带在存储设施中搁置时是否已退化。确保的唯一方法是定期调用介质(或至少一批介质)，以确认仍可读取介质上的数据，这需要一定的时间和资源来执行测试过程(除了产生召回和新的异地运输费用[1])。

- **介质更新周期(Media Refresh Cycles)**。5 年或 10 年前写入的磁带可能与现在使用的磁带驱动器不兼容。需要长期保存在磁带上的备份将需要定期回收，并随着更新周期迁移到更新的磁带上。另一种选择是保留旧磁带驱动器用于恢复目的，但从可靠性或维护成本的角度这很少能解决问题。[2]

- **可用性**。虽然磁带的数据流传输性能可能高于许多云存储选项(基于可用带宽)，但如果大多数检索预计都基于较小的数据单元(指磁带读取小文件的效率低下)，这可能不是云存储的主要障碍了，当组织考虑更便宜和更快的互联网接入这一趋势时更是如此。能立即启动数据传输，可弥补从云存储中检索速度缓慢的问题；而不是发出介质召回通知，等待介质被召回，等待磁带驱动器可用，然后启动恢复。

- **识别(Discovery)**。尽管存在保护在线数据相关的风险，但使数据在线[3]并且易于发现的过程(无论是元数据还是完整内容)，都可在诉讼或合规性验证过程中为企业节省大量时间和金钱。另一方面，异地存储中写入磁带

---

1 实际上，似乎很少有组织将资源投入这类测试中，这是一个可能导致大量数据丢失的重大疏忽。

2 事实上，一些组织仍以某种特定格式存储磁带，而他们实际上已经 5 年或更长时间没有任何磁带驱动器能读取这些磁带，这是很常见的。

3 应该注意，可通过保留多个副本、采用适当的访问控制，甚至使用一次写入多次读取锁定(WORM-style Locks)来减轻这种限制。

时记录的元数据肯定无法被识别。

注意，磁带的处理能力通常很差，尤其是对于长期数据留存(如 7 年或更长时间)而言。在使用磁带进行长期数据留存的企业中，遇到以下任何或所有情况是很普遍的：

- 磁带一旦送出现场，基本不会召回进行测试；唯一召回磁带的时间是需要恢复它们的时候。
- 如果磁带在恢复过程中出现故障，即使是为了长期保存使用了二次复制，该二次复制在送回场外时也不会被再次复制。
- 当组织内购买新的磁带驱动器技术时，旧格式的磁带不会自动转换为新格式。
- 当长期保存的数据备份磁带介质过期时，它们不会被清除/销毁或重用。
- 当使用新的备份产品时，旧格式磁带不会转换为其他可用格式并分类以便访问。

当出现恢复需求时，任何此类场景的失败都可能导致严重的问题：在执行数据备份 6 年后，监管要求进行合规性恢复，结果组织发现存储数据的磁带介质，没有可以读取数据的磁带驱动器。糟糕的是，找到一台二手磁带驱动器读取数据，而这个驱动器损坏了磁带。更糟的是，原有的长期数据第二份副本，早在 4 年前对相同数据进行恢复时就已经丢失了。

通过将备份或归档的长期存储从磁带转移到基于云端的存储，组织可在整个数据保护周期中，在体验基于磁盘的存储的好处的同时，分享云服务提供商甚至私有对象存储的规模经济效益。对云端的长期数据留存成本与管理长期磁带保留的真实成本(无论业务当前是否这样做)进行准确而公平的比较时，情况尤其如此。还应指出，现场对象存储是一个显著增长的领域，它们利用类似云技术的访问协议提供密集存储(例如，一个机柜可存储多个 PB)。这种存储使企业使用私有云存储进行长期留存，彻底取代磁带技术，并以低于公有云服务提供商的成本存储更多数据。

12.8　备份即服务

备份即服务(Backup as a Service，BaaS)是一种新兴的云端服务，为针对中端市场和企业服务空间的云服务提供商提供补充业务。

BaaS 服务的诞生是由于认识到云端空间中，用于数据留存和系统可用性的许多 SLA 都明确限制了云服务提供商承担的责任。虽然这可能为云用户提供高水平的服务正常运行时间，但很少或基本没有为云用户提供自我控制的恢复能力。

通过为云用户提供强大的 BaaS 目录，云服务提供商认识到数据安全保护可为许多企业提供高附加值，并且，他们劝云用户不要寻求带宽昂贵的云平台之间的备份选项，如图 12.4 所示。

因此，越来越常见的情况是，云服务提供商为云用户提供兼容的 BaaS 选项。由于购买力和与关键供应商的战略关系，这些选项通常是非常经济的。云服务提供商甚至为自己的销售团队增加激励措施，鼓励销售人员将需求引流到具有战略意义的 BaaS 服务提供商。

希望使用云服务提供商 BaaS 功能的企业，可能获得基于多个服务的优惠价格，如果没有其他更优惠条件，也限制了企业采购其他 IT 工具类程序提供商的产品。应该仔细审查这类 BaaS 服务，确保企业能在灾难和网络故障情况下，将主数据和数据保护/服务充分隔离开来。此外，具有长期合规数据留存需求的企业，仍需要考虑基于服务目录选项或定价，一方面是对其合规部分数据保护活动承担负责，另一方面也不希望无限期地锁定于特定的 BaaS 云服务提供商。

有些组织不考虑自身是否在云端运营，都要使用云端 BaaS 功能，这使他们能使用自己不想或无法投资的备份技术。在备份被视为不是业务核心需求的"工具类"功能时尤其如此。IT 行业认为这将是托管服务的下一个发展方向。迁移到云端 BaaS 服务对于从资本支出(CapEx)转变为最大化运营支出(OpEx)的组织来说也变得越来越流行。

12.9　云服务提供商的架构考虑

对于云服务提供商来说，多租户(Multi-tenancy)问题是数据保护服务面临的最大挑战之一。虽然，这只在技术上影响了运行私有云或混合云的企业，但对于公有云服务提供商来说，多租户的数据安全保护考虑因素变得更重要。

例如，对于利用企业级备份和恢复产品为数据保护提供服务目录而言，如果它不是从一开始由供应商或云服务提供商为多租户设计的，一旦信息泄露可能带来极大的安全隐患。

这与多租户环境中的标准安全考虑没有本质区别，但数据保护的本质可能使整个业务系统受到信息盗窃或数据破坏。与可恢复性相比，私有云或混合云服务提供商可能将多租户考虑因素作为较低优先级，但公有云服务提供商必须将多租户安全因素作为云平台设计考虑因素中的最高优先级(当然，这还存在一定的争议)。如图 12.9 的高级视图所展示的那样。

云服务提供商至少需要在其网络基础架构中维护两个独立区域。一个是私有或内部区域，任何云用户将完全不可见且无法访问；还有一个共享区域，其中包含为云用户提供服务的系统和基础架构。共享服务区域和私有云服务提供商基础架构之间可能存在显著的网络差距(如物理隔离或防火墙技术)，例如，从私有到共享服务区域可能需要跳转，而不允许从共享服务区域连接到私有区域。

　　虽然每个云租户区域都能连接到共享服务区域，但需要建立安全控制措施，以确保没有那个云租户能"越过围栏"窥视另一位云租户。

云服务提
供商私有
(内部)区域

云服务提
供商共享
服务区域

云租户1

云租户2

云租户3

图 12.9　云服务的区域视图

　　回到备份和恢复软件的示例，如果不加以控制，信息泄露可能以两种不同的方式之一发生：

　　(1) **可视性(Visibility)**。如果云租户能随意"查看"其他云租户区域或共享服务区域的主机名或操作状态[1]的监测信息或报告，那么这些信息可能用作社交工程学攻击(Social Engineering Attack，SEA)的一部分，甚至进行黑客攻击时直接使用这些信息。

　　(2) **访问(Access)**。允许云租户恢复由另一个云租户备份的数据，这时针对云租户数据和区域所采取的任何安全措施均已失效。

　　然而，云端多租户的考虑将涉及数据泄露风险，还将直接影响云服务提供商所提供服务的效率和成本效益。例如，考虑多租户对系统或服务复制的影响。图12.10 显示了虚拟机及其相关存储系统的基本视图。

　　从标准存储的角度看,位于虚拟化存储的 LUN 上的虚拟主机是属于单个云租户还是混合云租户都不重要。然而，根据云服务提供商为云租户提供的数据保护和可恢复性服务水平，虚拟机和存储的布局将非常重要。

---

1 称为元数据泄露(Metadata Leakage)。

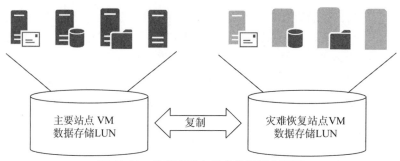

图 12.10 共享存储上的虚拟机基本视图

例如，考虑如表 12.3 所示的用于数据保护和可用性[1]的基本服务目录。

表 12.3 用于数据保护和可用性的服务目录示例

	青铜级	白银级	黄金级
故障保护	在存储出现故障时，系统将重新启动，数据丢失不超过 24 小时	在存储出现故障时，系统将重启同一个数据中心的备用存储，数据丢失不超过 15 分钟	在存储出现故障时，系统将自动转换到在数据中心的备用存储，没有服务中断，无数据丢失
可用性	系统不会在失效时自动迁移到另一个数据中心。在托管站点恢复前系统仍将不可访问	系统在失效时会自动迁移到备用数据中心。系统将重启，最多发生 30 分钟的数据丢失	系统在失效时会自动切换到备用数据中心，数据丢失，系统不会中断

每种服务都需要截然不同的存储和可用性选项：

- 青铜级

故障保护：24 小时快照复制

可用性：无

- 白银级

故障保护：异步数据中心复制，最大延迟为 15 分钟

可用性：跨站点异步复制，最大延迟为 30 分钟

- 黄金级

故障保护：持续可用的同步镜像存储系统作为独立单元在虚拟化层管理

可用性：Metro 或类似的同步系统镜像

(译者注：Metro 指 SUN 的 GlassFish 项目下的一个子项目，是一个高性能、可扩展、易使用的网络服务堆栈，能提供一站式 Web Service 解决方案，从简单的 HelloWorld 到安全、可靠的交易均能支持)。

这种完全不同的服务目录要求服务提供商确保在存储上配置的系统与客户选择的产品匹配。在物理存储层，这可能需要三个明显不同的存储系统，或较少的

---

1 可能提供的备份和恢复服务不会以简洁方式显示。

存储系统之上的一个管理层，允许对所提供的和保护的系统进行高级别的粒度控制。例如，应考虑到每种保护和可用性模型对客户而言都有成本，对云服务提供商也有供应成本。即使可对服务进行管理(比如说，青铜级的客户可在黄金级的基础设施上拥有数据或系统，但只能获得青铜级服务)，这将对服务提供商的成本模型产生负面影响，因为毫无疑问，青铜级的定价应针对部署青铜级基础架构的交付。

　　因此，企业的服务和存储模型位于如图 12.11 所示的高级视图，而不是类似于图 12.10 的视图。

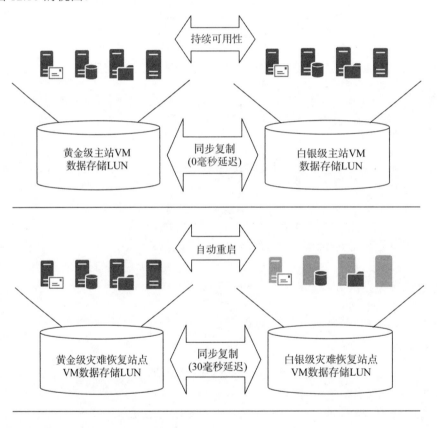

图 12.11　基于服务目录选项的服务供应

虽然最初模型可能为云服务提供商产生额外的配置成本，但最终会生成一个更严格控制的成本模型，允许将云租户安全选项分配给最高效和最合适的基础架构。

12.10 本章小结

尽管云计算技术在许多企业的 IT 运营中相对流行，但这种新的基础设施和 IT 服务的运营支出/工具(OpEx/Utility)模式仍处于初级阶段。毫无疑问，企业有相当大的空间实现比传统的基础架构管理方法更好的敏捷性和成本控制，但若未经仔细权衡，则可能付出惨痛代价。云计算服务类似于"荒蛮西部"，可从中获取财富，但也存在风险和挑战。如果一个组织未采取足够的步骤保护其数据的安全性就将工作负载迁移到云计算空间，则可能发现企业正处于一种不稳定甚至是危急的状态。

对于云服务提供商而言，云平台的多租户特性在管理和向云用户交付高效、安全和具有成本效益的数据保护选项方面增加了相当程度的复杂性。不成熟的云服务提供商如果没有充分地提前计划并将服务目录与基础架构功能相匹配，可能发现提供的服务在最好的情况下也是无利可图的。在最坏的情况下，对云服务提供商和云租户肯定都是不安全的。

这并非悲观或失望，任何考虑将工作负载或数据迁移到云端的组织(无论这些工作负载是私有的、混合的还是公有的)，都必须慎重地规划、部署和维护整个过程，这是绝对必要的。

第13章 重复数据删除技术

13.1 简介

特别是在备份和恢复环境中，重复数据删除(Deduplication)已成为主要数据安全保护技术之一。顾名思义，重复数据删除的目标是消除重复数据，从而减少数据存储系统占用的空间。重复数据删除极大地依赖于磁盘的访问速度以提高运行效率。由于重复数据可能发生在大量数据集之间，因此，如果这些数据集之间的生成间隔时间很长，那么在可用时间范围内重构(再水化，Rehydrating)数据就依赖于磁带无法提供的高速随机访问。

重复数据删除是单实例存储和传统的文件/数据压缩这两种现有技术的逻辑扩展。单实例存储(Single-instance Storage)在档案产品和许多邮件服务器等系统中成功使用，可有效降低存储需求。

为理解重复数据删除技术，请考虑这样一个实例：一个由 10 页幻灯片组成的公司演示文稿，这些幻灯片最初由林恩(Lynne)开发，然后分发给达伦(Darren)、劳拉(Laura)和彼德(Peter)以获得反馈。达伦对其中四张幻灯片的图表进行更改。劳拉添加了两张新幻灯片，而彼德则删了一张又添了一张。如图 13.1 所示。

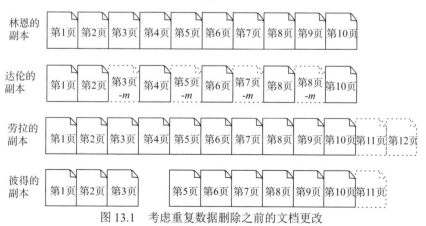

图 13.1　考虑重复数据删除之前的文档更改

每种情况下，原始幻灯片组和三个副本之间的差异百分比相当小。如果每个文件都是完整存储的，则 4 个文件中共有 42 页幻灯片。

但是，如果在幻灯片单页级别执行重复数据删除操作，将相同的幻灯片链接回原始文件中的幻灯片，可能会节省空间，如图 13.2 所示。

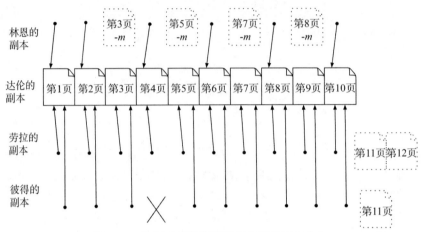

图 13.2   执行重复数据删除操作后的幻灯片包

总之，幻灯片级重复数据删除可显著减少所需的存储量，从 42 页降到 17 页，节省了两倍多的空间。这就是重复数据删除的收益，发生在存储基础环境中，而不是文档的幻灯片或页面级别。

在了解重复数据删除在数据保护中的优势和影响前，首先需要深入了解它在实际场景中的典型工作方式。

13.1.1   在线式与后处理式

处理重复数据删除技术有两个基于时间点的工作模式：在线式(Inline)和后处理式(Postprocessing)。

在线式和后处理式指重复数据删除活动发生的时间。在线式重复数据删除最有效，但在数据提取过程中会消耗较高的 CPU 和内存负载。在线式方法中，当重复数据删除存储系统收到数据后，会立即分段并处理重复数据，一般会进行压缩，然后以重复数据删除的格式写入存储系统，而永远不会以原始的、不重复的数据格式写入存储系统。这为存储系统提供了最佳重复数据删除技术，但要求 RAM 足够大[1]，以便容纳相当多(甚至全部)用于比较重复数据删除分析校验和的哈希表。第 13.1.2 节将介绍校验和(Checksum)的目的。

后处理式重复数据删除与在线式处理的工作方式迥异。后处理式工作时将存

---

[1] 能处理千兆字节或更多实际物理存储的大型重复数据删除设备的 RAM 可能超过 384~512GB。

储有效地分为两个独立部分: 保存/分段存储区域和重复数据删除区域。数据最初以原始格式输入, 不经修改地写入保存区域。在稍后某个时间点(由于性能影响, 通常每天最多一次), 存储系统会扫描保存区域并对其中的所有数据执行重复数据删除处理。在保存区域处理数据时, 会将相关指针和唯一数据添加到重复数据删除池中, 并从保存区域删除已处理的数据。对使用存储的系统来说, 所有这些都假设是透明的。之所以说"假设", 是因为除非在未使用系统或使用固态存储的情况下观察到大的中断窗口, 否则来自这种密集操作产生的额外 I/O 负载, 几乎总对系统性能产生显著影响。

　　大多数情况下, 特别当组织考虑数据保护存储的重复数据删除中常用的 SATA 和 NL-SAS 等磁盘时, 在线式重复数据删除比后处理更高效。虽然 SATA 和 NL-SAS 在提供密集存储方面效率很高[1], 但都不能真正赢得速度优势, 并且根据重复数据删除存储的用途, 保存区每天可能增加数十甚至数百 TB 的待处理字节。如前所述, 这通常使数据重复删除处理非常受限于 I/O, 如果不添加容量或使用速度更快的驱动器, 就很难优化性能。

　　还有一些存储阵列支持在线式和后处理式的混合模型, 通常执行在线式处理, 但在传入 I/O 负载极高的情况下, 混合模型会回到后处理模式。另一种方法是重复数据删除存储, 它附加了一个非重复数据删除层, 用于处理不能很好地进行重复数据删除的数据, 即传统的存储区域(该区域永远不会检查重复数据能否删除)。

13.1.2　可变块与固定块长度的重复数据删除技术

　　除了在线式、后处理式以及混合模式重复数据删除技术之外, 分析机制往往采用可变块或固定块长度分段处理(第三个理论模型"文件级重复数据删除"在现实生产环境中收益最小, 通常不予考虑)。

　　无论组织使用固定块或可变块长度重复数据删除, 整体分析都按照以下方式进行:

- 将数据分为块
- 对于每个数据块:
  - 计算块的校验和。
  - 将计算出的校验和与以前存储的块的哈希/数据库进行比较。
  - 如果块是唯一的:
    - 存储块和新的校验和。
    - 压缩数据(对于某些系统)。

---

1 NL-SAS 指"近线串行连接的 SCSI(Near Line Serial Attached SCSI)", 这是 SCSI 的一种改进, 允许 SATA 驱动器更有效地连接到存储阵列中。

- 如果块不是唯一的：
  - 存储指向块的指针并丢弃重复数据。

因此，正在处理的数据流被存储为一系列指向重复数据删除存储器内的块的指针，并且那些指针将指向新存储的唯一数据或现有数据。通常，重复数据删除存储系统将负责确保在删除对它的所有引用之前不会删除任何公用数据，并同样会清除不再被任何对象引用的孤立数据(该处理通常称为垃圾收集)。此数据流段处理如图 13.3 所示。

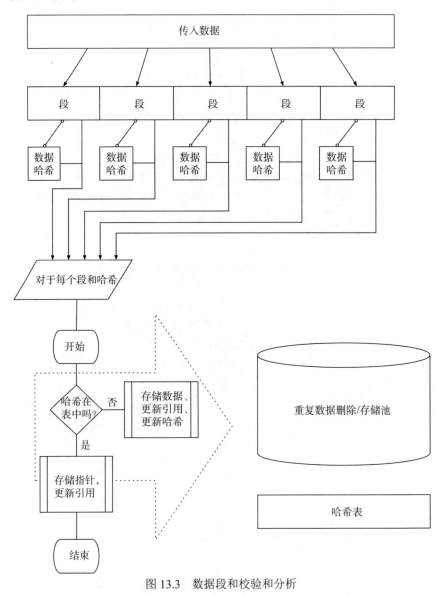

图 13.3   数据段和校验和分析

顾名思义，固定块分割不考虑数据的类型或数量，将所有正在处理的数据分成大小完全相同的段。电子表格、文档、演示文稿、数据库、多媒体文件或虚拟机图像都拆分为大小相同的块，并针对这些块中的每个块进行分段处理(如前所述)。

虽然固定块分割允许对正在处理的数据进行快速分割，但对于正在处理的任何数据，它不一定是最佳的。较大的块长度可能为数据库或虚拟机映像提供更好的重复数据删除统计信息，但可能几乎不分析较小的文件，如文字处理文件和电子表格。此外，在以前备份过的块中插入少量数据可能由于块边界更改而导致后续备份效率低下。

对于可变块分割，重复数据删除系统将对数据执行初步分析以确定其类型，然后选择可能产生最佳重复数据删除结果的段大小。文本处理文档和电子表格的块长度可能比数据库的传入数据流小得多。再次考虑前面提到的数据插入点：在可变块长度的重复数据删除中，系统可在逻辑上将新数据隔离到较小的块中，从而将整个重复数据删除保持在更高水平。

一般来说，基于可变块的重复数据删除可能需要稍长的处理时间进行初步数据分段，但可产生更优异的重复数据删除效果；当接收到的重复数据删除数据是大量混合时，或仍在活动使用中并定期修改时，更为突出。

13.1.3　源与目标的重复数据删除

特别是将重复数据删除系统用于备份和恢复时，另一个需要考虑的因素是重复数据删除在源或目标上执行，还是在混合模型上执行。这指的是哪个机器或系统负责执行部分或全部重复数据删除功能。由于这在很大程度上仅适用于备份和恢复环境，因此稍后将对此进行详细介绍。

13.1.4　重复数据删除比较池的容量

重复数据删除比较池(Deduplication Comparison Pool)的容量直接影响重复数据删除的总体收益水平。重复数据删除的数据比较基数越大，发现重复内容的可能性越大，也越能减少数据量。

虽然比较池容量越大越好，但市场中各供应商在软件实现上，比较池的容量有很大差异。领先的技术通常在整个存储阵列中执行重复数据删除，在该阵列中，通常会比较和评估所有针对重复数据删除的数据。效率较低的实现可能将重复数据删除存储池限制为任意容量(如 64TB 或 128TB)，磁盘驱动器的单个磁盘架，传入数据类型或流计数集合，甚至是虚拟磁带库中的单个虚拟磁带或虚拟磁带集群这类基本组件。

最简单的教训是，重复数据删除的有效性和从中获得的投资回报将受制于重复数据删除比较池的大小，因此重复数据删除比较池应该越大越好。

13.2　重复数据删除能做什么，不能做什么？

并非所有数据都完全一样；数据差异越大，就越不可能使用重复数据删除技术。重复数据删除最终取决于在同一文件中还是在整个数据流中发现可识别的相同通用数据模式。图像、音频或照片等多媒体文件往往由于用于保存这些文件的高效空间编码算法不同而很难删除重复数据。

针对几乎不使用重复数据删除的情况，还有两个非常典型的数据类型——压缩文件和加密文件。首先考虑压缩文件，压缩的作用是消除了重复数据。因此，如果压缩文件将其从 1GB 降至 200MB，则对剩余的 200MB 进行重复数据删除变得毫无必要。类似地，最好的加密技术会删除必要的模式以免攻击者生成解密数据的向量。例如，非常基本的凯撒密码(ROT13)，其中字母在字母表中的位置旋转了 13 个字符，通过对字母的频率分析，可简单地破解。虽然 e 是英语中最常见的字母，但在应用 ROT13 密码时，r 将成为英语语言文本中最常见的字母。为避免这种危害，现代加密技术使用高度随机化压缩数据，甚至在加密前对其进行压缩，通过确保预加密和后加密数据具有不同大小进一步混淆试图进行的分析。这种情况下，发送到重复数据删除系统的加密数据通常完全不会节省存储空间。

虽然对于单个文件来说这似乎不是问题，但通常不会单独遇到这种情况。配置有每日生成压缩/加密备份的数据库，会对重复数据删除存储造成严重的不良影响。

当然，压缩和加密数据只是重复数据删除可能出现问题的两个场景，其他领域还包括视频和音频文件，甚至照片。例如，记住前面关于多媒体文件的关键点，一家生成和存储磁共振图像(Magnetic Resonance Images，MRI)和超声波的医疗诊断公司会发现重复数据删除对于主存储或备份和恢复存储来说是一个糟糕的选择。

根据重复数据删除的使用情况，在备份不易删除重复的数据时仍能起到一定的节省效果。特别当一个 100GB 文件的一次性备份发送到重复数据删除存储时，显然不会产生任何实际节省，但在第二个备份周期中复制的相同文件可对第一个进行重复数据删除，以此类推。虽然这不太理想，但确实有助于推演重复数据删除存储的预期工作量，可能会随着时间推移影响其实现何种级别的重复数据删除。通常，还可根据最近的重复数据删除与全局重复这两点考虑差异重复数据删除。首次备份时，100GB 文件的最新重复数据删除统计数据会非常糟糕(如 1.01∶1)，但如果数据确实是静态的，累积一段时间后可产生更好的全局重复数据删除统计信息。回到之前的 MRI 示例可看到，虽然初始备份几乎不会产生重复数据删除，但不变数据的后续备份应能很好地删除重复数据。一种有争议的说法是，更好的策略是将此类数据写入高度保护的归档存储，而非将其从备份周期中排除。

　　显然，环境中数据的重复数据删除性将取决于多个重叠因素。因此，大多数供应商和集成商都渴望针对预期的工作负载执行重复数据删除评估，以免在重复数据删除上耗费大量资金。这样可有效避免花费大量金钱却只实现 1.5:1 的 MRI 数据减少量。

13.3　成本因素考虑

　　将数 TB 的重复数据删除存储与数 TB 的传统存储进行比较无论如何都没有意义。简而言之，就是驴唇不对马嘴、关公战秦琼。

　　在比较这两种存储类型的成本时，应该基于重复数据删除评估，根据环境中的实际数据情况估算可能实现的重复数据删除率。因此，如果 50TB 的重复数据删除系统已经定价并将花费 X 美元，则不应将其与 50TB 的传统存储进行比较(后者可能比 X 美元的成本低得多)。相反，如果评估得出的结论是，50TB 的重复数据删除存储实际上将存储 500TB 的数据，那么应该将去重存储成本与传统存储的 500TB (±10%)成本进行比较。这种所谓的"等量比较"方法是分析重复数据删除与传统存储的成本时，常犯的一个常识性错误。

　　此外，特别是在处理超过几 TB 的重复数据删除存储时，需要考虑的另一个明显成本因素将是耗电、冷却和设备占用的物理空间。例如，仅考虑占用的物理空间，要提供 50TB 原始存储的重复数据删除系统的话，如果使用 4TB 硬盘实现这个目标，这可能需要：

- 13 个 12.5 的驱动器用于原始存储，或
- 15 个用于整个驱动器组的 RAID-6 驱动器，或
- 16 个用于整个驱动器组的 RAID-6 和热备驱动器，或
- 2×(RAID-6 中的 9 个驱动器)+ 2 个热备，一共 20 个驱动器。

　　虽然第一种选择是愚蠢的，但根据存储的潜在用途和受重建时间影响的可接受性能，任何其他选项都是可能的。

　　如果假设这将在重复数据删除前成功存储多达 500TB 的数据，将比较驱动器占用空间，不是 50TB 传统阵列，而是 500TB 传统阵列。

　　即使没有任何 RAID 或其他冗余系统，500TB 的传统存储也将需要 125 个硬盘。如果组织在 RAID-6 中使用 9 个驱动器组，只有 2 个用于全局热备，则存储池中将有 17.8 个 RAID 组，所以共有 18×9+2=164 个驱动器。

　　这就是对重复数据删除存储和非重复数据删除存储的真正比较：使用 15 个驱动器架，在 6 个机架单元(RU)的占用空间中安装 20 个驱动器完全合理。假设传统存储的密度相似，则传统存储需要 33RU，几乎是一个全高机架(42RU)。当添加存储控制器/磁头时，重复数据删除存储可能会轻松地放在 8RU 中，但传统存储

将填满整个机架，甚至可能需要第二个机架。

当拥有数据中心的公司雇员仅监测数据中心占用的机架数量，以及数据中心的冷却成本和功率要求时，就可理解为什么这种减少占地面积的做法如此受欢迎；在数据持续爆炸性增长的组织中，更是如此。

13.4 主存储中数据保护的重复数据删除注意事项

在考虑主存储的重复数据删除时，关键考虑因素通常属于以下两类之一：
(1) 可靠性
(2) 性能

尽管组织应该始终关注主存储系统的可靠性，但当部署重复数据删除技术后，单个组件故障导致更严重数据中断的风险无疑会增加，正如警告性声明所声称的那样："不要把所有鸡蛋放在一个篮子里。"从这个意义上讲，考虑重复数据删除的存储方式有点像浓缩果汁：1 升普通果汁的损失意味着只失去了 1 升果汁；1 升浓缩果汁的损失可能导致失去 10 升或 20 升灌装果汁。

与当前快照技术捕获原始快照和快照之间更改的块的方式类似，重复数据删除被认为是非常密集的存储。回到前面 50TB 重复数据删除存储的简单示例中，基于 10:1 的减少比率提供 500TB 的实际容量，即使 1GB 的数据丢失也会产生相当大的破坏性影响。重复数据删除存储上的单个 1GB "块" 可能会被引用数十甚至数百次[1]，因此，如果某种程度上重复数据删除存储的大块意外删除或损坏，将对为单个主机或虚拟化服务器提供存储的单一 LUN 故障产生更大影响。

虽然重复数据删除存储系统通常会 "锁定(Lock Away)" 任何传统的后端操作系统访问，但同样，大多数供应商都有办法绕过这些锁定以进行关键干预。这种核心操作系统的后门访问方法很少保密，所以在某些情况下，至少可以完全想象，具有重复数据删除存储管理员访问权限的心怀不满的员工可能造成相当大的损坏。当然，这不是唯一可能的情况；与标准的 LUN 删除相比，删除错误的重复数据删除存储池可能产生灾难性影响，固件或控制器损坏错误虽然在很大程度上已成为过去，但并非没有耳闻。

当然，其结果是重复数据删除存储必须得到严格保护，这比传统的生产存储要重要得多。回到鸡蛋的比喻：如果把所有鸡蛋放在一个篮子里，必须要确保它是一个高质量的、非常坚固的篮子，具有强壮的安全性。

性能在任何时候都是一个因素，但我们将考虑再水化数据的成本。这是指从

---

1 例如，考虑为虚拟机或虚拟桌面提供基于闪存的主要重复数据删除存储。如果所有虚拟机之间的操作系统相同，并且重复数据删除存储上有数百个虚拟机，则无论其他任何常见数据如何，将非常密集地使用与操作系统相关的重复数据删除块。

重复数据删除存储中重建原始数据。一个 100GB 的虚拟机映像可能已经复制到 12GB 的存储空间，但如果我们需要复制该虚拟机映像，能否针对原始数据或重复数据删除的数据完成复制？重复数据删除不是行业标准，每个供应商都以不同方式实现重复数据删除技术，因此，执行完全重复数据删除复制的唯一方法是对源和目标使用来自同一供应商的重复数据删除存储系统[1]。当组织需要严格保护重复数据删除存储时，这将创建一个复制的基本要求，这意味着除了最具体的例子外，50TB 重复数据删除存储系统的前一个例子通常是具有复制功能的 2×50TB 重复数据删除系统。否则，不论常规存储被选择用于复制目标，还是其他供应商去重复存储系统被选择作为复制目标，站点之间复制的数据都将作为过程的一部分完全重新构建。

在主存储中，除重复数据删除之外与保护相关的其他性能考虑因素通常称为垃圾收集(Garbage Collection)。重复数据删除的本质是，从访问重复数据删除存储的单个主机中删除的数据无法立即从重复数据删除存储中删除。无论重复数据删除存储池是全局的，还是划分为多个系统，甚至仅针对单个访问系统进行评估的，主机上的单个文件都不会以任何方式保证与重复数据删除系统上的单个文件块或数据块具有 1:1 的相关性。因此，当使用重复数据删除存储的系统删除内容时，通常只会触发存储上的指针删除。重复数据删除存储将报告数据已被删除，但除了简单的指针删除之外的删除处理即使不需要几天，也可能需要几个小时才能完成。

因此，垃圾收集是重复数据删除存储将完成许多清理步骤的过程，通常至少包括以下步骤：

- 删除存储系统上任何指针所独有且未引用的数据块
- 对剩余的数据执行一致性检查

根据系统的类型和使用方式，可在垃圾收集活动期间执行时间锁定数据老化检查、跨驱动器存储数据再平衡、哈希表维护、校验和哈希表与存储数据交叉引用，甚至将不常用的数据移到二级存储层。

正如组织所能想到的，这些活动可能是重复数据删除存储上的 I/O 或 CPU/RAM 密集型活动，也可能二者皆是。为减轻甚至避免这种情况，重复数据删除存储系统可能分配了以下几种垃圾收集控制算法：

(1)仅在某些窗口期间运行垃圾收集。这种情况下，可能给特定窗口(一天中的时间，一周中的某一天，甚至两者)分配垃圾收集任务。如果在这段时间内没有完成任务，可能会在没有进行最终处理的情况下中止，或者会暂停并在第二天继续。

(2) 如果系统负载增长过高，垃圾收集就会中止。这种情况下，垃圾收集将

1　具体取决于存储供应商的成熟度。即使是同一个存储供应商，组织遇到的实际情况也可能大相径庭。

被安排在预期系统负载足够低以至于不受收集影响的时间运行。如果系统负载增长过高，则可能会中止垃圾回收进程，并生成警报。

(3) 垃圾收集具有分配给它的性能上限。这种情况下，垃圾收集将被配置为使得它不能超过特定百分比的系统资源(如 40%)，并且其进度相应地减慢或调整。这与许多 RAID 系统允许在 RAID 重建中放置性能抑制因素的方式大致相同。

垃圾收集是重复数据删除存储中的一项基本任务。如果不经常执行，则使用的目标存储可能增长，直至变满。这甚至可能成为恶性循环——垃圾收集因为运行时间太长而中止，只会增加下一次垃圾收集运行时要考虑的存储量。出于这个原因，那些不能恰当管理重复数据删除存储及其垃圾收集周期的组织，最终不得不暂停使用重复数据删除系统几天，以便执行完整的垃圾收集操作。

13.5　备份和恢复系统中数据保护的重复数据删除注意事项

13.5.1　重复数据删除的理由

因为重复数据删除存储通常在备份和恢复环境中能最大限度地节约成本和提升效率，所以在主存储(尤其是全闪存阵列)中越来越受欢迎。

回顾 2001 年左右的典型备份和恢复环境：那是一个磁带库仍统治地球的时期，就像它们的恐龙祖先一样，庞大的磁带库是占据大型数据中心存储空间的巨兽。机器手臂来回摇摆，不断将磁带送入磁带机，操作员有时会将装满新磁带的托盘放在磁带交换口，或带走前一天晚上堆积的介质。

尽管磁带技术速率高、容量大，但出于多种考虑，许多组织已不再将磁带作为直接备份载体，主要原因如下。

- **争用**
- **介质**：磁带是占用物理空间的物理项，磁带驱动器一次不能使用多盘磁带。因此，实现恢复请求的能力直接受到加载磁带的可用磁带驱动器数量的影响。
- **主机**：组织内的大量数据增长通常会导致大量数据集中在特定位置，并在繁忙的 LAN 链路上发送所有这些数据可能并不总是一种选择(特别是 10Gb 之前的以太网环境中)；通过光纤通道在多个主机之间共享的磁带驱动器在任何时候仍然一次只能由一个主机访问，主机和整体环境的可靠性都会在这样的环境中受到很大影响。
- **访问(搜索)时间**：无论多么高速的磁带，在初始访问时间内，磁带仍比磁盘慢得多，更不用说进行任何形式的数据搜索操作。从磁带开始读取所需的时间通常以数十秒为单位进行计量，前提是必须已加载磁带，然后执行查找操作；而对于磁盘，这个时间通常最多是几毫秒。

- **服务时间**：磁带或磁带驱动器故障会导致环境中超时延迟，因而臭名昭著。发生故障的磁带可能需要半小时或更长时间才能成功超时、重新脱机并从磁带驱动器中弹出。在此期间，对备份和恢复系统而言磁带驱动器(和备份/恢复带宽)将不可用。通过光纤通道在多个主机之间共享磁带访问的环境中，单个磁带驱动器故障可能影响多个主机甚至主要生产主机，可能需要重新启动或在备份/恢复功能上出现长时间暂停。

- **顺序访问**：磁带的顺序访问性质限制了磁带技术的适用性。毫无疑问，磁带在高速写入和读取大量数据方面效率较高，但对于即时访问等较新的企业备份技术和从保护存储引导虚拟机而言，明显已无法满足现代应用场景了。

- **流速**：无可争辩的是，磁带可是高速的，但当传入的数据速度下降时，速度会急剧下降；这是非线性的，基于磁带驱动器的最小或阶梯理想速度。能以 160 MB/s 写入的磁带驱动器可能无法无缝地容纳 100MB/s 的输入数据流，并可能需要降到仅 80MB/s，以此类推。

- **操作员的成本**：大多数组织和股东都看重成本效率，而操作员需要工资等成本。通过磁带库实现真正的无人值守操作往往成本过高，而一旦需要加载或卸载介质，在 24*7*365 业务连续运营的大趋势下，这必成为业务发展的常规支出成本。

- **可靠性**：磁带本质上相对脆弱，要么在使用中，那么在运输和存储中。与磁盘驱动器一样，磁带在坠地或大力抛掷后将无法使用，但与磁盘驱动器不同，磁带更可能被物理运输传递。在运输过程中，磁带更容易受到物理可靠性环境变化要素(如温度和湿度)的影响。此外，磁带的自然坏损率也很高，磁带驱动器是同样高度机械化的设备，一个故障磁带驱动器可能损坏多盘磁带。

因此，除了在最大规模的"大数据"场景下，磁带在大多数组织中已经降级为以下功能之一：

- 廉价的场外存储
- 廉价的归档
- 廉价的扩张

应该注意，每种情况下，都可越来越多地用"更便宜"代替便宜，因为磁带变得更像是直觉而不是现实。

随着磁盘价格的下降，磁带开始黯然失色，开始使用磁盘存储作为备份的临时或加载区域。这是磁盘备份(传输)到磁带(Backup to Disk to Tape，B2D2T)。企业可能部署 5TB 的 SATA 磁盘 LUN，其中将写入所有隔夜备份。在白天，备份将转存到磁带进行长期存储,并在需要时为第二天晚上的备份释放磁盘空间。随着时间的推移,通过磁盘上的数据响应恢复请求显然可更快进行,但仍需要承认,购买足够的磁盘以容纳较小的备份周期(例如,每周全备份和后续增量备份)可能成本过高。

重复数据删除技术就是这样形成的。随着重复数据删除的应用,这 5TB 的加载区域可能突然可容纳 20TB、30TB 或 50TB 的备份,而且变得非常有用。

数据增长未必伴随数据唯一性。由于中端虚拟化现在几乎已经成为常态,数据通常包括安装在主机上的操作系统和应用程序。特别是随着虚拟映像备份功能的增强,安装在虚拟客户机中的传统备份代理的使用不断下降。这将在第 14 章详细介绍。

但通常情况下,考虑典型的备份生命周期,组织的备份可能使用以下几种计划:

- 每日
- 周五晚上、周六或周日的全备份
- 本周剩余时间的增量备份
- 这些备份将保留 5 周
- 每月
- 每周一次的全备份,保留 13 个月
- 每年
- 每年一次或两次的全备份,保留 7~10 年

虽然增量备份的性质是"已经改变的",但如前所述,在一个周期中,每个全备份中的大多数数据对于大多数系统来说都将保持相对静态。例如,数据库可能会逐月增长 5%,但数据库中的大部分内容一旦写入,将保持不变。对大多数文件服务器也同样如此。

假设有一个 4TB 的文件服务器,这个服务器上每个月的数据内容只有 5% 的变化。在前面提到的周期中,如系统每年执行 17 个全备份,即 12 个月备份、1~2 个年度备份和 5 个周备份。[1]

如果将此系统备份到磁带或传统磁盘,则需要 68TB 的存储空间(每天 2% 的数据变化量[2],会增加额外 2.4TB 的存储需求,因此仅一年的备份,就需要使用 70.4TB 的存储保护 4TB 的数据)。

然而,重复数据删除会产生更经济的结果。一项基本分析表明,即使每月变化只有 5%,全备份也可能会达到归档比率,例如:

---

1 一个典型的备份策略将在每月运行一次全备份时跳过每周全备份,在每年运行一次全备份时跳过每月/每周全备份。

2 通过在处理文件或数据时反复修改,很容易就能达到每天 2% 的变化量和每月 5% 的变化量。

- 首次 4TB 全备份
- (4 TB 的 5%)×16 个额外的全备份

这将产生 7.2TB 的实际占用存储空间。虽然增量值不计入其中，但有一点很明显，那就是第一个全备份也没有应用重复数据删除。如果实现了 4:1 的重复数据删除率(对于文件服务器数据而言是相当保守的)，那么我们可能会用少于 2TB 的存储，而不是传统的 68 TB 存储保存 4TB 的全备份：

- 首次 1TB 全备份
- (1 TB 的 5%)×16 个额外的全备份

使用重复数据删除可大幅减少数据占用空间。在这个例子中，企业可看到只要 2TB 的占用空间就可保护 4TB 的数据，而使用非重复存储时则需要 68TB。即使企业为站点之间的复制添加了第二个重复数据删除系统，企业仍可获得比传统存储更好的存储效率。

除非使用受限制的特定重复数据删除系统版本，否则重复数据删除的优势将继续增加：大多数重复数据删除将具有比正在备份的各个系统更广的分析池(比较池)，因此，重复数据删除的好处将大大扩展。例如，组织开始部署较小的重复数据删除系统以保存 6~10 周的在线数据，结果却发现节省出 6~9 个月的在线数据量。这种情况并不罕见。

在备份和恢复这一相对保守的技术领域中，这些类型的节约和效率使重复数据删除的采用率非常高。例如，NetWorker 信息中心[1]每年都会对组织在其环境中如何和在哪里使用 EMCNetWorker® 进行年度调查，并且自 2010 年以来一直向受访者了解其重复数据删除的情况：

- 2010 年，32%的受访者使用重复数据删除技术
- 2011 年，36%的受访者使用重复数据删除技术
- 2012 年，63%的受访者使用重复数据删除技术
- 2013 年，73%的受访者使用重复数据删除技术
- 2014 年，78%的受访者使用重复数据删除技术

在短短几年里，重复数据删除技术已从边缘发展成为主流。虽然这仅代表单一产品，但特别值得考虑的是，NetWorker 系统本身并不执行重复数据删除；相反，它通过特定集成点使用外部重复数据删除技术。因此使用 NetWorker 和重复数据删除的企业已经有目的地选择而不仅使用默认功能。

重复数据删除巧妙地解决了许多企业和数据类型备份和恢复中最核心问题之一——处理爆炸性数据增长并满足数据留存(Retention)要求。

简而言之，对于许多企业而言，当前问题不再是为什么使用重复数据删除技术，而是为什么不使用重复数据删除技术。

1　https://nsrd.info/blog，本网站由作者 Preston de Guise 出版和维护。

13.5.2   再论源与目标重复数据删除

在重复数据删除的介绍中简要提到了源重复数据删除与目标重复数据删除。这是指的是部分或全部重复数据删除处理的发生地点。为理解其含义，假设一个有三个主机的备份和恢复系统，使用重复数据删除存储作为备份目标。

对于基于目标的重复数据删除系统，这意味着每次任何主机需要备份时，都会以原始格式将数据传输到重复数据删除存储系统。然后，作为在线式或后处理式去重活动的一部分，重复数据删除系统对数据进行重复数据删除，从而完成所有"繁重工作(Heavy Lifting)"。

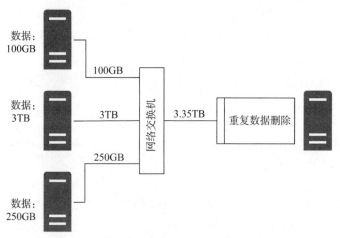

图 13.4   基于目标的重复数据删除数据流演示

源位置发生的重复数据删除在要备份的每个主机上安装某种类型的插件或软件并与备份过程集成。虽然单个主机无法完全了解存储在重复数据删除系统上的所有去除的重复数据，但至少能执行基本数据块分段，并与重复数据删除存储通信，确定是否需要在目标上存储单个数据段或简单地与基于段的哈希/校验和进行备份关联。然后，根据系统的不同，收到通过网络发送的数据后会对其进一步执行重复数据删除操作。一些备份和恢复重复数据删除系统实际上存储了单个主机的哈希/段校验和信息的本地副本，进一步优化备份过程。这可显著提高备份效率。假设重复数据删除系统使用 30 字节的校验和校验所有数据段。如果未维护本地哈希表，则必须将所有校验和发送到重复数据删除设备。假设源端有 100GB 的数据，并且数据平均分为 16KB 一块，则可按如下方式计算校验和数据大小：

- 100GB 是 104 857 600KB。
- 这将生成 6 533 600×16KB 的段。
- 每个段的 30 字节校验和, 6 533 600 个段的校验和将占用 196 608 000 个字节。

- 校验和总数据为 187.5MB。

现在，假设使用了本地哈希表，并且系统中只有 5% 的数据发生了变化(5GB)。因此，只需要将大约 5GB 数据的校验和发送到重复数据删除系统进行全局重复数据删除分析。就可计算校验和数据大小，如下所示：

- 5GB 是 5 242 880 KB。
- 这将生成 327 680×16 KB 的段。
- 每个段 30 个字节校验和，327 680 个段的校验和将为 9 830 400 个字节。
- 校验和总数据为 9.375 MB。

使用基于源的哈希表进行初始段分析，在上例中，源设备和重复数据删除设备之间发送的校验和数据量减少了一个数量级以上，这可显著提高通过广域网传输的效率，甚至达到 1Gb 链路速度。显而易见，在局域网备份方案中，企业不必部署分离的高速备份网络。

图 13.5 显示了基于源的重复数据删除的概念图。

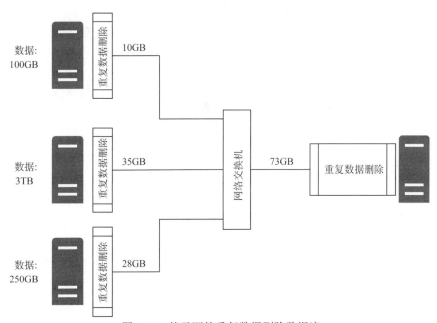

图 13.5　基于源的重复数据删除数据流

基于源的重复数据删除的一个突出优势是在备份操作期间通过网络发送的数据量显著减少，但代价是发送数据的主机的 CPU 和内存负载有时明显高于标准传输。一些重复数据删除系统通过使用永久增量而不是定期重新处理备份客户端上的所有数据的方法缓解这种情况。系统将维持足够的备份元数据，只需要处理新的或更改的数据。这意味着只有第一个备份消耗了备份客户机较高的潜在负载。所有后续备份虽然仍需要高 CPU 负载，但运行时间将明显缩短。考虑进行完整的非重复数据删除备份时通过网络持续数据传输所要求的 CPU 负载,新方法的净影响不仅要更小,持续时间也更短。

此外,还有一种源/目标重复数据删除处理的混合方法,即备份的各个主机和备份目标都支持重复数据删除。这有助于显著扩展重复数据删除操作:不支持重复数据删除的系统(如通过 NDMP 备份的 NAS 主机)仍可通过重复数据删除系统以标准格式发送数据进行处理,但更常规的操作系统为减少通过网络发送的数据量,可使用安装的代理与重复数据删除系统协调执行重复数据删除任务的子集。

13.5.3　高级重复数据删除功能

就本质而言,重复数据删除不是"哑"设备可执行的操作类型。无论是在线式还是后处理式操作,重复数据删除都需要进行密集的数据分析。因此,重复数据删除系统不仅可提供一个"大存储桶",还是一个可提供强大智能分析的大存储桶。

这种智能操作开始在众多其他集成点出现。例如,某些重复数据删除设备提供虚拟合成全备份(Virtual Synthetic Full Backup,VSFB)。企业可能还会记得,合成全备份(Synthetic Full Backup)是指备份和恢复软件处理先前完成的全备份和增量备份,并将它们组合成新的全备份,而不在实际备份客户端执行任何处理。因此,术语"虚拟合成全备份"是指虚拟构建的全备份。

根据具体情况,合成全备份具有一到两个明显的优势:
- 对于标准全备份将花费太多时间或在客户端上创建过多处理负载的大型系统,合成全备份将处理转移到备份服务器或其他指定主机。
- 对于标准全备份需要很长时间才能遍历网络的远程系统,合成全备份仍可定期生成全备份,而不必再次将所有数据发送到备份环境。

这两种情况下,合成全备份的实际处理负载都会转移到备份环境,通常是备份服务器。根据要评估的数据集的大小或数量,这可能显著影响备份服务器的性能。企业为大量系统配置了合成全备份的情况下更是如此。

因此,虚拟合成全备份利用了重复数据删除系统的智能及其对引用数据指针的固有用途。毕竟,重复数据删除系统上的全备份仅是一个集合指针,指向重建数据所需的实际唯一数据对象。支持虚拟合成全备份的重复数据删除系统不需要对数据进行再水化构建一个合成全备份,而只需要构建一个新的数据指针引用集,相当于从以前存储的全备份和增量备份中进行全备份。这不仅从备份服务器中移除了合成的完整处理时间,还可大大减少活动的整个处理时间。为创建新的 4.5TB全备份,从 1×4TB 备份和 30×100GB 的备份(在每月增量完整的情况下)构建新的全备份可能需要处理 15TB 或更多的备份数据集。另一方面,在不需要实际读取数据的情况下整理和收集一系列指向磁盘上已有数据的指针，可能会快一个数量级。

与备份产品紧密集成以生成已注册备份副本的重复数据删除系统可节省大量时间。第 13.4 节讨论的主题之一是复制。这在备份和恢复使用的技术中也扮演着类似的角色。当备份系统本身具有重复数据删除功能时，[1]企业可预期在不同站点部署的两个系统能在彼此之间复制重复数据删除备份，从而消除站点之间重构或发送数据的需求。

并非所有备份和恢复系统都是本机重复数据删除系统，使用重复数据删除设备作为目标部署备份系统也同样常见。这种情况下，即使在主备份站点和辅助备份站点使用相同或兼容的重复数据删除系统，也可能无法保证重复数据删除数据的高效复制。出现以下情况时，更是如此：

(1) 备份复制将在备份服务器级别完全启动和执行，从而导致在源端完全重构数据并传输到目标端，并再次在目标端执行重复数据删除。

(2) 备份复制将在重复数据删除设备级别完全启动和执行，而不必参考或了解备份系统的处理。因此，复制的数据对备份系统来说是"未知的"，无意使用可能导致问题。

(3) 备份系统将与重复数据删除系统集成，以便备份系统指示重复数据删除系统复制数据。数据将以重复数据删除格式复制，但备份系统会将复制数据登记为独立副本。

在第一个场景中，情况相当严重：无论备份的原始大小是什么，相同数据量会被复制。更重要的是，数据将从源重复数据删除系统中读取，再水化并传输，通过可能比正常 LAN 速度更慢的链路发送，然后在目标系统上进行重复数据删除以便存储。

第二个场景可能会减少站点之间复制的数据，但代价是备份系统将不知道复制的数据。这本身会产生两种不同的情况：要么这些数据在使用前进行编目，要么它看起来与备份系统完全相同，这使得备份管理员必须防止数据在两个站点同时可用(例如，考虑复制的虚拟磁带介质：备份产品通常不接受同一磁带在两个不同的虚拟或其他类型的磁带库中这样的概念)。因此，数据复制节省的时间可能完全被备份系统对数据重新编目，或者解决在多个地方出现的相同数据所造成的错误的额外管理开销所抵消。

但备份集成复制(Backup-integrated Replication)代表了 Goldilocks 场景——数据以其重复数据删除格式复制，不必进行任何再水化，并且备份系统完全了解并能使用备份副本。

第 14 章将介绍重复数据删除系统中可用的其他高级功能。注意，这仍是一个

---

1 也就是说，备份系统本身集成了一个重复数据删除系统。

非常年轻且不断发展的领域：存储和数据保护供应商越来越热衷于提高备份和恢复系统的投资回报，而实现这一点的方法是提高其效用。过去备份放在一个巨大的桶里却很少能从中检索到信息[1]，导致它失去了吸引力。与备份和恢复系统紧密集成的智能存储系统将备份从仅是公司的一个保险系统演变为日常工作中更实用的系统。

13.6　本章小结

重复数据删除技术现已成为许多公司数据保护体系的一项主要功能，并开始将其在主存储系统中的广泛采用视为一种降低存储成本的方法。这既可减少所需的企业闪存数量，也可自动减少不常访问的数据所占用的存储空间。

如果部署得当，重复数据删除技术会为组织带来可观收益；但确实需要仔细考虑体系结构以使功能与业务需求匹配，确保数据去重，并预测与重复数据删除相关的维护窗口。如前所述，最重要的考虑因素是数据再水化的影响。基于广域网的源端重复数据删除备份解决方案可很好地满足或超过所有备份和复制 SLA 的要求，但在恢复时仍需要将数据从备份系统再水化后发送到恢复客户端，从而无法满足最关键 SLA(即可恢复性)的要求。当然，传统的备份系统难以进行恢复，以及满足备份和复制 SLA 的要求，但确有实用性，重复数据删除并非是完全替代适当数据安全保护架构的灵丹妙药。

无法合理地规划重复数据删除的企业，将无法像已成功部署该技术的众多企业那样获取巨大收益。

1　一位客户通过部署名为 sump 的备份服务器讽刺地承认这一点(译者注：Sump，集水坑，暗指数据集中备份，成为静态数据，没有发挥最大的效用)。

第14章 保护虚拟基础架构

14.1 简介

虚拟化技术在大多数组织中已成为绝对的主流配置。曾经只有大型机环境才能提供的技术如今已经普及。以至于更令人惊讶的是那些至今尚未部署虚拟化的公司，而不是已实施虚拟化技术的企业。

虚拟化技术解决了许多公司的关键 IT 问题，包括但不限于：

- 部署速度
- 硬件兼容性
- 可管理性
- 成本效益
- 电力效率
- 系统可靠性
- 高可用性

具有讽刺意味的是，由于之前的工作负载已整合到虚拟基础架构中，并允许针对前面提到的问题提供创新解决方案，虚拟化技术在数据保护领域既引入了各种优势也引入了各种挑战。为了最合理地消除这些挑战，需要分别处理相关的数据保护活动。

14.2 快照技术

第 10 章介绍了在数据保护体系中使用快照技术的考虑因素、优缺点，以及在虚拟基础架构中使用快照的过程。

快照在虚拟基础架构保护中扮演着至关重要的角色，可以说一个完整的机器快照是系统管理的"圣杯"。虽然 Veritas Volume Manager、逻辑卷管理器(Logical Volume Manager，LVM)、Microsoft VSS 等卷管理系统已提供了一段时间的快照功能，而且在 SAN 和 NAS 级别也很容易部署快照技术，但这些系统通常存在一个令人沮丧的问题：与组织部署的主机的操作或配置状态分离。

例如考虑使用 LVM 的 Linux 主机。系统管理员可在任何时候对主机上的各个文件系统发出快照命令，从而创建文件系统状态的时间点副本。然而，系统的所有内容很少出现在单个文件系统上，因此，管理员只需要对服务器上的数据区域执行快照操作即可为其提供安全保护。但与其他文件系统相比，如果要进行回滚恢复，则其成本是一致的。

图 14.1 显示了这种情况：主机可能有三个不同的文件系统，一个用于操作系统，一个用于数据，还有一个用于应用程序/日志。在本例中，组织为"数据(Data)"文件系统制作了两个不同的快照。在任何时候，系统管理员都可选择回滚到这些快照中的任何一个，这样做是完全有效的，但存储在其他文件系统上的应用程序日志和操作系统日志将不再与数据区域的状态一致。因此，虽然已经为数据区域提供了安全保护，但未必是以完全一致的方式提供的保护。

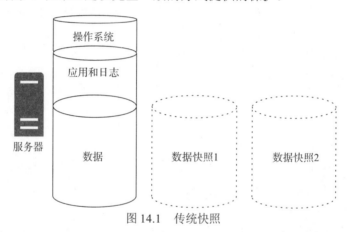

图 14.1　传统快照

一个显而易见的解决方案是同时创建所有三个文件系统——操作系统、应用程序/日志和数据的快照，这样，系统的整体状态可在任何时候回滚。然而，并非所有操作系统都支持运行在可为操作系统或启动区域创建快照的文件系统上。并且由于操作系统必须运行才能支持正在创建的快照，还要注意，如果回滚系统级快照，主机的总体状态可能出现偶发不稳定的情况。

同样，在存储层上执行的 LUN 级快照可能无法提供应用程序一致性(Application-consistent)状态，最多只能提供崩溃一致性(Crash-consistent)保护。

因此，如图 14.2 所示，虚拟化技术可使全系统的快照更容易实现。这种情况下，只要虚拟机上的所有存储设备都支持快照技术，快照就变成纯粹的二进制操作。特别是如果虚拟机在制作快照之前已经关闭了，那么，即使将其回滚到特定快照，重新启动时也是完全一致的。

这为许多组织带来了明显的效率提升。在尝试关键维护活动前，几乎只需要单击一个按钮，就可为整个虚拟机制作可靠且跨文件系统保持一致的快照。这不仅适用于生产服务器，还适用于开发、实验室或培训服务器。例如，常见场景是在培训环境中使用虚拟机快照进行教学，而在培训结束时重置虚拟机，返回之前的基线设置。

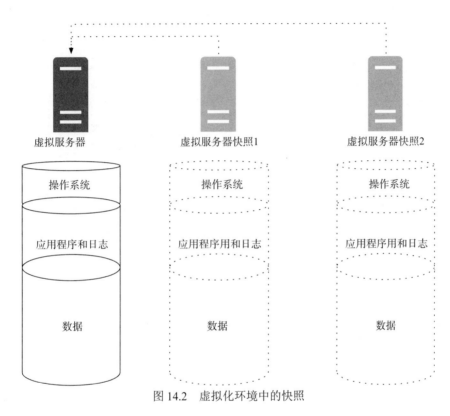

图 14.2　虚拟化环境中的快照

即使虚拟机在快照之前没有关闭，快照仍然比传统的每个文件系统快照或每个 LUN 快照更有用。在与现代备份技术结合使用时更是如此。稍后的 14.4 节将详细介绍。

然而需要注意，虚拟主机使用的一些存储可能不易受快照操作的影响。例如，虚拟化环境通常提供某种形式的独立原始磁盘。独立磁盘是从任何快照操作中明确排除的磁盘。这可能是出于性能原因，也可能是因为该磁盘上的数据类型不支持快照。同样，原始磁盘是将存储直接呈现给虚拟主机而不涉及任何虚拟化层的磁盘，通常是为了特定性能要求执行的。

无论哪种具体的虚拟化系统，将此类存储与虚拟机一起使用可能给管理员带来相当大的障碍，具体情况如下：

● 防止整个虚拟机完全成为快照，从而减少可用的数据保护选项。

- 在快照操作期间默认跳过无法创建快照的磁盘，创建一个存在不一致的快照，就像传统方法中在操作系统层的操作一样。

14.3　复制技术

传统上，在IT中使用集群技术有两个原因——用于扩展性能和实现高可用性。尽管两者都是有效的考虑因素，但虚拟机复制大大减少了组织在操作系统级别考虑通过集群实现高可用性的必要性。

虚拟机复制可用两种不同方式之一进行部署。图14.3所示的是第一种方法，在通常称为生产和灾难恢复站点的这两个位置之间的虚拟化系统中的单独部署复制。在此方案中，参与的虚拟化管理程序展现虚拟机从一个站点到另一个站点的连续或基于检查点的复制，根据需要更新虚拟机映像文件块等处理。这样做的优点之一是复制发生在非常接近虚拟机的层上，但虚拟化管理程序在管理标准虚拟化任务和数据复制时创建较高的工作负载，在站点之间复制的虚拟机数量增加时更是如此。

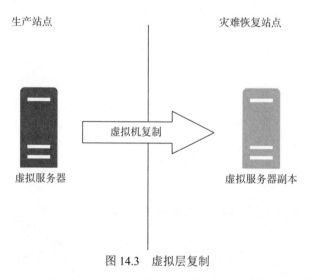

图14.3　虚拟层复制

图14.4显示了第二种方法，即在存储阵列级别处理虚拟机复制。在此方案中，生产站点的虚拟化系统的LUN通过存储系统复制到备用站点，从而减免站点之间复制的数据处理要求。潜在成本是需要复制整个LUN，因此需要虚拟化管理员和存储管理员仔细规划，确保在同一LUN上需要进行复制的虚拟机和不需要复制的虚拟机不会混淆。

该技术带来的好处是从虚拟机管理程序移除(Off-loading)复制职能，随着需要复制的系统数量的增加，可更好地进行扩展。为更安全地执行，复制技术需要存储阵列和虚拟机管理程序充分"了解"彼此的功能。

需要注意，复制技术不能替代集群技术，这两项技术有各自的应用场景。当 n 个系统进行集群时，一个非常关键的特性就是允许最大 m 次失败(其中 $m < n$)而不会导致服务的中断。虚拟机复制将虚拟机损坏和未损坏的所有方面进行完全复制，或至少复制到特定的复制检查点，而不检查正确与否。因此，虚拟机复制绝不是集群技术的替代品，而是可在站点发生永久性或瞬态损坏后，快速建立实例灾难恢复的一种方法。组织可选择接受此风险，也可部署某种连续数据保护(CDP)形式，使用定期检查点复制虚拟机。因此，如果虚拟机损坏，可在备用站点甚至是本地站点，激活损坏前一定时间(如 60 分钟前)的虚拟机的副本。

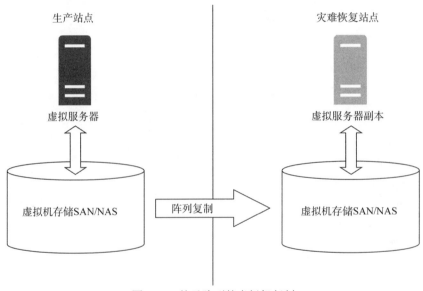

图 14.4　基于阵列的虚拟机复制

14.4　备份和恢复技术

14.4.1　基于客户端与镜像级备份

虚拟机可采用基于客户端(Guest-based Backup)和镜像(Image-level Backup)这两种截然不同的技术备份。基于客户端的备份可看成安装在各个虚拟机中的传统备份代理或客户端，备份系统将每个虚拟机视为标准客户端。这通常被认为是传统(Legacy)备份选项，如图 14.5 所示。

基于客户端备份技术允许对备份过程进行最大限度的控制。支持对客户端上的文件或数据进行细粒度控制的备份系统客户端在虚拟机中和在物理主机中的执行方式没有区别。当虚拟化仍处于起步阶段时，这绝对是首选备份选项。但随着虚拟化的扩展并在大多数企业的 IT 基础架构中占据极高比例，这种方法并没有得到扩展。究其原因，需要回到虚拟化的一个基本收益：更好的资源利用率。随着 CPU 速度和内存容量的增加，通过虚拟化，可找到资源利用率过低的许多系统，从而大大节省成本。例如，在双核系统上配置的 DNS 服务器，即使只有适度的 4GB RAM 和双核 CPU，平均消耗也不会超过这些资源的 10%。虚拟化提供了一种巧妙的方法：在单个硬件上运行多个客户端系统，虚拟机管理程序指导系统资源的协作使用。

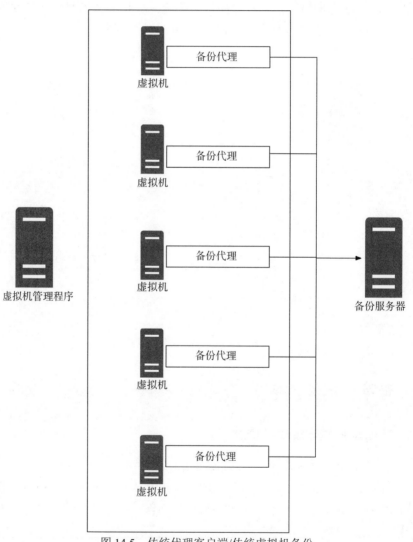

图 14.5　传统代理客户端/传统虚拟机备份

除非遇到资源占用严重的个别系统，虚拟化技术的利用效率非常高。在物理硬件上部署原始计算、数据操作或数据库等高性能系统，不仅可提供专有资源，还可确保这些高需求主机不会和驻留在同一管理程序上的其他虚拟化系统争夺资源。[1]

备份软件(特别是企业级备份软件)就是一个资源占用者。企业级备份软件旨在尽快创建受保护的数据副本或尽快从该副本中恢复。备份系统往往会尽可能占用虚拟机管理程序的全部或大部分资源，包括存储 I/O、网络带宽和 CPU 利用等，设计不当、使用客户端代理的备份环境饱和占用资源的情况屡见不鲜。这显然违反了备份和恢复技术的基本要求：不要为了执行数据安全保护而过度干扰核心操作。

当使用安装在各个客户机操作系统中的传统代理软件时，减少备份操作期间的管理程序负载是一项巨大挑战。备份管理员可能慎重配置备份策略，仔细对备份虚拟机进行分组，以防任何一个虚拟机管理程序在备份过程中过载，例如，如果虚拟化管理员或虚拟化管理软件需要在虚拟机管理程序之间迁移虚拟机，则该备份工作可在任何时候停止或撤销。此外，由于客户机内备份过程将与标准备份过程保持一致，因此标准操作系统备份面临的挑战仍然存在。例如，具有密集文件系统的虚拟客户端仍然需要更长的备份时间。

图 14.6 显示虚拟机的第二种备份方法，即镜像级备份(Image-level backup)，这种方法较完善，目前也在大量使用。该技术的实现依赖于一个浅显的技术原理，即每个虚拟机在某个层面上实际上只是一个特定的数据文件集合。为简化起见，图 14.6 只引用了"虚拟磁盘"，但伴随虚拟机的虚拟磁盘的通常有许多代表当前配置和其他状态文件的小文件。[2]

镜像级备份有几个显著优点，其中包括：

- 与快照技术集成时，允许合理一致的备份。
- 不会遇到客户端备份过程中的密集文件系统(Dense File System)问题。
- 可用更可控的方式执行，减少虚拟机管理程序和虚拟环境负载。

虚拟机镜像级备份典型问题的是，在两次备份间隔之间，虚拟机中可能只有很少的数据发生过变化，但需要备份的虚拟机镜像文件可能非常大。思考一个"星期六全备份，星期日至星期五增量备份"方案。如果该方案采用传统客户端操作系统代理，那么只需要备份虚拟机中已更改的文件。另一方面，指定的虚拟机磁盘通常是管理程序中较大的平面文件，实际上，管理程序文件级别的增量备份是

---

[1] 大多数虚拟化系统允许限制 CPU 和 RAM 资源，其中包括对单台虚拟机和特定虚拟机池进行初始分配(如 2 块 CPU)和最大 CPU 时间片(如不超过 6000MHz)。但只有在没有系统需要最多资源时，资源限制才应该生效(译者注：如果限额技术配置不当，可能会影响业务系统的最大承载能力)。

[2] 第 11 章中讨论过基于块的备份。虚拟机的镜像级备份与基于块的备份的优势非常相似。

毫无意义的。

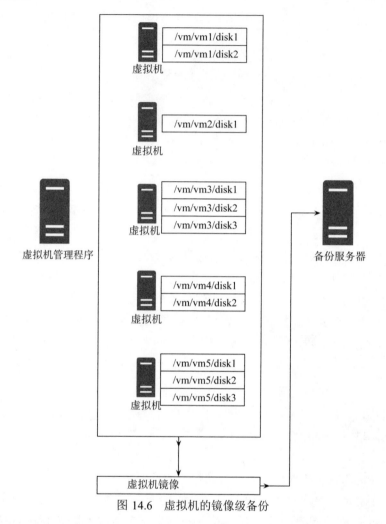

图 14.6　虚拟机的镜像级备份

　　更新块追踪技术(Changed Block Tracking)是解决该问题的一种方法。备份产品不是从虚拟机管理程序真正备份整个虚拟机磁盘文件，而是向虚拟机管理程序查询文件中的哪些块已更改，并仅备份这些块。

　　另一个缓解该问题的主要方法是通过之前讨论的重复数据删除技术。假设虚拟机管理程序为其虚拟磁盘分配了 50GB 的虚拟机。完整备份必须是整个 50GB，但一旦重复数据删除发挥作用，空间很可能大大减少[1]。后续增量备份或完整备份继续使用此功能。实际上，在虚拟机的重复备份中实现 20:1、30:1 或 50:1 的重复

---

　　1 更重要的是，如果已部署虚拟机并启用了密集配置(在创建时分配虚拟驱动器的整个大小)，这可能意味着它们包含大量空白空间。

数据删除率并不罕见。但对传统的重复数据删除而言，镜像级备份可能会被视为极其浪费，占用了大量空间。

简而言之，只要使用合适的基础架构和技术，组织就不必担心虚拟机的镜像级备份会占用海量存储空间。

镜像级备份还可采用几种不同方法。大多数备份产品都支持其中一种或多种方法。在最简单的情况下，代理软件可安装在各个虚拟机管理程序上，这与代理软件安装在物理主机上的方式非常相似，但通常依赖于运行完整操作系统的虚拟机管理程序。所谓的裸机管理程序最多维护一个仅用于提供虚拟化服务的最小操作系统，这通常与代理安装不兼容。

除了依赖管理程序内部代理外，其他镜像级备份技术依赖于管理程序建立的基于 SAN 或 LAN 的通信。基于 LAN 的方法最简单：备份服务器或服务器的代理与管理程序通信，与每个指定虚拟机的存储和配置相关联的文件通过网络传输到备份目标。

虽然简单，但这确实意味着每个虚拟机的全部内容都通过网络传输，这很可能导致LAN饱和，而且肯定影响虚拟化环境的性能。此外，除非使用某种形式的加密，否则数据流可能被认为是不安全的[1]。添加加密要么需要IP加密路由器，要么需要管理程序处理加密，这可能增加CPU负载，从而抵消从基于客户端的传统备份转型带来的实际好处。

基于 SAN 的备份实际上可通过两种不同方式执行。如果使用物理备份代理，则向虚拟化管理程序提供存储的基于 SAN(或 NAS)的 LUN/文件系统将同时映射(通常采用只读方式)到代理，如图 14.7 所示。这允许代理独立访问虚拟机数据并协助将数据传输到备份目标，而不会在管理程序上增加任何实际的 CPU、网络或内存负载。实际上，取决于备份技术，镜像级 SAN 备份可通过物理代理或虚拟代理进行。SAN LUN 将物理代理显示为标准 LUN，可能无法与为存储所配置的原始 LUN 区分。虽然这需要仔细考虑以免数据丢失，但也可能提供非常高的性能。[2]

然而，来自物理代理的 SAN 访问技术在市场上越来越小众，VMware 等供应商在其管理程序技术的新版本中也不再支持这种访问方法。

另一方面，虚拟代理将作为客户机驻留在虚拟机管理程序上，该虚拟机管理程序将具有对托管备份的虚拟机的所有存储区域的SAN/LUN级别访问权限。VMware ESX/vSphere等虚拟机管理程序服务器允许执行"热添加(Hot add)"操作，托管的虚拟机的共享数据存储将展示给虚拟备份代理。如图14.8所示。

---

1 但不可否认，这比其他任何基于 LAN 的备份过程都要多。

2 如果未准备好响应展示的无读/写或独占访问权限的 LUN，某些操作系统可能实际上将磁头或磁盘分区信息写入展示的新 LUN，在灾难发生时尤其如此。

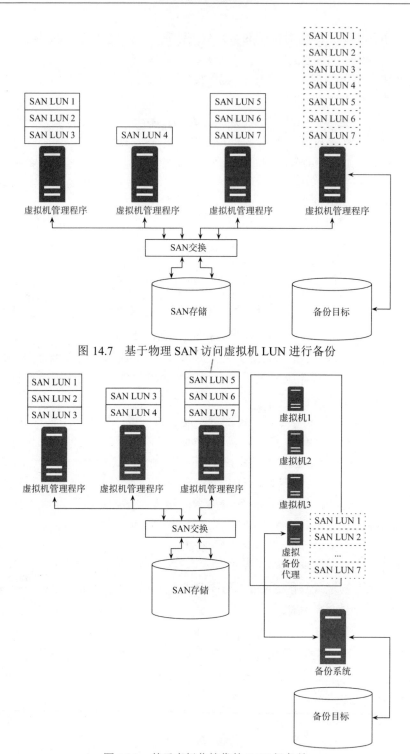

图 14.7　基于物理 SAN 访问虚拟机 LUN 进行备份

图 14.8　基于虚拟化镜像的 SAN 级备份

　　虽然这种技术将一些备份工作负载重新整合到虚拟化基础架构中，但由于对物理硬件需求的减少，该方法仍然是一个可行的选项；在尚未使用源端重复数据消除的情况下尤其如此。物理镜像级备份代理可能需要专用的光纤通道 HBA、NIC 等，如果要添加冗余以便在硬件故障时继续备份，还应该部署第二个代理。将代理保留在虚拟基础架构中，需要的所有虚拟硬件都由管理程序提供，并在可使用克隆、通过复制保护或在 OS 故障的情况下快速重新部署。当然，这需要在虚拟基础架构内具有一定冗余度，避免在能重新部署虚拟镜像备份/恢复节点恢复单个虚拟机之前，还必须重建太多的基础架构和配置。

14.4.2　虚拟化数据库备份

　　值得注意的是，上一节描述的技术不涉及包括 Oracle、Microsoft SQL Server、Microsoft Exchange Server 等数据库应用程序的虚拟化系统的决策。

　　虽然虚拟化系统的镜像级备份日趋流行，但引入数据库增加了客户端的复杂性，降低了该方法适用的可能性。覆盖虚拟化基础架构的备份系统的"圣杯"是执行整个数据库服务器的镜像级备份，并从该备份中恢复数据库中的单个表。如第 10 章所述，快照分为崩溃一致性和应用程序一致性两大类。当企业考虑虚拟机备份(数据库或类似数据库的应用程序驻留在虚拟机中)时尤为重要。崩溃一致备份允许操作系统成功恢复，就像遭受了意外的断电损失一样。但是，如果管理程序、备份软件、数据库和/或虚拟机工具之间没有特别紧密的集成，则备份可能与应用程序不一致。如果没有应用程序级别一致性，托管数据库的虚拟机快照的镜像级备份可能是可恢复的，但在应用程序中无法使用，导致恢复后发现数据库损坏。

　　为数据库和复杂应用程序开发真正的、符合应用程序一致性的备份选项这一不断发展的功能，绝对属于这个受到持续关注领域的空白。数据安全保护供应商越来越多地与应用程序提供商密切合作，并专注于提供该功能(如果尚未提供其中的一部分)，但该功能仍处于早期阶段。

　　在该功能完全可用前，组织通常采用一种双架构方法备份虚拟化环境。镜像级备份可很好地用于大量虚拟机备份，但客户端软件和数据库代理往往部署在虚拟机中确保数据库可适当地恢复。

14.4.3　恢复选择

　　如果虚拟机已通过客户端代理备份(与同一操作系统类型的标准物理服务器相同)，那么可用的恢复选项将与主机物理版本上的选项完全相同。简而言之，这意味着文件级恢复将是主要恢复方法。某些操作系统和产品将具有"裸机恢复(Bare Metal Recovery，BMR)"选项，允许从启动 CD 或类似设备中快速恢复计算机,并且虚拟主机也可支持这些选项。特别是,在 BMR 支持从可虚拟化的设备(CD 或 USB)启动的情况下,很可能在虚拟环境中也支持这些功能。如果遇到这个问题可尝试一下(但通常切换到镜像级备份会提供更好的 BMR 选项)。

当虚拟机在镜像级别从其管理程序备份后,通常有镜像和文件两个潜在的恢复选项。

镜像级恢复是通过恢复虚拟磁盘和配置等容器文件恢复整个虚拟机。这可能会完成"替代(In Place)"执行(覆盖虚拟机的当前实例),可完全由另一个虚拟机管理程序执行,或可通过创建另一个具有新名称的虚拟机完成(例如,cerberus 可能会被恢复 2016 年 01 月 21 日,作为 cerberus-20160121)。

当虚拟机中存在大量文件时,虚拟机的镜像级恢复可能特别有效,并可能是最有效的 BMR 形式。毕竟,不事先构建新的虚拟或物理主机,再从"恢复"系统启动然后执行恢复,镜像级恢复只是从所选备份中一步恢复整个机器。

但与镜像级备份相关的一些常见陷阱和挑战包括:

- 当需要恢复的实际项目很小时(例如,恢复 40GB 虚拟机以提取 3×100 KB 文件),效率不高。
- 通常使用完全相同的配置还原虚拟机。如果虚拟机作为副本恢复并启动,可能会尝试使用相同的 IP 地址并提供相同的服务,导致服务中断,甚至可能导致数据损坏。

考虑到这一点,执行镜像级备份时更高级的恢复选项变得越来越普遍,文件级恢复是一种选择。这通常需要备份产品和虚拟机管理程序更紧密地集成,才可提供"两全其美"的功能,备份速度快,并且文件和镜像这两种类型的恢复都很容易实现。某些产品中可用的另一个选项是利用更新块追踪加速恢复。使用此选项,可利用与加速备份同样的更新块追踪系统,通过从保护存储中检索在备份和当前虚拟机状态之间更改的那些块,允许虚拟机镜像就地高速恢复。如果一个 500GB 的虚拟机在一夜之间接收到无法正确应用的操作系统补丁,并在重新启动时崩溃,那么完全可想象备份之间的更改只有 1%或更少。更改 1%时,可能只需要恢复 5GB 的数据,即可完成虚拟机的完整镜像级恢复。

如前所述,从镜像级备份恢复数据库不是常用方案。但即使运行数据库的虚拟系统,也可能与基于代理的数据库备份一起接收某种形式的镜像级备份。这允许在灾难发生后从镜像级备份快速恢复数据库服务器,并通过基于标准代理的方法在此后恢复数据库。这通常以两种不同方式解决:

(1) 定期(如每月)镜像级备份,每日客户端文件系统备份(可能是每周全备份/每日增量备份)和通过客户端代理的每日数据库备份。

(2) 通过客户端代理进行每日数据库备份的每日镜像级备份。

在前一种方法中,甚至可接受在月度镜像级备份期间保持数据库运行以免中断，并将处理后续不一致的数据库状态作为数据库恢复过程的一部分。[1]为避免认为是"浪费"的备份，后一种方法更多地假设数据库磁盘独立于核心操作系统/虚拟机的应用程序驱动器，在镜像级备份过程中可通过某种方式跳过它们。

虚拟机可用的一种新形式恢复技术的最佳描述是"即时访问(Instant Access)"。这需要在管理程序技术、备份产品和备份目标之间大量集成，但允许极大的灵活性。在这种方法中，可将虚拟机的镜像级备份提供给虚拟机管理程序进行复制或加电启动而不必实际恢复。也就是说，备份目标作为数据存储区域呈现给管理程序，并且利用虚拟机快照技术，可加电甚至写入数据，却不会实际覆盖备份(这种技术完全取决于备份目标存储是随机访问的磁盘而非磁带)。

虽然截至撰写本书时，这仍仅由少数产品组合提供，但技术的实用性可能使推出类似产品成为行业潮流。

14.4.4　维护备份基础架构

通常，企业备份基础架构分为几种不同的主机类型：

- **客户端**——受备份解决方案保护的企业的实际服务器。
- **服务器**——协调、控制和索引所有备份的"主"服务器，与环境中的所有其他主机进行联络。
- **介质服务器/存储节点/从服务器**——这些主机负责处理从客户端到备份目标的数据传输。尽管备份服务器本身可执行此功能，但在较大环境中可保持最小功能以便作为备份过程的"控制器"运行。
- **管理服务器**——用于管理整个环境的主机，实际上专门用于与终端管理GUI 函数进行通信。虽然管理服务可能在备份服务器本身上运行(在较小环境中更是如此)，但为了允许扩展，在更大环境中将管理服务分配到另一台主机上是相当常见的。

在主要备份目标是磁带介质的年代，备份基础架构的虚拟化几乎是无法管理的。磁带是虚拟化系统的一个魔咒，那些允许将物理磁带连接到虚拟主机的虚拟化系统通常在该连接上留下大量警告，警告通常在连接托管虚拟机管理程序时给出。顾名思义，即使将虚拟磁带连接到虚拟备份服务器也充满了挑战。

对于很多组织而言，将磁带作为主要备份目标的使用率已经下降，因此虚拟化备份环境的可能性也在增长。备份传输服务器(从现在起称为存储节点)传统上需要成为环境中特别强大的主机，以便满足从主机 A 到目标 B 传输数据所需的高速吞吐量要求。但以重复数据消除阵列形式的智能随机访问备份目标降低了对存储节点环境的性能要求，将存储节点的角色简化为"目标辅助"，通过它将对备

---

[1] 只要数据库供应商完全支持这种方法并已进行了全面测试。

份目标文件系统上特定区域的访问安排到单个客户机，然后客户机自己直接传输数据。

完全或近乎完全的备份基础架构虚拟化现在有明显的现实原因。随着环境扩展和大量处理数千个或更多虚拟机的虚拟机管理程序的部署，基础架构甚至要求专有虚拟机管理程序托管备份主机基础架构以实现最小的成本增加。曾经有人担心备份基础设施会影响虚拟机管理程序的性能并妨碍主要生产系统，或者虚拟机管理程序无法提供备份环境所需的性能要求、负载平衡、资源配置、限制和保证。这些担心日益增长，从而要求在整个虚拟化基础设施内，将主要生产系统和备份/恢复系统安全融合。

最重要的是，回顾备份基础架构的基本体系结构要求：备份基础架构本身必须得到充分保护并且足够冗余，确保它不会为要保护的环境带来单点故障。允许为主要生产系统提供高级数据保护的虚拟化技术和选项同样适用于备份和恢复系统本身。这允许以常规虚拟机方式在站点之间轻松地进行备份服务器(和随附的主机)故障转移，从而增加了备份和恢复环境的可用性。具有复制保护存储的完全虚拟化备份环境可在几分钟内在数据中心之间进行容灾切换。

这些决定完全属于风险与成本评估。为安全地保证底层虚拟基础架构的连续性，以便备份和恢复系统几乎始终可用，组织需要在复制存储上部署具有集群管理系统的集群管理程序。否则，虚拟基础架构发生灾难性故障的风险太大，在开始实际系统恢复之前要先构建替换虚拟备份基础架构，而这之前又需要进行大量重建。但对于那些足够大，拥有成熟、高度冗余的虚拟化和存储基础架构的组织，这种冗余已经构建到基础环境中，因此，将备份基础架构添加到该安全保护机制中完全是可行的。

14.5　本章小结

虚拟化技术为企业提供数据保护集成点的层次相当广泛，并可获得丰厚回报。借助可无缝快照整个主机的选项，组织可在升级前轻松退出更改或提供额外的保护。虚拟机备份和恢复操作期间，这些相同的快照也至关重要，允许对虚拟机进行无中断的镜像级备份。

虚拟机复制技术诞生了新形式的高可用性，不需要集群即可实现以前无法实现的故障转移和容灾切换。实际上，当与特别敏感系统的集群结合时，复制技术使企业能用比以往更少的投资实现更多个 9 的可用性。从本质上讲，十年前只有跨国公司才具备的可用性，如今，即使是中小企业也能通过较小代价达到同等保护水平。

第15章 大 数 据

15.1 简介

"太空，很大，真的很大。你不知道它有多大，难以置信的大。我的意思是，你可能认为在通往化学家的道路上已经走了很长一段路，但这对太空来说只是九牛一毛。听……"

——Douglas Adams(摘选自《银河系漫游指南》)

只要稍加修改，就可将《银河系漫游指南》中关于太空的标志性描述改编为对大数据(Big Data)的描述。

"大数据"一词的词源尚未得到一致认可，特别是什么时候开始使用的。虽然自 20 年代中期以来，大数据的受欢迎程度一直在稳步增长，但许多研究人员认为，早在 20 世纪 90 年代中期，这种说法就已经广为流传[1]。

大数据对传统存储和计算管理员来说是一个头痛的问题，但相比负责确保数据得到充分安全保护的人员所面临的挑战却只是冰山一角。

大数据通常以 3V 为特征：

- **容量(Volume)**：基础架构可处理的数据量比传统的更多。
- **高速(Velocity)**：通常需要快速生成或解释。
- **多样性(Variety)**：大多是非结构化的，有多种来源，其数据类型之间几乎没有任何关系。

与大数据最相似的概念是数据仓库(Data Warehouse)。虽然数据仓库通常是与企业关系型数据库相关联的活动，是对高度结构化数据的操作和分析，但大数据在分析时将该方法用于处理结构化数据之外的非结构化数据视图。处理大量非结构化数据的价值在于允许更自由地探索数据。结构化系统和数据库通过在写入时应用数据的模式或布局工作；大数据分析则应用任意模式。

为有效处理大数据，通常需要在大规模并行环境中进行分析。传统的高性能

---

1 参考 SteveLahr 于 2013 年 02 月 01 日，在 New York Times 发表的文章：http://bits.blogs.nytimes.com/2013/02/01/the-origins-of-big-data-an-etymological-detective-story。

关系数据库环境可能是包含两个或多个数据库服务器、多个应用程序服务器，甚至可能是独立的 Web 前端和管理服务器的一个全活动集群，允许将数据整合到可能只有几个高性能 SAN 存储的 LUN 上。另一方面，大数据分析服务可能包含数百个或更多计算节点，所有计算节点都处理离散数据。

　　长期以来，CPU 制造商一直关注一个主要问题，即让芯片更快：1GHz、2GHz 或 3GHz，每次迭代的目标是使 CPU 能在同一时段内执行更多计算。然而，随着需要同时处理的不同操作的数量增加，CPU 速度增加带来的净效益急剧下降。如果操作系统和应用程序进行了相应设计，除非是在非常特殊的单线程环境下，否则低速运行的 4 核 CPU 系统几乎总是优于时钟速度更高的单核 CPU 系统。高性能计算(High Performance Computing，HPC)通过使用多个含有多块 CPU 的系统达到这一点。随着时间的推移，CPU 使用多块芯片实现多核技术，在一个芯片上有效地提供多个 CPU 内核。与其尝试开发一个 10GHz 的 CPU，开发以较低速度运行的多核 CPU 要容易得多(因此，可发现即使在智能手机中，也有四个甚至八个核心 CPU)。

　　解决软件性能的"蛮力(Brute Force)"方法假设可使用更强大的系统解决单线程问题。解决软件性能问题的智能方法是像处理器处理数据一样，将问题分解并尽可能多地采用并行技术。

　　图 15.1 显示了数据分析在传统环境中的工作方式。传统方法的关键问题是糟糕的分析时间。用户将需求提交给数据库服务器，希望对数据进行查询或计算。数据库服务器将查询选定的整个数据集(在查询参数允许的情况下将其缩小)，并最终给用户返回答案。

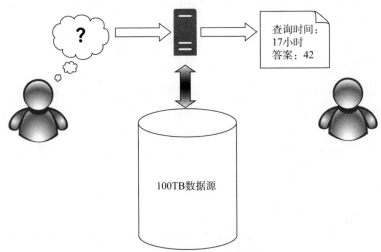

查询时间：17小时
答案：42

100TB数据源

图 15.1　传统环境中的数据分析

如果数据集很小，这种处理方法通常不是问题；然而，随着要分析的数据量的增加，消耗时间也在增加。从逻辑上讲，如果对服务器的 1000 行复杂数据执行一个操作需要 10 秒，那么对 1 000 000 行数据执行该操作可能需要 10 000 秒(大约2.8 小时)才能完成。随着数据不断增加，使用足够多的内存存储所有数据以进行分析的可能性逐渐降低，因此，所花费的时间甚至不是线性增加。如果每行数据占用100KB，那么 1 000 行数据将需要大约 97.7MB 的 RAM。而 1 000 000 行数据将需要 97 656.25MB 或 95GB 的 RAM。最后，如果 RAM 耗尽，操作系统可能调配虚拟内存(交换页面文件)，这将大大降低系统性能。

传统上是通过购买或构建具有更多 RAM、更多 CPU 的服务器以及在高性能存储上运行数据分析来消除此类性能限制，通常称为扩展。然而，这在最大尺寸/最佳性能和实现这种服务器所需成本方面有很大的局限性。虽然可配置具有多个处理器，每个处理器具有 10 个或更多内核甚至数 TB 内存的服务器，但系统可扩展的范围始终受现实或财政的限制。

为解决这些问题，大数据从横向扩展的角度解决问题。大数据处理不是购买更大、更强或更昂贵的独立服务器处理数据，而将数据分成更小的数据集，允许使用更小、更便宜的服务器处理数据。配置可能类似于图 15.2。

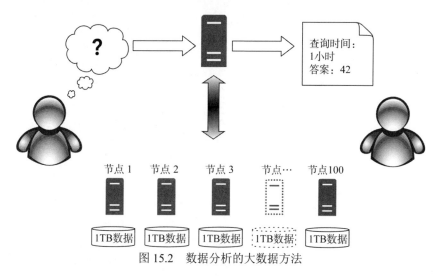

图 15.2 数据分析的大数据方法

这种情况下，用户将开发一个发送到大数据环境的管理节点的查询。然后，管理节点将与潜在的大量节点协调，将整个数据集中的一小部分交给每个节点。各个节点仅处理分配给它们的数据段，完成后将结果返回给管理节点。分析完所有数据集后，管理节点将整理结果并提交最终用户。与传统方法相比，这种分布式方式进行分析有时可快几个数量级。从本质上讲，大数据就是要找到数据分析的新方法，而不是传统的蛮力数据分析方法；不是使用一些功能极其强大的服务器试图处理大量数据集，而使用大量功能足够强大的低端系统并让每个系统处理较小的数据集。

15.2 大数据环境中的数据保护

对于在大数据环境下的数据保护，中心设计要求通常会落实到"大数据"本身是否需要保护，或结果是否需要保护。考虑从 Web 流量日志文件、数据库和生产文件系统等其他一系列数据源获取数据的环境，如果这些系统中的每一个都全面部署数据保护，那么大数据系统就可在发生故障的情况下重新启动，并定期进行更新。此类情况下，通常需要保护的是大数据系统生成的结果，这些结果通常比实际系统本身小几个数量级。只要将这些结果写入或复制到具有标准数据保护的系统就足够了。

也就是说，通常会对任何数据集使用一定程度的主要复制保护。例如，Hadoop 分布式文件系统(Hadoop Distributed File System，HDFS)通过跨多个主机复制数据实现弹性存储。此类系统保证分配在系统中多个节点之间的 n 个文件副本，可避免使用 RAID 作为基本级别的保护(例如，HDFS 默认为三个数据副本)。从概念上讲，n 向复制可能类似于图 15.3 所示的布局。

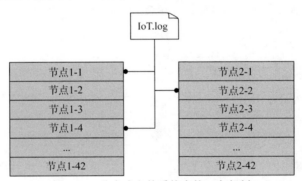

图 15.3   分布式文件系统中的 n 向复制

大数据系统中的每个节点都有自己独立的文件系统，但对于最终用户或访问 API，通常表示为单个逻辑文件系统。随着文件被写入系统或更新，多个节点接收并存储内容，这样单个节点丢失也不会导致数据丢失。由于大数据系统通常是大规模构建的，分布式文件系统也可以是节点/局部感知，即文件的多个副本可存储在同一机架中的节点中，另一个副本存储在物理上独立的机架的节点中。

这些选项通常需要在节点出现故障的情况下重新对功能进行平衡，并避免分布式文件系统中的数据"热点(Hotspot)"。分布式文件系统仍可从 RAID 存储中受益，但多驱动器可提高读取性能；管理员可能更喜欢在单个节点内重建 RAID，而不是为了响应单个磁盘故障而对整个节点功能进行重新平衡。[1]实际上，一些横

---

1 请记住，RAID 重建只影响集群中的一个节点；节点重新平衡可能影响集群中的大量节点。

向扩展 NAS 系统兼容 HDFS 等大数据文件系统，允许 HDFS 节点使用横向扩展
NAS 作为实际数据存储平台，而不需要前面提到的多副本复制。这在提高存储效
率的同时还可访问 NAS 提供的丰富数据服务系统(在数千万级的 IOPS 中[1]，新的
存储系统具有超越常规 SSD 的更高性能水平，可能在性能敏感的大数据环境中增
加 RAID 的采用率)。

在大数据处理环境中，通常可通过集群间复制提供额外的保护水平。如果企
业要为大数据环境提供一定程度的数据安全保护，将部署多个大数据处理集群并
使用复制。如果主集群宕机，则充当复制目标的集群可继续针对数据副本提供操
作(大数据集群间复制通常是异步的，由于大量数据可能高速流入，因此驻留在目
标集群中的副本可能滞后于源或"主"集群的内容)。

虽然集群复制可防止集群故障，但未必能防止更特定的数据丢失，在跨集群
使用的文件系统未实现版本控制时更是如此。大数据池越来越受欢迎的选项是能
触发集群导出或拷贝到横向扩展 NAS 等不相关的存储系统。这允许使用大型传统
存储系统提供大数据系统不提供的服务，例如几天、几周甚至几个月的快照、复
制，甚至在必要时提供将数据备份到基于磁盘的保护存储的选项。配置可能类似
图 15.4。

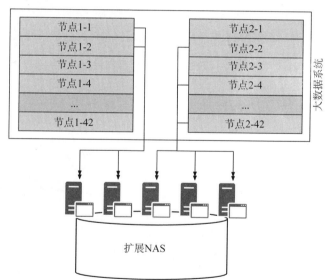

图 15.4　复制横向扩展式网络连接存储的大数据

这种解决方案的另一个好处是，将数据的副本放在与原始大数据系统不同的
平台上，这可帮助企业试图减轻由于灾难性平台故障引起的数据丢失。虽然，这
通常被认为是不可能的，但完全不同的系统提供不同的保护层大大降低了数据丢

---

1 速度无疑会随着固态和类存储器性能的提高而继续提升。

失情况下级联故障的风险。或者，由于大数据系统正在使用横向扩展 NAS 作为其主存储平台，实际上可将大部分数据管理功能留给 NAS 系统。快照、复制甚至备份(如有必要)可作为标准 NAS 数据服务的一部分进行处理，从而使大数据环境能够专注于分析。

随着集成数据保护工具包(Integrated Data Protection Appliances，IDPA)在传统备份环境中的使用越来越广，这些工具成为保护大数据系统的另一个安全保护选项。IDPA 从一开始就设计成专门的存储保护系统，能尽快接收数据并消除重复，允许将大量数据传输到真正的保护存储中。虽然采用传统方式向 NAS 存储复制或在 NAS 存储之间复制需要在大数据池和目标系统中的数据之间进行 1:1 复制，但复制到 IDPA 可能利用源端或分布式重复数据删除，大大降低需要复制的数据的实际规模。这种机制可能将客户端包与大数据系统中的导出选项集成，或通过内置"重复数据删除"辅助驱动程序的专用文件系统提供 IDPA。无论哪种情况，最终结果都在从每个节点读取数据时执行传统的重复数据删除操作，完成大规模并行的重复数据删除传输。为减少备份操作对生产基础设施的影响，可将其集成到大数据系统中的集群复制目标中，如图 15.5 所示。这样的配置允许主集群在备份发生时继续操作而不会产生任何额外的工作负载。

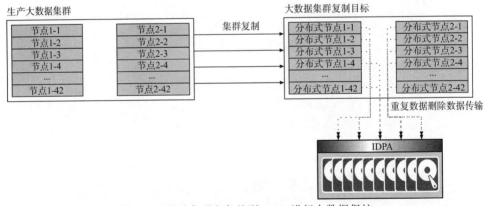

图 15.5　通过集群和备份到 IDPA 进行大数据保护

考虑将重复数据删除集成到大数据集群保护方案中的优势。假设有 100 个节点，每个节点的本地存储容量为 8TB，利用率为 85%，则每个节点的存储数据为 6.8TB。假设内容有三种复制方式(例如，在 HDFS 默认配置中)，在导出或备份操作中，每个节点理论上大约需要复制 2.27TB 数据 (共 227TB)。即使由于结构化和非结构化数据的混合而导致整体重复数据删除率较低，并且包含一些不能很好地进行重复数据删除的数据，也能实现平均水平的重复数据删除率。例如，第一次备份时是 4:1。假设所有节点均匀分布，则每个节点的第一次备份传输大约需要 580GB。此外，包括三向复制在内，100 个 8TB 的节点，85%的利用率相当于 680TB

的已用空间；考虑到只有独特的内容才会复制，这可能只有 227TB，所以解决方案不是将 227TB 复制到 NAS 系统，可能是将 57TB 有效数据写入重复数据删除平台。

如果考虑备份增长率为 20%，对先前备份数据的重复数据删除率为 2:1，并且新数据的重复数据删除率为 4:1，这可能增加备份大小，如表 15.1 所示(当然，这里假设现有备份和新数据之间存在相同数据。如果重复数据删除系统也用于备份大数据系统从其他生产系统获得的数据，那么这很有可能)。

表 15.1　大数据池的累计重复数据删除保护

备份实例	源容量(TB)	备份容量(TB)	消耗的总目标(TB)
1	227	56.75	56.75
2	272.4	22.7	79.45
3	326.88	27.24	106.69
4	392.26	32.69	139.38
5	470.71	39.23	178.6
6	564.85	47.07	225.67
7	677.82	56.48	282.16
8	813.38	67.78	349.94
9	976.06	81.34	431.28
10	1171.27	97.61	528.89
11	1405.52	117.13	646.01
12	1686.63	140.55	786.56

理想情况下，大数据系统需要维护的实际备份数量应该是最少的。这是数据输入和信息输出之间的逻辑分离之处。此类备份应被视为提供短期操作或灾难恢复级别而不是长期合规性数据保护的手段。在很大程度上，大数据分析得出的信息(而非进入大数据分析的数据本身)需要长期的合规性保护。

15.3　不是大数据的大数据

在前面的讨论中，主要关注大数据的传统定义，即用于分析、决策支持和海量数据处理或类似行为的非结构化和结构化数据结合的大数据集。

然而，还有一类数据，虽然很大，却不一定被认为是“大数据”，它指的是真正意义的“大量、海量”数据，通常在传统数据集中密集存储，对数据保护资源造成一定压力。例如，考虑可扩展到数十或更多 PB 的横向扩展 NAS 系统。即使持续以 30TB/h 传输速率，10PB 的数据使用 NAS 等传统备份也需要 14 天才能完成。此类系统可能是大型企业中的通用数据存储库，或者是动画工作室、特效公司、电视频道、医学成像系统等的专业数据库。这些大数据集随着企业生成更大和更复杂数据集能力的增长而增长。

此类数据集通常需要超常规的安全保护机制，更合适的做法是从主本创建副本，即采用相同的技术复制到另一个系统。例如，10PB 的 NAS 可能会制作常规快照，也可复制到第二个甚至更大的 NAS。

此类快照和复制保护技术可能保留有限数量的短期快照(如 72 个小时快照)，并保留较少周期的快照，如 4 次周快照、12 次月快照。这可能将以下两种特定风险引入系统中。

(1) **性能影响**：根据所使用的存储技术和系统上所做的更改次数，长期保留大量快照可能降低性能。这需要审慎的架构规划，确保不会危及系统功能。

(2) **单平台保护**：尽管存在快照和复制，但整个操作保护由同一平台提供。除非存储虚拟化位于顶层，否则典型的部署方法需要以来自同一供应商的存储阵列作为源和目标，固件问题、软件问题或蓄意的黑客活动都可能导致灾难性的数据丢失。即使正在使用存储虚拟化，企业仍会认为所有保护都来自同一平台。

在拥有大量数据的环境中，通常也希望找到一种策略，能融合来自不同平台或数据保护层的至少一层保护。此外，由于很少有企业实施全面的数据生命周期管理和归档，因此即使在此模型中，长期合规性数据留存也不可避免地需要额外的步骤。

这通常导致配置快照和复制选项以满足所有预期的操作恢复要求，并使用备份和恢复系统——不是用于任何与 SLA 相关的恢复，而仅用于满足长期合规性数据留存目的。例如，以前面的 10PB NAS 服务器为例，企业可能将数据集分成一系列 10×1PB 区域，并在整个月内进行滚动备份，而不尝试以 30TB/h 的速度进行一次 14 天的单次备份。假设当前备份速度为 30TB/h，那么每 1PB 区域可在 34 小时多一点的时间内完成备份。这将为每 2 天启动一次新的备份留出时间，并且仍可每个月执行一次完整的 NAS 系统内容备份。

数据保护解决方案需要对所有安全选项及其灵活性进行细致规划和评估，要采用更具创造性的方法满足业务需求。

15.4　为大数据环境使用数据保护存储

许多企业使用大数据处理系统面临的共同挑战是完成组织和管理工作，以便从诸多不同系统填充和刷新数据。例如，高级分析和决策支持系统通常需要利用组织内各种来源的数据，包括非结构化文件数据、传感器内容、遥测内容、大型日志文件、生产数据库、数据仓库以及几乎无限数量的其他企业组件。

除了极少数场景外，数据都不是完全静态的，分析系统中保存的数据也不是静态的。已填充在大数据系统中处理的数据需要定期刷新，确保收集到最新信息和趋势。这种定期刷新可让企业执行以下任何操作，以及几乎任何其他操作：

- 利用快速变化的市场条件带来的优势。
- 根据目前的购物习惯，为顾客提供最可能成功的议价机会。
- 近乎实时地检测欺诈活动。

考虑到环境中的所有系统都可能需要从这些系统中提取数据，来刷新大数据分析环境，可能看到图 15.6 的示例。

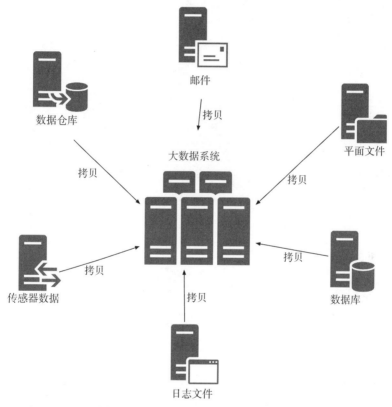

图 15.6　从原始源重新填充大数据系统

虽然这可保证访问最近的数据，有时可能是绝对必要的，但很快会成为数据准备工作的噩梦，在大型企业更是这样。在生产运营时间内从主要生产系统导出数据可能对生产系统的性能或其网络链接产生负面影响。直接负责生产系统的应用程序、数据库和基础架构团队可能有许多其他职责，这些职责会延迟复制大数据团队所需数据。某些企业的更改冻结窗口有时会持续数周，可能直接禁止刷新数据。大型企业需要通过票务系统提交请求并将其路由到各个组，重新填充大数据系统的管理开销，实际上可能将刷新频率降到企业的潜在利益受影响的程度。

然而，如果企业仔细考虑一下，会发现这不是在组织中找到这些数据的唯一来源，企业可从数据库管理员那里获取经验，了解应该如何重新填充这些系统。

只要生产中使用了数据库，就会有开发/测试数据库，数据库管理员需要定期用生产数据刷新这些开发/测试系统。数据库管理员特别注意复制操作对生产系统的潜在影响，常使用备份和恢复存储中的数据库副本作为生产数据库近期版本的来源。

大数据的术语通常与"水"有关：企业使用大数据池(Pool)或大数据湖(Lake)。使用这些术语，企业可能意识到保护大数据就像保护井一样。因此，大数据保护存储允许企业更好地检测保护情况。

随着高速、随机存取的集中保护存储系统的兴起，寻求提高数据保护投资回报的企业可避免重新填充大数据/数据分析系统，这一方法也带来许多挑战。通过从保护存储而不是原始主系统中提取副本，可在不涉及主要生产管理和基础架构团队的情况下执行该过程，而且不影响这些系统的性能。刷新流程如图15.7所示。

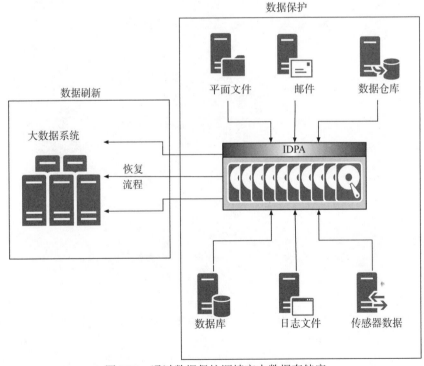

图15.7　通过数据保护源填充大数据存储库

在图 15.7 中，注意到大数据系统使用的各种数据源都需要备份(在本例中为IDPA)。由于大数据保护所需的数据系统保存在磁盘上，易于访问，也不会对生产系统产生影响，因此，大数据团队可快速高效地刷新其系统，而不必考虑主要生产团队和系统上存在的限制(这些技术必须与数据保护存储中可用的恢复速度平衡。在其他地方获取数据来减少或消除对主系统的影响可能使恢复比直接复制更容易接受，即使恢复速度较慢也可以)。

根据用于实际保护原始数据的机制及其存储的格式，大数据系统甚至可直接引用保存在保护存储上的副本，甚至不需要恢复数据，访问流如图 15.8 所示。这具有能访问所需数据而不影响主副本并减少大数据处理所需的存储空间的所有优点。

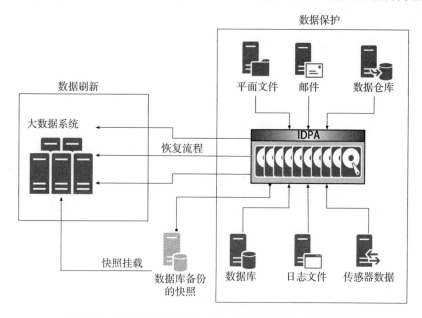

图 15.8　使用数据保护副本作为大数据系统的在线数据源

当然，主存储系统上的数据所有者的快照同样可供大数据系统访问，但这将不可避免地导致以下两种后果之一：

(1) 可能影响主存储快照区域的性能或容量。

(2) 可能影响实际主数据所有者、原始应用程序等的性能。

这两种情况下，从受保护存储中获取数据既可降低这种风险，也可轻松访问所需数据。直接从数据保护源访问快照数据取决于存储的性能特征，因此可能在数据保护存储中使用更高效的存储，如闪存或缓存。

如图 15.8 所示，通过快照在大数据系统中使用数据保护源的另一个潜在优势是可利用早期数据进行组合或比较分析。如果已定期将大数据集群备份到 IDPA，则这些备份可能显示为新源数据。例如，假设一个大数据系统每月备份一次 IDPA，数据保留 12 个月。但为了避免大数据系统中的容量问题，通常会清除超过 6 个月的数据。如果备份到 IDPA 的数据可通过快照和返回大数据环境的网络映射显示，那么可在系统当前的数据和 6 或 12 个月前的数据之间进行计算和比较。例如，金融模型不断更新和改进，企业针对旧数据重新执行这些模型，查看结果与当前已知详情的接近程度。可以想象，这种对数据保护进行良好管理的过程可用于许多历史、比较和创新分析技术，并可使数据科学家和大数据分析师为企业提供新的洞察和战略优势。

15.5　本章小结

在许多方面，大数据带来的问题不一定是全新的，而是几十年来数据保护面临的既有挑战的规模化效应。整个 IT 和计算机科学中的一个常见问题是，随着存储、内存和计算等资源的增加，优化利用这些资源的愿望在下降。操作系统和应用程序的功能已经在很大程度上得到增强，但随着运行这些应用程序和操作系统的计算机日益强大，需求也不断膨胀。同样，与购买和配置更多存储相比，数据生命周期管理通常被视为昂贵且耗时的过程。正如大数据所表明的，可在多大程度上提高单个数据集分析系统的性能是有实际限制的。大数据也表明，传统的数据保护方法在可扩展性方面也有限制。解决方案不再是为了解决问题而投入更多容量或更高速度的网络，而是希望能根除问题。组织可更有效地利用技术，或更有创造性地提供功能级别的数据安全保护。

大数据还强调了选择要保护的数据的重要性：企业需要保护源数据还是只保护结果？对于某些环境，企业仍然需要保护数据本身，但对于其他环境，更明智和更经济有效的方法是保护从数据生成的信息。

这仍然是一个新兴领域，并将在未来一段时间内继续对数据保护体系提出挑战。然而，数据保护体系改进了大数据环境，提高了可扩展性：集中刷新流程、额外数据池和更深层的历史分析。

第16章 数据存储保护技术

16.1 简介

如果不回顾在任何数据中心的静态数据存储保护中使用的最普遍的数据保护形式，任何关于数据保护的讨论都是不完整的。最常见的静态数据存储保护类型当数独立磁盘冗余阵列(Redundant Array of Independent Disks，RAID)。不同于数据中心中的其他数据保护形式，RAID 技术的使用如此普遍，往往视为默认的数据保护措施。无论采用何种形式的数据存储保护，其目的都是作为抵御单个硬盘或固态磁盘等存储技术的故障的第一道防线。

RAID 技术毋庸置疑是数据存储保护之王，但随着时间的推移和驱动器容量的增加，RAID 的使用形式发生了很大变化。当硬盘容量超过 4TB 时，适用于 1GB、100GB 甚至 500GB 的硬盘技术就必须革新。每种形式的数据存储保护都有其自身的优势和潜在的弊端，在涉及更大的存储容量及企业需要提供 24×7×365 的高性能服务时更是如此。

16.2 传统 RAID 技术

1987 年 12 月，大卫·帕特森(David Patterson)、加思·吉布森(Garth Gibson)和兰迪·卡茨(Randy Katz)撰写的论文《廉价磁盘冗余阵列的案例》[1]概述了行业在近 30 年来一直坚持的一些 RAID 基本原则。虽然首字母缩略词已发生了变化，从"廉价(Inexpensive)"改为"独立(Independent)"，但其核心概念仍非常相似。

与一种当时为大型计算机开发的单片磁盘相比，RAID 除了具有更高的可靠性之外，还提供了可改进存储性能的机制。这种对于性能和更高可靠性的双重承诺实际上孕育了数据存储行业。原始论文的概述很有预见性：

"如果没有与之匹配的 I/O 性能提升，那么不断增加的 CPU 和内存性能，仅

---

1 加州大学伯克利分校技术报告编号 USB/CSD-87-391，https://www.eecs.berkeley.edu/Pubs/TechRpts/1987/5853.html。

仅是一种浪费。"[1]

本节将讨论不同的 RAID 级别。RAID-0 本身不提供保护，只是在 RAID 集包含的所有驱动器上条带化数据，从而使性能最大化，所以先跳过 RAID-0，直到谈到嵌套 RAID 模式时再讨论。同样，还将跳过 RAID-2 和 RAID-3，这些级别都不常见，基本上不再使用。

在所有情况下，无论硬盘的组合方式如何，RAID 的工作原理都是通过虚拟化组合硬盘驱动器，并将虚拟的存储作为单个驱动器提供给主机。

在讨论 RAID 时，请记住 RAID 仅用于数据存储保护，RAID 不是用于防止数据损坏、可用性丧失、用户错误或故意擦除数据的保护手段。数据保护的其他部分是用于保护这些目标的。

16.2.1　RAID-1 技术

RAID-1 卷的实现方式，也被称为镜像，即两个硬盘 100％ 保持同步。图16.1 是一个 RAID-1 示例。

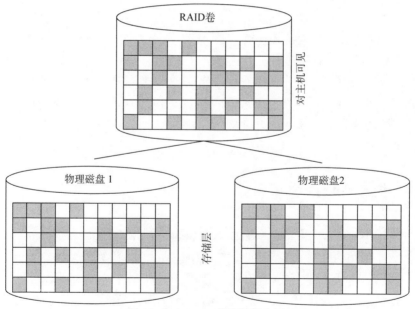

图 16.1　RAID-1 卷的逻辑表示

RAID-1 配置允许在单个驱动器发生故障时，数据可保持完整并可访问。在正常操作期间，即两个驱动器都存在且功能正常时，写操作的耗时会加倍。这是因为必须先将写操作提交给两个物理驱动器，然后才能向主机返回确认。这通常称

---

1 同样参见脚注 1 中的报告。

为 RAID 写惩罚(RAID Write Penalty)，除了 RAID-0 外的所有 RAID 类型都受某种形式的影响。

根据 RAID-1 实现方式，读操作可在两个驱动器上执行，从而获得比从单个驱动器读取更高的性能。

一些更便宜的、面向普通个人消费者的 RAID-1 实现可能会优先从单个磁盘读取所有数据，这么做与不使用 RAID-1 配置相比不会有任何性能优势。

从容量角度看，RAID-1 将用于提供数据存储的物理容量减半。如果在 RAID-1 镜像中使用 2×6 TB 硬盘驱动器，操作系统将只显示 6TB 的可用容量。[1]

注意，通常使用相同容量的驱动器构建 RAID 集以最大化利用率。例如，假设将 2TB 驱动器和 6TB 驱动器镜像，此时提供数据保护的唯一方法是将 6TB 驱动器的最大利用率限制为 2TB，从而写入 4TB 驱动器的任何内容也可写入 2TB 驱动器。就标准 RAID 级别而言，假设在所有情况下，RAID 集中所有的驱动器都具有相同的容量。稍后将讨论其他 RAID 方法，有些方法支持不同的驱动器容量。

RAID-1 或其变体(RAID-1+0 和 RAID-0+1)通常配置为关键任务高性能系统的存储，主要原因是最小化写惩罚。特别是对于需要大量短延时 IOPS 的系统，RAID-1 及其变体通常提供性能和保护的最佳组合，尽管这么做需要付出一定代价。

16.2.2　RAID-5 技术

RAID-5 卷实现方式尝试使用奇偶校验概念平衡数据保护与提供的容量。RAID-5 配置最少需要 3 块驱动器，但对于 RAID-5 配置中的任何 n 个驱动器，可提供的总容量为$(n-1)\times C$，其中 C 是 RAID 集容量最小的驱动器的容量。因此，在使用数据保护后，3×2 TB 驱动器将产生 4 TB 容量，9×2 TB 驱动器将产生 16 TB 容量，以此类推。图 16.2 显示了三块磁盘 RAID-5 配置的逻辑表示。

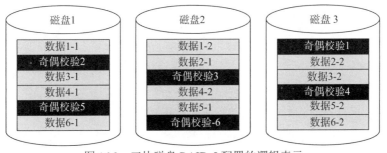

图 16.2　三块磁盘 RAID-5 配置的逻辑表示

---

1 为简便起见，所有度量中使用 TB 而不区分 TB 和 TiB(TB 采用十进制，Tib 采用二进制)，只讨论原始容量，而不是考虑格式、文件系统开销等后的预期容量。

RAID-5 卷被分为一系列条带。对于具有 n 个驱动器的 RAID-5 配置，输入数据被分成 n-1 个段，并且条带的第 n 段由奇偶校验运算构成。奇偶校验运算通常是针对所有数据段进行 XOR 处理。第 n 段作为条带写入配置中的所有驱动器。主要出于性能原因考虑，条带不是字节而是块。条带的大小是指写入 RAID 配置中每个驱动器的数据段的大小。

RAID-5 卷可承受单个驱动器的故障。无论何时读取数据，要么读取整个数据集，要么读取 n-2 个数据段加上一个奇偶校验段，然后对奇偶校验段进行计算来重构整个数据集[1]。

虽然与 RAID-1 相比，RAID-5 可产生更高的容量，同时仍可提供对单个磁盘故障的保护，但这么做需要付出代价。任何数据在 RAID-5 卷上更新，在将实际更新的数据写入磁盘之前，必须读取每个受影响条带中的所有数据并计算新的奇偶校验。因此，对现有条带中任何数据的更新将顺序执行以下活动：

(1) 读取所有旧数据。

(2) 读取先前的奇偶校验值。

(3) 计算新的奇偶校验值。

(4) 写入更新的/新的数据。

(5) 写入重新计算得出的奇偶校验值。

此列表中的步骤 1、2、4 和 5 均代表了不同的 I/O 操作，这些操作必须作为单个操作的一部分执行。因此，RAID-5 被认为有 4 次写惩罚，因为每个逻辑写操作请求需要进行 4 个不同的 I/O 操作。

由于写惩罚，RAID-5 通常认为不适用于需要大量写操作的工作负载；相反，因为所有驱动器都参与读过程，RAID-5 在大量顺序读操作期间表现出色。

最近，在大型企业配置中 RAID-5 开始失宠。虽然在中小型企业中 RAID-5 仍然相当受欢迎，但更大的驱动器容量对重建时间产生了不利影响。特别是在重建过程中，第二个驱动器故障的风险增加，所以当 RAID-1 卷及其变体在经济上不可行时，企业越来越倾向于将 RAID-6 用于更大的逻辑单元号(logical Unit Number，LUN)，稍后将介绍 RAID-6 卷。

16.2.3 RAID-4 技术

RAID-4 卷的特性与 RAID-5 卷类似，但 RAID-4 卷的奇偶校验磁盘是专用的。也就是说，奇偶校验不会在系统的所有驱动器上进行条带化。如果单个磁盘发生故障，可通过以下两种方式之一读取数据：

(1) 如果奇偶校验磁盘发生故障，则可从原始条带数据"正常地"读取数据。

(2) 如果数据集中的一个磁盘发生故障，则可通过从工作磁盘读取条带的剩

---

1 奇偶校验和数据重建计算超出了本章的讨论范围。

余段，读取奇偶校验详细信息，然后结合数据和奇偶校验信息重建丢失数据，从而读取数据。

图 16.3 显示了三块磁盘的 RAID-4 卷配置的逻辑表示。注意，其中一块磁盘专们用于奇偶校验功能。

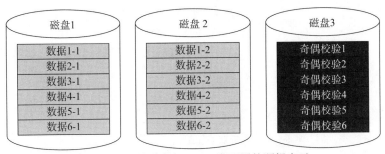

图 16.3　三块磁盘 RAID-4 卷配置的逻辑表示

因为专用奇偶校验磁盘将比配置中的其他驱动器承受更高的磨损，通常在大多数情况下会避免使用 RAID-4。与 RAID-5 一样，RAID-4 的写惩罚值为 4，并且在更新现有条带中的任何数据时都将顺序执行以下活动：

(1) 读取所有旧数据。

(2) 读取先前的奇偶校验值。

(3) 计算新的奇偶校验值。

(4) 写入更新的/新的数据。

(5) 写入重新计算的奇偶校验值。

例如，在条带大小为 128KB 的情况下，更新 4 KB 数据，被更新的数据被限定在单个条带而不跨越两个条带的概率相当高。这种情况下，只需要对两个驱动器执行新的写操作。一个驱动器用于保存被更新的数据，另一个用于保存奇偶校验数据。RAID-5 配置中，奇偶校验数据所属的磁盘随每组条带集而变化；但 RAID-4 中，奇偶校验条带位于专用磁盘上。也就是说，无论添加或更新数据，始终会写入专用磁盘。在具有大量写入(尤其是大量更新)的环境中，可能导致奇偶校验磁盘比 RAID 集中的其他磁盘磨损得更快[1]。

应该注意，还存在一种 RAID-3 卷架构，它非常类似于 RAID-4 卷，只是奇偶校验和条带化在字节级别进行。RAID-3 卷技术已经很少使用了。

---

[1] 某些存储系统采用使用大型 NVRAM 缓存保存奇偶校验信息，从而错开对奇偶校验驱动器的写入，甚至使用镜像的奇偶校验驱动器来缓解奇偶校验磁盘故障的影响。系统采用这种方法试图减轻专用奇偶校验磁盘的损耗。通常只有使用了这些类型的技术，才能认为 RAID-4 卷适用于企业。

16.2.4　RAID-6 技术

RAID-6 卷添加第二个奇偶校验条带，是对 RAID-5 卷基本原理的扩展。这意味着 RAID-6 配置中的最小磁盘数为 4，而该最小值在实践中很少使用。图 16.4 给出了四块磁盘 RAID-6 配置的逻辑表示示例。

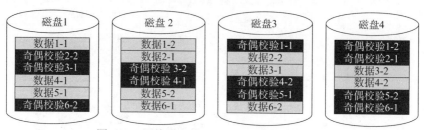

图 16.4　四块磁盘的 RAID-6 配置的逻辑表示

RAID-6 卷的优势在于提供了双驱动器冗余。RAID-6 集最多允许两个驱动器出现故障而不会损害数据完整性。然而，这确实意味着牺牲两个驱动器的容量以保障数据完整性。因此，一个 4×4TB 的 RAID-6 集只能产生 8TB 的原始数据空间。对于如此少量的驱动器，不会提供比 2×RAID-1 配置更大的保护。但很少看到四个驱动器的 RAID-6 集，相反，RAID-6 使用的驱动器数量更多。例如，在 RAID-6 中配置整个 15 个驱动器架的情况并不罕见。因此，使用 RAID-6 的 15×4TB 驱动器提供 52TB(即 13×4TB)原始数据空间时，还提供 8TB 的奇偶校验保护。

在提供更高程度的容错能力时，RAID-6 将写惩罚值从 4 增至 6。虽然 RAID-6 奇偶校验使用了多种算法，但写惩罚值增至 6 的原因是两个奇偶校验计算是对不同数据执行两个奇偶校验计算。因此，在先前列出的 RAID-5 卷 I/O 步骤外，还要执行附加的数据读取、奇偶校验计算和数据写入。

与 RAID-5 卷一样，RAID-6 卷适用于读优于写的场景。在使用 RAID-5 和 RAID-6 时都应注意，仅在数据更新时才会遇到写惩罚。因此，如果写操作主要是由于写入新数据或覆盖整个条带造成的，那么可减轻惩罚。这通常使 RAID-6 成为保护存储和集成数据保护设备的理想选择。

16.3　嵌套 RAID 技术

嵌套 RAID 技术(Nested RAID)指的是为提供更高的性能、存储效率或保护，合并使用两个 RAID 级别。嵌套 RAID 通常根据 RAID 级别的嵌套顺序从里到外命名，一些更常见的嵌套 RAID 有：

- RAID 0+1
- RAID 1+0

● RAID 5+0

常在名称中删除 "+" 符号，分别缩略为 01、10 和 50。

在图 16.5 中，可看到 RAID-0+1 或 RAID-01 配置的逻辑表示。

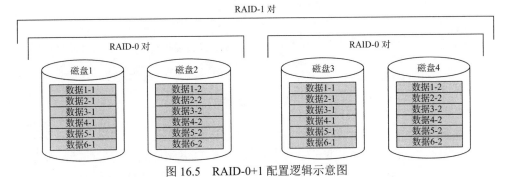

图 16.5 RAID-0+1 配置逻辑示意图

RAID-0+1 将两个条带化磁盘集镜像。每对 RAID-0 条带提供性能，但不提供数据保护。数据保护是通过两个 RAID-0 集的镜像实现的。RAID-0+1 至少需要四个驱动器，并且呈现出的卷总容量是驱动器容量的一半。也就是说，使用 4×4TB 卷将产生 2×8TB 镜像条带，总数据容量为 8TB。RAID-0+1 配置允许在 RAID-0 对中丢失单个驱动器，也允许在整个 RAID-0 丢失路径。

RAID-1+0 逻辑上与 RAID-0+1 相反。组建两个 RAID-1 对，然后使用这两个 RAID-1 对创建 RAID-0 条带。如图 16.6 所示。与 RAID-0+1 类似，RAID-1+0 将提供整个 RAID 集中驱动器容量的一半。RAID-1+0 可容忍每个 RAID-1 对中的磁盘丢失，但与 RAID-0+1 不同，不能容忍其中一个 RAID-1 对的路径的丢失。

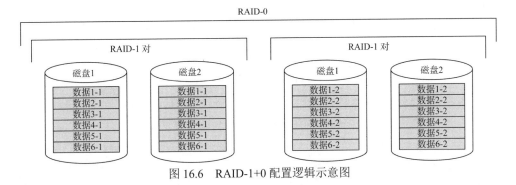

图 16.6 RAID-1+0 配置逻辑示意图

RAID-5+0 类似于 RAID-1+0，只是两对 RAID-5 集以条带方式结合在一起，如图 16.7 所示。在数据完整性受损前，RAID-5+0 可承受每个 RAID-5 对中的一个磁盘丢失，但不能丢失对 RAID-5 集中跨条带数据的任何一个路径的访问。如果每个 RAID-5 集中使用 n 个磁盘，则 RAID-5+0 配置的总容量为 $2n-2$。因此，一个由 RAID-0 跨 4×4TB 条带化而成的 RAID-5+0 配置，将为所连接的主机提供 24TB 的原始数据容量。

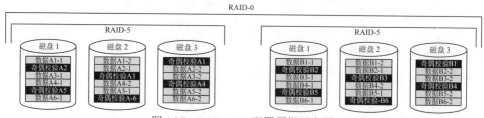

图 16.7   RAID-5+0 配置逻辑示意图

以上这些只是嵌套 RAID 的三种可用变体。某些情况下，特别是在使用连续可用的成对存储阵列时，可能使用 RAID-5+1。嵌套 RAID 有时可提高性能，有时可提高性能和存储容量，但在选择这样的级别时应该仔细考虑更广泛的存储环境。例如，RAID-1+0 和 RAID-5+0 都可提高性能，但两者都不能保护 RAID-0 中一个条带的连接丢失。

16.4   子驱动器 RAID

RAID 不一定只在整个驱动器级别实现。某些企业级存储系统，以及功能更丰富的、面向消费者的 RAID 可能提供子驱动器 RAID(Subdrive RAID)。这样做有两个明显优势：容量优化的多样性和重建性能。

16.4.1   子存储器 RAID 的容量优化

通常，当我们考虑使用标准 RAID 时，核心预期之一是 RAID LUN 中所有驱动器大小相同，否则会浪费容量。

设想一个由四块驱动器组成的 RAID-5 卷，其中两个驱动器大小为 4TB，另外两个驱动器大小为 2TB。在标准 RAID-5 集中，这么做将导致此 RAID 集中的每个驱动器都当成 2TB 驱动器配置，在每个 2×4 TB 驱动器中留下未使用的且无法访问的 2TB。这种情况类似于图 16.8 所示的配置。

子驱动器 RAID 通过在低于单个驱动器的级别上提供 RAID 来克服这个问题。使用子驱动器 RAID 可能这样配置：针对 2×2TB 驱动器和每一个 4TB 驱动器中的前 2TB 配置 RAID-5，然后针对每个 4TB 驱动器剩余的 2×2TB 执行 RAID-1 配置，如图 16.9 所示 。

这是"智能"个人 SOHO RAID 存储系统中是特别常见的方法，而且在各个驱动器中混合使用 RAID 类型，有时也可称为"混合 RAID(Hybrid RAID)"。在混合 RAID 配置中，受保护的所有存储可作为单个卷使用，用户可有效地忽略配置中使用的实际 RAID 级别。

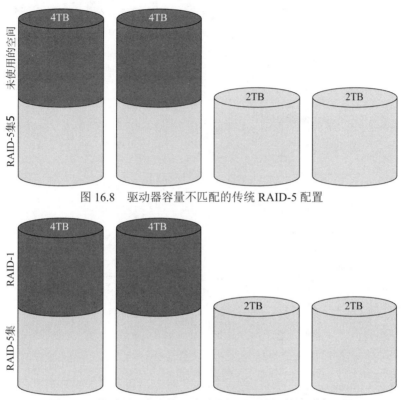

图 16.8　驱动器容量不匹配的传统 RAID-5 配置

图 16.9　使用不同大小的驱动器进行子驱动器的 RAID 配置

应该注意，如果在子驱动器配置中创建的各个 RAID 类型呈现为单独的卷，例如图 16.9 的示例中 2TB RAID-1 卷和 6TB RAID-5 卷，这样做可能导致性能问题。不仅可能同时将写操作发送到相同的物理驱动器，而且 RAID-1 和 RAID-5 的不同写入特性将进一步影响性能，而不仅是考虑每种 RAID 类型中涉及的 I/O 操作将两个程序同时写到相同物理磁盘这样简单的场景。

16.4.2　分散 RAID

子驱动器 RAID 的另一个潜在优势在于考虑了跨大量磁盘的潜在重建速度，在仍然提供常规 I/O 操作的情况下优势尤其突出。这可通过分散和网格等各种术语表示。这是假设 RAID 内容可能分散在大量驱动器中。例如，RAID-1 配置可能使用数十个甚至数百个驱动器，其中每个数据块在不同驱动器对之间镜像。在单个驱动失效的情况下，内容可同时从多个驱动器复制，更重要的是可同时复制到多个驱动器。与重新构建以前的 RAID 数据块对不同，所有参与的驱动器将为接收新的写操作腾出空间，以便缩短重新构建时间。

考虑图 16.10 中分散(Scattered)子驱动器 RAID 配置，为简化起见，仅显示了四块 RAID-1 块对。在正常的 RAID-1 配置中，如果 RAID-1 对中的一个驱动器发生故障，RAID-1 对中的另一个可用的成员需要端到端读取，以将内容复制到另一个驱动器，从而重建完整的数据保护。这种分散的 RAID 重建类似于图 16.11。

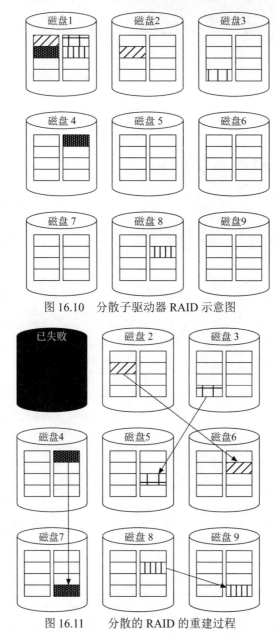

图 16.10   分散子驱动器 RAID 示意图

图 16.11   分散的 RAID 的重建过程

如图 16.11 所示，每个幸存的 RAID 块都可复制到总体可用集中的不同驱动器，这种并行重建过程大大提升了总体恢复效率。与一个磁盘的单端到端读取和另一个磁盘的单端到端写入不同，整个保护集中的所有磁盘同时用于读取未受保护的数据，并将其写入备用驱动器或保护集中有备用存储的驱动器。

应该注意到这么做带来了数据保护成本。如果在重建过程中，驱动器 2～9 中任何一个失效，则正在重建的整个数据集将丢失。因此，子驱动 RAID 方法可实现高效的重建时间，但 RAID 级别的容错性在配置中的所有潜在驱动器上保持不变。这种情况下，供应商通常会争辩说，由于重建时间与传统重建相比如此之快，发生这种情况的风险非常低，这一论点当然有其道理。备选方案是在整个保护集中存储两个以上数据副本，或使用比部署的驱动器总数更小的保护集，以最小化由于级联故障导致的总体数据污染风险。也就是说，一个拥有 500 个驱动器的阵列在逻辑上可分解为 10×50 个集合。通常认为这种类型的分解会对系统的扩展粒度造成严格的限制。

在固态存储设备等全闪存系统中，分散 RAID(Scattered RAID)是一个非常有效的解决方案，可更有效地利用空间。传统的磁盘解决方案可能需要优化数据复制过程，确保没有磁盘在读取的同时写入，或者至少减少磁盘的数量要求。然而，并发读取和写入造成的性能影响对固态存储来说微不足道，通常不值得考虑。此外，与许多部件以极高速度运转的传统硬盘驱动器相比，企业级闪存[1]的多个部件同时发生故障的风险大大降低。

16.5　对象保护存储

通常认为，基于对象的存储(Object-based Storage)是云存储系统的一项功能，是传统基于文件系统存储方法的替代方案。实际上，在云存储可用前，对象存储已在归档系统中广受欢迎，并在许多解决方案中使用。文件系统是基于可能深度嵌套的目录以及所有这些目录中的任意数量的文件。对象存储通常基于非常广的命名空间，其中每个对象(离散数据单元)在其元数据中包含一个全局唯一标识符(Globally Unique Identifier，GUID)。通过使用 GUID 允许单独寻址和引用每个对象，而不必了解对象实际位于哪个最终存储系统。虽然文件可能被封装为基于对象的存储系统中的对象，但不应该假设对象和文件之间存在 1:1 的关系。对象存储系统实际上可用于任何类型的数据，并且一个对象可等同一个 BLOB 数据库或元组[2]。最终，由访问应用程序决定对象的性质。

1　对于重复重写操作引起的降级，企业级闪存/固态硬盘(Enterprise-grade Flash/SSD)这一类别通常具有更高的容差。企业级闪存具有数万个容差而不是数千个容差。如果单个存储器单元失效，通常需要换用更大的"备用(Spare)"存储器。

2　二进制大对象(Binary Large Object，BLOB)。

单个对象存储系统可分散在大量客户存储系统、定制存储阵列、商业和企业存储系统以及介于其中的任何系统中。对象存储系统和企业存储系统之间的一个关键区别是数据弹性(Resiliency)。企业存储系统通常旨在提供系统内的全部弹性，包括 RAID、快照和复制等。对象存储系统通常设计为提供特定的基本级别的弹性，这一点将在稍后讨论。附加的弹性层通常是一个访问应用程序功能。因此，将更可能看到对象存储系统专注于商品级或接近商品级的硬件，而不是由典型的企业存储系统支持。

命名法仍在不断发展，无论对象存储系统类型如何，其中的每个组件通常认为是一个节点，而且对象将分布在多个节点上。所有这些复杂性都从访问系统中抽象出来，这些访问系统通常执行以下操作之一，而所有这些访问操作都附带被授权的访问密钥：

(1) 提交 GUID 并请求引用的对象。

(2) 提交要存储的对象，在返回时接收 GUID。

(3) 提交要删除的对象的 GUID。

虽然这不是详尽列表，但概述了对象存储过程。注意，这种抽象级别甚至比通常在典型文件系统中看到的还高。在文件系统中，为访问单个数据(如文件)，企业必须知道文件名和该文件的完整路径。在对象存储系统中，你仅需要提供GUID。因此，具有全局名称空间(Global Namespace)的对象存储系统通常认为是平面的，而不是像文件系统那样具有层次结构。

对象存储系统虽然对各种功能和用途都很有用，但提供的一个特定优势是扩展。通常认为经典的网络连接存储(Network Attached Storage，NAS)文件服务器可扩展到数百万、数千万甚至可能是一亿个文件左右，然而对象存储系统通常以能处理数十亿个对象为前提。

关于对象存储的总体性质、优点和限制的讨论超出了本书的范围。尽管对象存储的机制有所不同，但对数据存储保护的基本需求是相同的。与 NAS 服务器提供的文件系统不同，对象存储通常不受 RAID 保护。在最低级别上，对象存储池中的各个磁盘适度独立地运行，由对象存储控制器层确保使用适当的分散模式存储对象的多个副本，而访问应用程序和 API 通过它进行通信。对象存储通常定义为通过纠偏编码进行保护，纠偏编码要么完全在一个位置，要么使用地理分布。与传统 RAID 相比，纠偏编码可表现出出色的空间效率，不过这通常取决于对象存储方案的体系结构。但请记住，随着驱动器的数量和大小的增加，RAID 系统的重建时间会增加。象征性地比较一下 RAID 和对象可知，就存储开销而言，RAID可能更可取，但随着数据量的增长，RAID 所需的开销将随着 LUN 数量的不断增加而增加。

16.5.1　地理分布

顾名思义，地理分布通过在不同地理位置保存对象的多个副本来提供保护，以防对象丢失。根据对象存储系统的不同，地理分布(Geo-distribution)可能仅作为可选项，或可能视为关键的功能需求/能力。在某些对象存储模型中，可能需要访问应用程序以确保它们可以：(1)订购地理上分散的对象存储；(2)在每个位置一致地写入副本。除了方便对象放置，地理分布式对象存储也可用于提供数据弹性。这种情况下，放置是指用户可能需要从各个位置甚至世界上任何地方接入。位于墨尔本、奥斯汀和斯德哥尔摩的对象数据存储区不仅会为每个对象提供地理上分散的保护，也可使用户通过网络访问距自己最近的对象副本。但这点不一定能得到保证，并超出了目前正在讨论的数据安全保护的考虑范围。

对于地理分布式对象存储，一个普遍的考虑因素是，多快才能使跨越不同位置的对象保持一致。如果使用一个全局命名空间设计，即使一个对象不是直接存在的，也应该是跨地点可访问的。诚然，这会有"拖曳"延迟。对象存储系统可能具有跨地理区域的高度一致性，或可能提供"最终"一致性。

无论对象存储是部署在私有云还是混合云中，或通过公有云访问，用户通常都可在对象地理分布和仅本地化存储中选择。通常认为地理分布是一种更昂贵的选择，在公有云场景中订购肯定会很昂贵。但地理分布提供更大弹性。特别是，就像传统 IT 环境利用多个数据中心避免将所有基础架构放在一个篮子一样，对象存储的地理分布避免了在单个数据中心发生故障时，数据变得无法访问甚至丢失的情况。

16.5.2　纠偏编码

从最基本的角度看，可能认为纠偏编码(Erasure Coding)是对象级 RAID。纠偏编码将传入对象拆分为多个段或符号并创建额外的段，以便可在丢失多段的情况下重新创建原始内容。每个段和编码段分布在对象存储系统中的磁盘和节点中，以免单个节点丢失导致数据不可恢复。[1]从逻辑上讲，这可能类似于图 16.12 所示的过程。

虽然认为 RAID 可完成和对象保护一样有用的工作，但必须记住对象存储通常通过横向扩展增长。不同于传统的纵向扩展的存储模型，对象存储通过向对象存储集群中添加更多节点增长，而不是传统的具有两个控制器和大量后端存储的扩展存储模型。这允许对象存储系统在必要时增长到数百 PB 或更多，而不受通常情况下大型 RAID 系统所受的约束，无论这些限制是重建时间还是分配给 LUN

---

1 环境中的节点数将影响所提供的纠偏编码级别。某些情况下，特别是当节点数量较少时，多个数据片可驻留在同一节点上，但设计将确保在单个节点丢失的情况下仍可重建或恢复数据。

的驱动器数量，而 LUN 本质上是就对象存储的一个外来概念。如果通过公有云访
问对象，额外变化将是网络访问速度。也就是说，Web 速度与对象存储延迟不是
特别相关。虽然私有对象存储可用于更大范围的功能，但就原始访问速度而言，
对象存储不是设计用于替代第 1 级(Tier-1)企业存储。

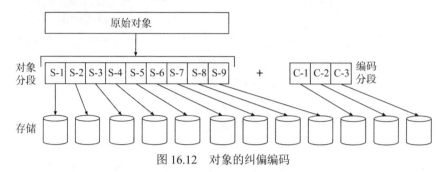

图 16.12　对象的纠偏编码

RAID 实现通常要求 LUN 中的所有磁盘由单个存储处理器或主/主配置中的
一对存储处理器控制；对象级存储的类 RAID 特性实现相似的目标，但允许每个
段存在于对象存储集群中的不同可寻址节点上。位置感知编码机制确保单个节点
的失效不会导致数据丢失，从而提高了弹性；即使节点位于几个驱动器至几十个
驱动器中的任何地方，也可以施加保护。实际上，随着高密度存储机架日趋普遍，
60 块或更多驱动器可能分配到一个机架挂载节点中，所有驱动器和所有节点组成
了整个存储池。这允许设计为"向外扩展"的配置，甚至达到 EB(Exabyte)级别，
同时具有很高的容错性，将编码对象的地理分布添加进来更是如此。与许多传统
的企业存储系统不同，地理分布并非真正涉及"生产"和"灾难恢复"站点，但
可能包括 3 个、4 个或更多站点，所有站点都参与到存储池中。

16.6　本章小结

当企业考虑静态数据存储保护时，"一条铁链的坚固程度取决于它最脆弱的一
环"这句箴言特别有意义。选择正确数据存储保护是迈向完整数据保护系统的
第一步，也是最基本的一步。静态数据存储保护本身并非一种数据保护解决方
案，但很难找到一种不包含静态数据存储保护的、有效且全面的数据安全保护
解决方案。

企业从构建到解决方案中的每一层数据保护都以事物失效(Things Fail)这一
简单的知识为前提，无论失效的事物是指存储阵列、存储网络交换机、文件系统
还是犯错误的最终用户，总之是失效了。写入时复制快照不能防止底层磁盘故障，
如果企业需要做的就是确保单个磁盘故障不会导致数据丢失，那么使用带有冗余

虚拟化阵列的、连续可用的系统是一种对金钱的可怕浪费。

虽然 RAID 实际上是最基础层的数据存储保护标准，但随着各种规模的企业将工作负载从传统存储迁移到云或对象存储，加之业务部门需要处理越来越大的数据集，这扩展了传统 RAID 的功能，回到这个假定的基本保护要素并提出最基本问题：

(1) 这能保护需要存储的数据量吗？

(2) 这一开始就存在吗？

最终，能处理数十亿或更多对象的云规模存储需要新的、可大规模扩展的架构，在未来几十年，数据存储会持续发展。

第17章　磁带技术

17.1　简介：磁带技术的重要历史地位

曾经有一段时间，如果不将磁带技术作为主要关注点，则无法讨论数据保护体系。磁带一经问世就广泛运用于 IT 行业。早在 1951 年，UNIVAC1 就在使用磁带进行数据存储。磁带技术远比穿孔卡具有优势，在磁盘取代磁带成为主要存储技术之前，曾经有几十年的时间里，磁带一直都是最常见的存储载体。

随着磁盘系统的发展，磁带的顺序特性迫使其转向备份、层次化存储管理(Hierarchical Storage Management，HSM)和归档等领域。简而言之，在主动高速随机访问数据方面，磁带技术根本无法与磁盘系统有效竞争。

历史上，磁带也曾提供了磁盘存储难以匹敌的优势，包括：

- 固定空间占用下的可伸缩能力
- 大容量、低成本
- 高速顺序读写性能
- 便携性

此外，最近，磁带技术也被视为一项绿色科技。

几乎每年都有专家声称磁带技术即将消亡。虽然现实情况未必如此，但必须承认，磁带技术在现代数据中心的影响力一直在变弱。这是基于磁盘存储系统和最近的替代存储(如云计算存储)的崛起造成的。在未来一段时间，磁带在数据中心的使用范围将继续缩小。

为理解磁带技术在数据保护体系中不断变化的作用，首先应该回顾一下磁带在过去 20 年中的主要应用场景。

17.2　层次化存储管理和归档

层次化存储管理(Hierarchical Storage Management，HSM)曾活跃在大型机领域中，由于访问经济性的原因，不常使用的数据被移到越来越慢的存储中，直到最终将数据完全从磁盘上移除并保留在磁带上。为确保数据在需要时仍可检索出来，文件系统或操作系统层会留下"存根(Stub)"。当最终用户或应用程序尝试访问重定位的文件时，可通过操作系统的 HSM 插件识别并从磁带中读取文件。尽管这是一种比通常更慢的访问方式，但最终用户无法在访问方法中区分数据是否存储在磁盘上。

层次化存储管理和归档在数据移动功能方面基本上是同义词，主要区别在于，HSM 通常被视为一个数据处理过程，即使数据已被移到存储速度较慢的介质上仍可更新(特别是磁带技术用于 HSM 时，将导致数据在修改前，先移回主存储层)。传统归档与 HSM 的不同之处在于，移动后的数据由于法律或合规性原因需要保留，甚至可能被锁定，并禁止修改。这种情况下，因为磁带具有一次写入多次读取(Write-once Read-many，WORM)特性，归档文件同样适用于磁带。由于磁带不允许选择性地覆盖数据，数据一旦写入就不会被修改，因此磁带很容易被认为是不易篡改的"黄金级"副本。如果采取额外步骤来确保磁带不被擦除、覆盖或以其他方式销毁更是如此。特别是在非大型机环境的 IT 领域中，磁带相关数据保护术语往往模糊不清。

通常，层次化存储管理和归档系统基于年限和/或访问频率处理文件或数据。特别是将数据移到磁带时，目标始终是确保在数据从磁盘重新定位到磁带时该数据已保存了相当长的时段，且在一定时间内未被访问过。某些情况下，不管数据是否是新近创建的，也可能根据其大小以及在线保存的相对成本来移动数据。

磁带技术提供的超高容量使其在归档/HSM 环境中具备高性价比，当企业的目的是移动数据且不需要频繁访问时更是如此。例如，回顾一下 1998 年推出的 LTO Ultrium-1 的容量为100GB，而该年硬盘容量在 2.1GB 到 21GB 之间。因此，单个 100GB 盒式磁带可容纳 4~47 个硬盘驱动器的容量，这为企业节省大量资金。即使存档或 HSM 的数据为防止磁带故障而写入两次，这仍比维护足够多的硬盘驱动器在线存储所有数据更便宜。相反，100GB 的硬盘驱动器直到 2001 年前后才投入商用[1]。虽然通常每一代新磁带的单位存储成本都有所提高，但这种成本显然远低于同等容量硬盘驱动器的成本。

企业可通过较小的磁带库来实现 HSM 和归档功能，这样比仅使用磁盘的同类产品花费稍低的成本、更小的机柜空间，却可大幅扩展其存储容量。即使是带有 2 盒磁带机和 20 个插槽的基本型机架式磁带机械手(Tape Changer)，也可为使用 LTO-1 磁带的企业提供 2TB 到 4TB 不等的额外容量，具体容量取决于压缩情况。而所占空间大约是 8U(Rack Unit，RU)。假设在 3U 的机柜中使用了 15 个硬盘驱动器，共有 19GB 容量，在没有考虑任何 RAID 集的情况下，2TB 需要 106 个硬

---

1 应该注意，在技术上，HSM 和归档都非用于保护数据，而是在信息生命周期上管理数据。请记住，企业级存储供应商为确保满足关键要求，如可靠性、库存可用性以及与现有系统的最大兼容性，通常较晚才会支持新的驱动器尺寸。这通常意味着新的硬盘驱动器可能需要过一些时间才能在企业存储中使用。

盘驱动器,占用多达 24U 的机柜空间(例如,增加 RAID-514+1 配置将导致在相同的标准机架尺寸下增加到大约 120 个驱动器)。

尽管如此,在此引述层次化存储管理(HSM)和归档则是因为它们对磁带使用的历史具有一定影响,以及在有效的数据保护机制下(删除或以其他方式归档主存储不再需要的数据),磁带的使用有效降低了数据安全保护和主存储的成本。

17.3 备份与恢复

如果层次化存储管理(HSM)和归档似乎是使用磁带的价值驱动力,那么与备份和恢复的实际案例对比后,即可显现磁带技术的优势了。磁带几乎满足备份和恢复的所有要求,最值得注意的是,磁带满足了三个非常关键的需求:

(1) 快速(Fast)

(2) 廉价(Cheap)

(3) 可移动(Removable)

20 世纪 80 年代、90 年代和 21 世纪初的备份行业都是围绕着磁带发展的,以至于当事实上的行业标准(DLT)难以超越 35GB 备份磁带时,大部分备份和恢复行业都陷入了停滞[1]。直到 LTO 联盟于 1998 年首次发布 100GB 盒式磁带,才为这个行业注入了新活力,从那时起,磁带行业开始加速发展。

磁带早些时候非常流行,在磁盘备份前提供了高速备份。早在 1997 年,磁带技术就达到 1TB/小时的备份速度,到 2003 年已达到 10TB/小时的速度。在尽快移动大量数据方面,磁带在很长一段时间内为 IT 行业提供了良好服务,在回顾数据保护历史时,必须承认这一点。

整个备份产品都是围绕磁带架构开发的,因此,应该考虑备份供应商提供的几个关键方面,以消除基于磁带使用的一些限制,因为在特定情况下,磁带仍然可为备份或备份复制提供有效的技术。

17.3.1 介质跨越

介质跨越(Media Spanning)是指需要将单个备份数据分布在多盒磁带上的场景。这可能发生在磁带容量小于备份集的情况下,例如,将 10TB 文件系统备份到一组 2TB 磁带上,或备份时可能发生在部分用过的磁带剩余容量小于备份数据集容量的情况。

虽然大多数企业级备份产品支持介质跨越,但某些产品(尤其是开源产品)需要花费很长时间才能支持此特性,这导致备份和系统管理员不得不手动拆分备份

---

1 虽然 DLT 不是当时唯一的磁带技术,但确实是一种关键且广泛使用的技术。

源以适应磁带容量。这样的过程既耗时又容易出错(无论多么谨慎都可能犯错)，而且这个过程不可避免地会导致介质浪费。通过允许介质跨越所需数量的磁带确保数据成功备份，企业级备份产品避免了磁带浪费并降低了由于人为错误导致关键数据未备份的风险。

17.3.2　快速数据访问

快速数据访问(Rapid Data Access，RDA)与磁带介质跨越和备份目录密切相关。快速数据访问是指备份产品能否通过目录识别恢复真正所需的介质，并且在这些介质中，识别恢复尽可能少的所需部分数据。试想一下，备份跨越了四盒磁带，并且需要恢复的单个文件恰好存储在第三盒磁带上。企业级备份软件将首先使用目录确定恢复只需要第三盒磁带，然后使用高速磁带"搜索(Seek)"操作跳转到相对接近恢复所需数据的位置。技术落后的产品可能加载第三盒磁带并从头开始读取，更原始的产品没有备份目录，则可能需要从第一盒磁带开始浏览备份数据集，丢弃了大多数读取的数据，最后才能定位到所需的特定文件。

备份供应商通常会使用文件和记录标记以高粒度定位需要访问的磁带部分。这种情况下，"文件(File)"指磁带上数据的邻近区域，而不是"恢复所需的文件"，例如，无论备份的数据大小如何，备份产品都可能在磁带上记录文件结束标记，如每写入 2GB 的数据做一个标记。如果目录标识恢复所需的数据是在写入磁带的第 42 个文件结束标记后的某个块内，即大约在磁带的 86GB 的某个位置，则备份产品可加载磁带然后下达 42 "前向空间文件"(Forward Space File，FSF)指令给磁带，高速执行指令，快进到数据起始块。然后可使用记录标记在搜索过程中提供更细的颗粒度，例如，每 100MB 写入一个记录标记。

实际上，所有磁带驱动器都支持如下操作：

- **前向空间文件(Forward Space File，FSF)**：前向查找磁带上指定数量的文件结尾标记。
- **后向空间文件(Backward Space File，BSF)**：后向查找磁带上指定数量的文件尾标记。
- **前向空间记录(Forward Space Record，FSR)**：前向查找磁带上指定数量的记录。
- **后向空间记录(Backward Space Record，BSR)**：后向查找磁带上指定数量的记录。

回到示例，备份服务器的目录可识别所需恢复的数据在磁带的第 42 文件结束标记数据块中，而且在该块中的第五个记录标记。这将允许在启动读取操作之前执行多个"快进"操作，从而大大减少恢复最终用户实际请求的数据所需的顺序数据读取量。

值得注意的是，将相似级别的目录数据备份到磁盘是有收益的。但存在一种观点，认为备份到磁盘不会生成文件系统的镜像拷贝，连续的备份(特别在使用重复数据删除的情况下)会导致备份文件系统不可用。因此，备份往往是用单个大文件(如每个文件系统备份一个文件)编写的。同样，即使在磁盘访问速度下，为了恢复单个小文件而读取整个大文件也是不可行的，也是浪费的。因此，即使在备份到磁盘的环境中，也会维护目录数据，以允许快速访问单个文件或至少整个备份文件中的数据块。

17.3.3　介质多路复用

介质多路复用(Media Multiplexing)指将多个备份同时写入同一介质。介质多路复用主要用于满足磁带流的性能方面要求。磁带机和磁带供应商发布了系统速度的性能指南(例如，LTO-1 的速度声称是每秒钟传输 20MB 未压缩数据)，但这种性能完全依赖于以恒定的 20MB/s 从备份环境到磁带的数据流。备份性能的降低与备份吞吐量的降低并非线性关系。"擦鞋效应(Shoe-shining)"概念在大多数磁带技术中都相当一致，指传入数据速度低于磁带机理想流速。磁带机将以设备的额定速度写入数据(如 20MB/s)，但随后由于数据流中的停顿相对于流的速度被迫停止，在磁带上找到之前的数据流的末尾才可继续写入(以避免介质中的间隙)。因此，完全可想象，以 20MB/s 的速度流传输的磁带机可能以 18MB/s 的速度传入数据，一旦发生擦鞋效应，写入速度会低至 10MB/s。[1]

为部分解决这个问题，最近的磁带技术已包括将其理想流速降到更低的能力。例如，驱动器可能将流速降到额定的 75%、50% 和 35%，而避免引发擦鞋效应。

虽然降低流速的能力有助于在写入磁带时平滑性能，但只是磁带技术中较新的一个补充，并且当传入的数据流很慢时，降低流速的能力仍然无法绝对保证防止出现擦鞋效应和性能差的情况。许多企业级备份产品提供的解决方法是将来自多个源的数据流合并成更大、更快的磁带数据，这称为多路复用(Multiplexing)。

图 17.1 展示了多路复用的概念视图。这些数据流会通过多路复用器服务而不是直接(并且是 1+1)将单个数据流发送到磁带机。多路复用器服务将数据流组合成单个流，然后将其发送到磁带机。

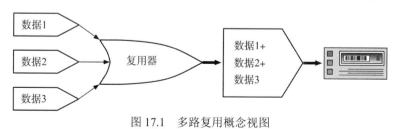

图 17.1　多路复用概念视图

---

1 这并不是说在 8MB/s 时数据会丢失。只需要降低传入的数据流速，跟上较慢的磁带机的速度。

多路复用的优点是备份速度不再直接依赖于来自客户端的任何单个数据流的速度，当更多数据流组合在一起时，保持磁带驱动器全速运行的机会增加。通过允许将来自一个或多个其他数据流的附加数据合并到多路复用流中，可补偿来自单个客户机的较低数据流流速。

虽然理论上没有什么能阻止备份流多路复用到磁盘备份设备，但通常情况下，执行备份到磁盘时，企业备份技术会将每个单独的流写成磁盘上单独的备份文件或数据集。磁盘不会发生擦鞋效应，因此将多路复用流写为磁盘上的单一数据没有任何逻辑上的优势。

一段多路复用磁带(逻辑级)类似于图 17.2。这个多路复用磁带可能包括：

A. Host"orilla," filesystem/Users/pmdg

B. Host"mondas," filesystem/home

C. Host"faraway," filesystem C:\

图 17.2　多路复用磁带段

在示例磁带段中，可看到磁带已使用三路多路复用写入，并在每个备份作业 A、B 和 C 可用时写入了数据段。假设这样的多路复用级别在整盒磁带上持续存在并假设主机 mondas 和 faraway 每个只提供 11 段多路复用段中的 3 段。因为主机 orilla 提供了 11 个多路复用段中的 5 个段，与其相比主机 mondas 和 faraway 可能是较慢的客户端。

磁带级多路复用对于保持磁带驱动器流的最佳速度是绝对必要的，但根据多路复用的级别和所需的恢复类型，可能对恢复产生有害的影响，而恢复是备份系统最重要的组件。

再考虑一下多路复用磁带的例子。根据磁带上每个数据块的大小，恢复单个文件可能相对而言不受多路复用的影响。但看看从磁带上读取整个 orilla "/Users/pmdg"文件系统需要什么。基于图 17.2 中的磁带段，这将导致以下情况：

- 读取 A 的第一个块
- 读取 A 的第二块
- 跳过 B 的第一块读取或寻找
- 读取 A 的第三个块
- 跳过 C 的第一块读取或寻找
- 跳过 C 的第二块读取或寻找
- 读取 A 的第四部分
- 跳过 B 的第二块读取或寻找
- 跳过 B 的第三块读取或寻找

● 读取 A 的第五个块

此过程将一直持续到主机 orilla 上的所有/Users/pmdg 文件系统都恢复为止。根据企业对恢复不感兴趣的备份的各个块大小和并发块数，备份软件可能执行 FSR 或 FSF 命令来跳转不需要从中恢复的磁带区域。但多路复用通常以相当小的块大小执行以降低擦鞋效应的风险，因此当从多路复用磁带完全恢复时，备份产品可能读取和丢弃大量冗余数据。磁带多路复用越多，这种类型的恢复就变得越浪费。

错误的性能优化

一家公司希望消除擦鞋效应并保持磁带驱动器以最大额定速度流式传输，优化整个备份环境,在所有磁带备份上使用 64 路多路复用(这是当时特定产品支持的最大值)。这似乎适用于备份，但实施此更改后不久，发现必须恢复整个文件系统。考虑到磁带上多路复用的水平，本来应该是 1 或 2 小时的恢复最多延长到 8 小时以上。值得提醒的是，如果不能高效、快速地恢复，那么世界上最快的备份也将失去意义。

17.3.4　配对/自动复制

使用大型磁带仓库(Silo)而不是较小磁带库的大型备份环境，有时会使用由仓库控制的磁带复制。

磁带仓库还是磁带库？

需要注意，磁带仓库(Tape Silo)和磁带库(Tape Library)是有区别的。磁带仓库和磁带库之间的命名约定在某种程度上取决于供应商。这里将磁带仓库称为一个系统，该系统具有一个独立的控制主机来管理分区和访问控制，并可能拥有多个机械臂更换磁带；另一方面，磁带库只有一个机械臂更换磁带，并直接连接到使用磁带库进行备份/恢复的主机。随着磁带密度的增加，这种差异已经模糊，许多磁带库也支持分区。[1]

尽管备份复制的重要性早已得到承认，但大型企业在使用磁带时往往难以安排复制时间。磁带仓库通过在磁带上有效地执行 RAID-1 生成两个相同的磁带，从而绕过复制时间问题。这种方法的关键在于，备份产品不知道副本，完全依赖于磁带仓库，以确保这两个副本永远不会同时对产品可见。

或者，某些备份产品可能执行此复制方法的软件版本，同时生成两个不同的磁带备份。虽然这确保备份产品能识别这两个副本，但给备份管理员在逻辑上带来了挑战，如果两个磁带中只有一个发生故障，那么备份是因为只生成一个备份副本而被视为失败呢，还是仅当两盒磁带都出现故障时才被视为失败呢？

---

1 在磁带库和磁带仓库环境中，分区(Partitioning)或硬件分区(Hardware Partitioning)指将一个物理单元分为多个较小单元；例如，10 000 个插槽仓可表示为 10×1000 个插槽系统。

17.3.5 磁带库/SAN 共享

虽然最初的磁带库是通过 SCSI 连接的，但随着时间的推移，这种连接方式让位于光纤通道连接，对于较大的磁带库尤其如此。因此可实现磁带库的 SAN 共享。这允许多个主机同时分区并同时连接到磁带库。

图 17.3 展示了一个 SAN 共享磁带库示例。在此配置中，有各种通过标准网络连接的备份客户端，此外，磁带库通过光纤通道连接共享备份服务器和数据库服务器。这种情况下，假设数据库服务器包含大量数据，并且无法通过标准网络连接进行有效备份，或不能受到此类备份过程对网络的影响。

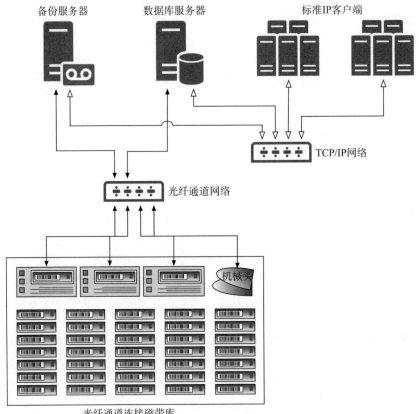

图 17.3 SAN 共享磁带库示例

通常在这种情况下，备份服务器将保持对执行磁带更改操作的机械头的控制。一个或多个磁带驱动器将被划入备份服务器中，其余磁带驱动器将被划入数据库服务器中。

这种配置方式通常被称为提供无 LAN 备份(LAN-free Backup)，在此示例中为数据库服务器提供备份时根本不遍历 IP 网络，而通过光纤通道直接发送到磁带库中的磁带(通常仍会发生备份服务器和数据库服务器之间的元数据交换)。也可通过标准 SCSI 连接来实现库共享,备份服务器通常可控制机械头和一个或多个驱动器,其余驱动器将直接与需要专用访问的主机建立 SCSI 连接。

磁带库基础共享的缺点是将磁带驱动器专用于单个主机,这可通过下一主题中介绍的动态驱动器共享或 SAN 驱动器共享技术克服。

17.3.6 动态驱动器共享

再次查看图 17.3,库共享指特定磁带驱动器专用于备份环境中的单个主机,为这些主机提供最大的资源可用性。这带来了风险,即一旦具有访问权限的单个主机完成备份,这些磁带驱动器在备份窗口期间将长时间闲置。

为更好地利用有限的磁带驱动器资源,一些企业级备份产品为光纤通道连接库开发了一种称为 SAN 共享或动态驱动器共享的技术。这种情况下,单个磁带驱动器将不再专用于特定主机,而以多个主机理论上可访问磁带驱动器的方式进行分区(但机械头仍由单个主机控制)。备份服务器或其他指定主机动态地将可用磁带驱动器分配给在备份或恢复过程中需要 SAN 级磁带驱动器访问的主机,从而确保资源按需分配。

这种做法并非没有挑战。由于多个主机可访问单个磁带驱动器,因此屏蔽 SCSI 重置(该重置通常在主机重启或 HBA 故障期间触发)变得至关重要。否则,使用磁带驱动器的主机可能发现磁带意外倒带并弹出磁带,这是因为另一台可访问驱动器的主机正在重新启动。此外,由于多个主机可访问驱动器,因此确保使用兼容的磁带块大小变得至关重要,否则磁带可能被一个主机初始化并写入,但随后被另一个主机(通常是不同的操作系统)加载到同一磁带驱动器中时完全无法使用。一般而言,在这种环境中,维护和硬件故障问题变得更大或至少更复杂(事实上,随着解决方案的发展,除了在最严格的维护环境中,多个主机之间的磁带驱动器 SAN 共享通常会引入更多问题而不是解决问题)。

17.3.7 磁带库分区

虽然这在大多数时候是磁带仓库的功能,但某些磁带库也支持分区,因此磁带库可表现为多个独立的磁带库(通常每个磁带库都具有较小的配置),从而呈现给不同的备份服务器或存储节点/介质服务器。

例如,可对具有 10 个磁带驱动器和 1000 个插槽的磁带库/磁带仓库进行分区,以便将 800 个插槽和 7 个驱动器提供给生产环境备份服务器,并将 3 个磁带驱动器和 200 个插槽提供给开发/测试备份服务器。在这样的配置中,给予大型库分区访问权限的主机对较小的库分区不可见,反之亦然。就意图和目的而言,各个分区将被视为完全独立的磁带库。

许多企业对磁带进行分区的主要原因如下。

- **安全考虑**：DMZ 系统可能配置成使用自己的备份服务器，而内部系统备份在另一个完全无法访问的分区中。
- **多套备份产品**：随着环境的变化和融合，使用不同备份产品的各个部门可能集中资源并通过分区共享单一磁带库。或者可能部署新的备份产品，旧的备份产品需要持续访问其介质。随着迁移的推进，可将更多资源分配给新产品，将对退役产品的访问减少到仅供恢复的最低限度。
- **混合使用磁带库**：磁带库中 HSM/归档和备份的工作负载不一定是互补的，因此可使用库分区确保两个活动始终有足够的资源。
- **混合使用介质**：特别是在考虑旧版本时，并非所有备份产品都能兼容一盒磁带库中存在多种介质类型。库分区将允许具有此类限制的备份产品访问其所有介质，而不必担心可能会尝试将较旧的 DLT 盒式磁带加载到新的 LTO 磁带驱动器中。

大多数情况下，库分区通过磁带库的控制主机工作。执行分区时，没有一个使用磁带库的服务器可独占访问机械头。无论这些产品来自同一供应商还是不同供应商，也没有产品可为其他产品提供磁带加载请求。这种情况下，访问主机会向库控制主机提交加载/卸载请求，而库控制主机是唯一可直接访问机械头的系统。此主机将分区的加载/卸载请求映射到物理磁带库配置，执行操作，然后通知相应的请求产品操作已执行。

17.3.8　物理介质管理

使用磁带后，需要正确存储磁带并在需要再次访问时检索磁带。写入的磁带介质和介质池通常会在指定的现场或非现场场所保留。这个想法是每个备份的副本在其生命周期内保留在数据中心以外的某个位置，并且副本驻留在数据中心内或附近(如同一建筑物内)，以便"快速执行"日常的运营访问。

多站点企业可能选择将其异地副本存储在备用数据中心，而其他企业可能更愿意使用第三方磁带存储和检索公司。异地发送介质需要了解环境和存储过程，例如：

- 介质是否装在密封盒或包中防止外界湿度或其他不利天气影响？
- 介质是通过条形码等单独跟踪，还是通过包/盒进行跟踪？
- 如果通过密封包或盒跟踪介质，能否单独调用介质? (如果不能，通常需要企业在密封盒编号和所包含的条形码/标签之间执行映射)。
- 使用第三方非现场存储供应商时，供应商是否已投保，使用经过审核的流程，并具有适当的安全措施和文档保留凭据？

由于磁带介质代表了相对便携的生产数据副本，因此也必须对其采取强大的物理安全措施。现在，存在合规性要求的企业需要对发送到磁带的数据进行加密并将其安全地存储在现场上锁的保险箱或保险库中，或者保存在异地的信誉良好且经过认证的存储公司处。

你无法控制世界

永远不应该只保留一份备份副本，但这在保留期限较长的只有磁带的环境中非常常见。例如，公司可能会复制其短期保留的备份，但长期保留备份(如月备份)可能只生成一个副本。

仅保留一个备份副本意味着当你需要恢复数据时不能发生任何不良事件。一家遵循这一政策的公司曾发现自己无法从几个月前的备份中提取急需的数据。这不是因为任何其他原因，仅是因为磁带存储公司驾驶员在送回介质途中发生了碰撞事故，所需的磁带放在一个简单的包裹中，在一次碰撞中碎了。

17.4　磁带市场的萎缩

尽管磁带仍在许多组织中使用，但在过去十年或更长时间内磁带的使用大幅下降，对于一般企业尤其如此。本节将讨论在什么情况下磁带使用被取代、取代的原因以及取代的技术。

虽然多年来磁带的容量大幅增加，但其性能和对性能的要求也在增加。于2015 年发布的 LTO-7，基于额定压缩比，具有 300MB/s 或 750MB/s 的传输速率。这就像在轨道上运行喷气式汽车：可开得非常快，但不易刹车，也不能左转或右转。随着磁带性能的提高，其容量的增加所提供的潜在优势受到流性能需求的限制，从而降低了其针对特定工作负载或数据集大小的实用性。

17.4.1　HSM 和归档

标准的磁带读取操作将包括以下活动：

- 加载磁带
- 在包含所需数据的磁带上寻找到对应位置
- 读取所需数据
- 倒带
- 弹出磁带

这些活动中的每一项都需要花费一段时间。即使是最快的磁带系统通常也需要 3~5 秒才能加载磁带，而一般的磁带系统花费的时间还要多几秒钟(例如，一个供应商[1]声称其 LTO-4 磁带驱动器需要 7 秒的加载/卸载时间，而其 LTO-5 磁带机需要 17 秒的加载/卸载时间)。

假设找到磁带上所需数据的时间仅为 60 秒，读取所需数据的时间为 5 秒，然

---

1 http://www.overlandstorage.com/PDFs/LTO_Tape_Media_DS.pdf.

后从该结束位置倒带需要 65 秒，则访问一次 HSM/归档 LTO-5 磁带的时间为 164 秒至 2.7 分钟不等。

这些缓慢的访问大大减少了 HSM/存档情况下磁带的使用。随着用户和组织期望越来越快的访问速度，检索数据时多几分钟的延迟可能让用户由于不耐烦而取消访问请求，而不是耐心等待访问完成。

与此相比，存储在低速大容量磁盘上的 HSM/存档，在最坏情况下的访问时间可能只是几秒而不是几分钟。这具体取决于正在读取的数据的大小，一般请求更可能在 5 秒或更短时间内得到服务。

同时，磁盘引入了磁带无法匹敌的另一种效率——单实例化(Single Instancing)和重复数据删除。单实例化是指仅保存任何归档数据[1]的一个副本，其工作原理与重复数据删除类似，但通常用于文件或对象级别。

无论是在归档系统中使用单实例化还是重复数据删除(或两者都使用)，与磁带存储相比，这都会大大降低磁盘的存储成本。这些技术使磁盘系统容量远远超过其"原始(Raw)"容量，而对数据读取情况的性能影响可忽略不计，与磁带访问速度相比时更是如此。

如果使用磁带作为存储介质(特别是重复数据删除)毫无意义——从重复数据删除存储中读取数据是由许多随机的 I/O 组成的，以便对数据进行重构。并且从磁带进行这样的读取将花费太长时间，对于业务没有任何实际价值。实际上，支持将重复数据写入磁带的产品要求将大量数据"暂存"回磁盘存储器，以便在需要时方便数据访问。

17.4.2 备份和恢复

1. 磁盘到磁盘到磁带

随着磁盘存储越来越便宜，许多企业开始使用磁盘到磁盘到磁带备份(Disk-to-Disk-to-Tape，D2D2T)的解决方案。D2D2T 指将备份从备份客户端磁盘传输到备份服务器磁盘，然后传输到磁带。这将允许将夜间备份写入备份服务器，和/或写入存储节点或介质服务器上的磁盘存储，然后在不运行备份的白天写到磁带上。这样做有几个好处：

- 磁带驱动器故障不会立即影响备份过程。
- 消除了备份过程中的擦鞋效应。
- 通过 SCSI 或 FC 连接的磁带对同一主机上的磁盘进行单一的顺序读取，可更快地转移到磁带而没有擦鞋效应。
- 从磁盘上的备份执行恢复的速度很快。

虽然最初的磁盘暂存区域通常只能容纳一两天的备份，但是许多企业发现能

---

1 不包括任何 RAID/存储冗余。

从快速启动存储中服务短期恢复请求的好处非常有吸引力，在环境增长时尤其如此。因此，公司开始试图从较小的临时存储区域增加磁盘存储成为较大的存储区域，以保存其最小的备份周期(如 1 周)的数据。

2. 磁盘到磁盘到磁盘

由于恢复实用程序在磁盘上保留备份的好处日益增加，并进一步影响了组织内部的备份体系结构决策，因此一些企业开始尝试完全取消环境中的磁带。由于无论使用何种技术，确保所有备份至少有两个副本的基本要求仍然存在，因此磁盘到磁盘到磁带变为磁盘到磁盘再到磁盘(Disk-to-Disk-to-Disk, D2D2D)；通过消除与磁带相关的所有手动处理，可进一步提升可靠性并降低成本。

通过使用第 13 章详述的重复数据删除技术可消除大多数组织的磁带。通过增加系统内使用的介质单元数量，可在磁带上容纳多个备份，但继续简单地将相同的数据一次次地写入磁盘存储，无限扩展磁盘存储以容纳这些数据在经济上是不可行的。也就是说，D2D2D 需要智能地使用磁盘备份目标，而不仅是将其作为磁带的替代品。

随着备份磁盘目标在企业中变得越来越普遍，更高级的备份技术进一步推动了磁带退出备份基础架构。将磁带驱动器共享到多个主机所需的 SAN 基础架构非常昂贵，并且扩展性很差，磁带驱动器的数量始终是限制因素。具有 IP 连接和客户端代理的智能集成备份设备允许大规模分布式备份环境，通过减少甚至完全消除存储节点/介质服务器，显著降低了备份服务基础架构的总体成本。[1]

至少，企业会部署磁盘到磁盘到磁带的备份解决方案，其明确意图是将磁带从备份周期中删除，仅用磁带保存最长的保留备份。例如，如果一个组织每周和每月进行全备份，每天执行增量备份，将每日/每周备份保留 6 周，将月备份保留 7 年，则通常会设计一个"仅用"磁盘的备份解决方案，确保所有每日/每周备份仅保存在磁盘上，只有需要保留较长时间的月备份最终被推送到磁带上。对于某些企业来说，即使这样也不算是完全消除磁带，企业已在 PBBA/IDPA 中使用了额外的重复数据删除/压缩技术来保留磁盘上的所有备份，无论其保留时间如何。

3. 磁盘到磁盘到云端

企业越来越多地看到费用从资本支出(CapEx)转向运营支出(OpEx)。"按需付费"和"按使用量付费"在经济形式中占主导地位，几乎每个企业的每个部门都需要尽量减少在任何特定时间的开支。因此，对于许多企业(特别在商业领域而不是企业领域)，以 3 年为例，即使总运营支出超过资本支出，但单个前期购买数据

---

[1] 考虑到在基于磁带或基于哑磁盘(Dumb-disk-based)的备份环境中，存储节点/介质服务器通常是高端服务器，旨在尽快推送大量融合数据。此类系统通常具有多个 CPU、高速背板、昂贵的 I/O 卡和多个高速网络连接。

保护存储的需求可能比 36 个月的运营支出更困难。

云存储成本的降低和互联网连接带宽的增加，为这些企业提供了从其环境中消除磁带的新途径，企业开始看到磁盘到磁盘到云端备份策略的使用。这些配置可将短期备份保留在本地磁盘上，将长期备份推送到低成本的云存储。通常会采用某种形式的重复数据删除来降低整体云存储开销(这种策略是基于从长期备份中恢复的有限数量的经济性[1]和对这种恢复普遍接受的较低 SLA)。

17.5　未有效管理的磁带还可以提供保护吗?

考虑一下常见磁带格式的发布日期，如表 17.1 所示。

表 17.1　发布常用磁带格式的年份

	DLT-IV	LTO-1	LTO-2	LTO-3	LTO-4	LTO-5	LTO-6	LTO-7
年份	1994	2000	2003	2005	2007	2010	2013	2015

如果在 2016 年考虑 7 年保留期限，那么传统磁带格式仍有很大的潜力来保存企业合法要求保留的数据。从 2016 年开始算起，每个新版本中都更新磁带驱动器的企业，在此期间可能使用大量磁带格式。此外，没有主动读取过的磁带没有被检查。虽然备份产品可在组织内保留 7 年、10 年、15 年或更长时间，但在此期间可循环使用的磁带格式数量可能非常多。

组织中很少实行真正的介质管理。磁带一旦生成，就会发送到异地，当且仅当请求恢复数据时才会提取。这不是真正的介质管理。

对于使用磁带的组织，真正的介质管理必须至少包含以下活动。

- **将旧格式磁带上的所有数据迁移到新格式磁带**：虽然 LTO-x 保证能写入 LTO-x-1 并从 LTO-x-2 读取，但不能读取更旧的格式。在可读取这些旧格式的磁带驱动器退役前，必须迁移这些磁带上的数据。[2]
- **定期召回和测试**：真正的专用备份设备将具有严格且持续的一致性检查流程，定期验证写入其中的所有数据并避免文件系统损坏的可能性。例如，仅删除或写入新数据，永远不会在现有数据上追加。放在架子上或保存的磁带未经检查，因此必须定期测试。
- **安全的储存和运输**：磁带实际上是有点脆弱的，也非常便携。如果未认真关注，则可能导致以下情形。

---

1 注意，随着长期数据保留备份变得更便捷(通常不通过磁带提供)，对这些备份执行更多恢复请求的可能性会增加。在计算从公有云恢复的潜在成本时，企业总应假设比当前从磁带中检索的恢复次数更多。

2 使用“在线购买的二手磁带机”恢复旧有格式数据的传闻，并不少见。

- 磁带被物理窃取或丢失。
- 磁带存放在不提供适当温度和湿度保护的环境中。
- 磁带随意运输，导致其不可用。

如果企业要使用磁带技术作为数据保护策略，就必须建立一个严格、全面的磁带管理制度，否则数据保护只是一个"可选项"——以运气为前提，以虚假的财务评估为基础，懒散地运行。

未有效管理的磁带根本不能提供真正的数据保护。

17.6　磁带的未来

磁带并没有消亡。然而，高容量并且相当便宜的磁盘存储的普及，重复数据删除等提供的高存储效率以及使用 IDPA 大规模分布式备份系统的优势，越来越多地将磁带推向数据保护的边缘位置。

磁带仍在组织内发挥作用的两个关键示例如下。

(1) **长期冷存储(Cold Storage)**：必须维护地质、测绘或医疗图像数据的机构和企业(这些数据很少被访问)可能仍然觉得磁带的经济价值很有吸引力。

(2) **重复数据删除技术**：如果备份的数据已压缩、加密或以其他方式无法实现重复数据删除，则磁带是一种实用且高效的存储机制。

话虽如此，磁盘存储在扩展和增强数据保护环境方面的持续发展和实用优势，以及云存储成本的下降，可能会继续侵蚀磁带使用场景。然而，可以确认的是，磁带技术在数据保护中的案例场景，只是例外而不是常规使用的程度。

第18章 融合基础架构

18.1 简介

数据中心组件的传统方法已发展成为一系列磁带仓库，这些磁带仓库来自负责服务交付的各个组。在这些团队中，网络管理员负责采购并构建网络系统，存储管理员负责采购并构建存储系统，系统管理员负责采购并构建访问存储和网络的主机。最重要的是，应用程序管理员、开发人员和数据库管理员请求资源。一旦获得资源后，就开始业务运营。此外，还可进行更大规模的业务活动，在这些活动中，公司将来自不同领域的授权人员集合在一起，这些人员将为最终融入更广泛的 IT 环境变革项目而采购整个基础架构。

这与池塘里的鸭子一样：在水上，看起来优雅而毫不费力(指在负重满载的环境中有序运行、泰然自若)，但如果查看水线以下，则会发现有很多活动正在进行。

大多数企业具备标准变更和开发过程，但为开发人员或数据库管理员配置主机，从开始到完成的过程可能非常耗时。首先，必须配置 IP 地址和 DNS 需求，然后，必须为系统配置主机的存储需求。假设主机是虚拟机，则必须预先分配主机，然后根据标准过程构建操作系统(除非它通过模板包含在预制的虚拟机中)、附加存储等。

虽然规范的供应流程有其优点，但能自动且快速地实现流程则更具优势，这也是为什么许多企业开始采用云计算平台(指云技术的敏捷性和自动化方法)的重要原因。

融合基础架构(Converged Infrastructure)旨在通过紧密耦合网络、存储和计算，使服务供应和交付过程更便捷，从而使交付过程实现自动化并以自助服务方式提供。然而，这并不是将 IP 交换机、光纤通道交换机、服务器和 SAN 放置在一个机架上，就能简单地称为"融合"。还需要提供编排(Orchestration)和自动化管理的全面覆盖，以允许将这些组件作为单个逻辑函数灵活地处理(译者注：指通过软件方式实现，采用 SDN 或软件定义一切的方法)。

事实上，融合基础架构有两种变体版本：融合和超融合。虽然每个术语仍有一定程度的模糊性，两者之间存在重叠，但一个普遍接受的区别是整合程度；融合被认为是松散耦合的组件，甚至可能遵循参考架构并允许预期的业务在组件类型中实现一定程度的模块化(如替换存储系统)。另一方面，超融合通常被认为是通过整个技术层进行更紧密的耦合，所提供的系统几乎从安装到机架并在数据中心中启动时即可部署。与数据中心的传统基础架构方法相比，融合和超融合市场是关于"购买"而不是"构建"的。

无论融合还是超融合，这类基础架构的业务需求都很简单：IT 员工是从头开始构建基础架构还是在基础架构上构建服务角色？旧模型就像"自己组建 PC"模型一样，前提是 IT 部门拥有足够时间、资源和技能来构建基础架构。新模型的前提是 IT 部门在模块化、横向扩展的基础架构上为业务职能提供快速服务创建和演示，几乎可在交付后立即用于业务生产运营。

有些人声称，为融合或超融合系统付费是有溢价的，实际上，将融合/超融合形式的完整基础架构的成本与单个组件的成本进行比较，似乎可支持这种说法。然而，这种简单的成本比较未考虑整个过程中的所有无形资产。再回到前面关于组装 PC 而非购买 PC 的类比，想一想构建过程中所需的时间和精力：确定哪些部分将彼此兼容，为每个组件选择特定部件，然后组装整个单元。这种意义上的兼容性并不仅指物理兼容性(如 CPU X 是否会插入主板 Y)，而指所有硬件供应商提供的所有设备驱动程序是否不仅受到你想要运行的操作系统的支持，还可在不引起系统问题的情况下相互操作。相反，直接从制造商购买全新 PC 的人应该有信心，各种设备驱动程序和硬件组件将彼此兼容。这正是传统基础架构构建与融合或超融合基础架构之间的差异，从项目启动到设备被有效使用期间，不必担心兼容性问题。研究和购买所有 PC 的单独组件，然后从头开始开发系统(包括安装操作系统和应用程序)，在自行拼装的系统上形成有效生产力所需的时间，比购买设计合理、完善兼容且经过市场考验的成熟产品，并在启动 10 分钟内就可高效地开展业务所付出的整体花销要大得多。

对融合基础架构的完整回顾超出了本书的范围，但需要思考在现代 IT 环境中使用融合基础架构会对数据保护体系产生的影响，本章将简要回顾这些考虑因素。出于讨论的目的，本书将交替考虑融合和超融合的若干要素。

18.2　防护融合基础架构系统

融合基础架构几乎总与虚拟化保持完全一致，也就是说，通常由融合基础架构环境提供的所有可用于业务运营的系统都是虚拟化主机。与物理系统占用的机柜空间相比，融合基础架构的性质也倾向于使用相对密集的虚拟化环境。

融合基础架构的数据保护注意事项与传统基础架构相同。存储仍然需要某种形式的数据存储保护，需要使用高可用性或持续可用性系统防止存储系统故障，并且仍需要考虑在数据丢失时，提供数据的可恢复性选项。

在部署融合基础架构时，企业必须问的一个关键问题是："融合基础架构是否自带数据安全保护解决方案？"如果基础架构确实带有自己的数据保护解决方案[1]，则会为企业带来更多问题，特别是如下问题。

- 数据保护解决方案是否允许保护数据副本和原始数据的物理分离？
- 内置解决方案中的数据保护选项是否可用，或者可否根据不断变化的业务需求进行扩展和/或更改？
- 公司是否已有数据安全保护解决方案？
  - 如果是这样，
    - 如何处理或合并两种解决方案的管理？
    - 如何在两种解决方案中实现持续监测、报告和趋势预测？
  - 如果不是，
    - 融合基础架构内提供的保护解决方案能否为公司其他部分提供数据保护服务？

如果在没有完整数据保护栈的情况下采购融合基础架构，那么公司必须评估如何使用或扩展其现有数据保护服务以覆盖全部融合基础架构。

坦率地讲，这些都不是新问题。对任何基础架构提出的项目生命周期中的数据保护问题，也同样适用于融合基础架构。无论部署的是一台服务器还是一千台服务器，第 5.3 节概述部分与备份和恢复相关的单个服务器的注意事项列表都同样适用。即使在最基本的融合基础架构中，很可能会部署大量能运行更多虚拟机的服务器，而在极端情况下使用机架式超融合基础架构可能看到部署数百或数千个物理节点运行成千上万的虚拟机。很简单，实现数据保护设计规则时，不是靠"偶尔走运"就可为融合基础架构提供安全保护服务的。

18.3 再论"什么将受到保护？"

理想情况下，一个真正的融合基础架构，甚至是一个真正的超融合基础架构，应从建设之初就完全集成且兼容数据保护策略。

第 8 章中提出了"什么将受到保护？"问题。在 IT 行业中很容易自满地认为，数据保护只需要对主要数据存储组件(如服务器、SAN 系统和 NAS 系统)执行。然而，在企业环境中还有其他许多系统存储着应受保护的数据，例如 IP 交换机、SAN 交换机和 PABX 系统。在融合基础架构中，大部分配置数据对于呈现的各个主机是不可见的。例如，提供虚拟化环境的一组超融合节点可托管一个虚拟机，该虚

---

1 理想状况下，真正的融合基础架构(甚至是真正的超融合基础架构)从一开始就内置一个完整集成的、兼容的数据保护策略。

拟机可执行所有托管系统的备份，并将这些备份复制到异地，但如何保护超融合数据呢？是否有足够的多节点集群来保护这些数据，或者系统的基础架构管理层是否需要适当级别的数据保护来减轻站点丢失或极端损坏的情况？

理想情况下，一个真正的融合基础架构，甚至是一个真正的超融合基础架构，应从建设之初就完全集成且兼容数据保护策略。

融合和超融合系统可使数据保护系统的部署和管理像主要生产系统的部署和管理一样简单，但数据保护注意事项必须比上述系统提供的虚拟化基础架构更广泛。基础架构内的所有数据点都应该支持适当级别的转储和恢复功能，或通过集群(本地和多站点)和自我修复/自建功能(如 IP 网络、SAN 网络、虚拟机管理程序管理和编排层数据库等)得到适当保护。

18.4　融合人员

如 4.2.4 节所述，开发和实施全面数据保护策略所涉及的复杂性日益增加，这就需要基础架构管理员。

融合基础架构强化了这一需求。试图保持传统的、正式的部署流程，在整个过程中的每一步都需要手动请求和手动干预,这完全消除了基础架构融合的优势。真正的融合基础架构所需的管理和业务流程层允许(或实际上需要)管理员成为策略协调者和架构师，借助于基础架构的控制系统处理日常的实施服务。

在传统的 IT 交付模型中，为每个单独的管理员组(如虚拟、存储、系统、应用程序和数据库)分配了合理的时间来考虑甚至讨论项目或服务的数据保护要求。对于融合基础架构，实施过程中没有时间；必须将数据保护选项备份到服务目录产品中，否则将无法交付。如果正确实施，融合基础架构的业务流程层和自助服务门户将允许订购者(如开发人员或技术项目经理)在几分钟内请求并接收对其系统的访问，而不需要基础架构方面的人工干预。数据保护也可基于由用户制定的其他选项(甚至是用户配置文件)或来自于服务提供过程中适用于用户的一组有限选项自动执行。

因此，在使用融合基础架构时，拥有广泛的基础架构管理员的重要性怎么强调都不过分。数据保护政策的有效制定必须与服务目录的其余部分一起构建，并与业务需求保持一致。只有融合基础架构各个方面的管理员和架构师实施了服务目录，才能最大限度地提供数据保护功能。

18.5　本章小结

一旦实施了数据保护体系，融合甚至超融合基础架构与传统 IT 基础架构之间的数据保护要求就没有什么区别了。无论系统是通过自动方法部署还是采用更传统的手动方式部署，系统都必须持续可用性、数据复制以及创建快照，并且，上述安全措施必须基于业务运营需求和数据类型，而非基于托管它的基础架构来配置备份和恢复策略。

事实上，在数据保护方面，融合/超融合基础架构与传统基础架构之间只有两个区别：规模化和自动化。正如第 4 章中看到的，过去所用的各项安全技术，仅在企业内成功部署的整体数据保护策略中占很小一部分，融合基础架构的情况亦是如此。如果有什么不同，就是融合和超融合基础架构有助于证明大规模数据保护中规划、流程和自动化的关键性。

第19章 数据保护服务目录

19.1 简介

要全面地了解服务目录，建议读者学习相关的内容，如 ITIL v3 等。本书的讨论范围无法完整涵盖整个 IT 业务系统的服务目录方法，但理解服务目录和数据保护工作的核心组件是本书的重点。

对于许多企业，特别是小型企业以及中型企业，传统上 IT 系统所需要的与可实现的之间存在巨大鸿沟。虽然虚拟化、XaaS 和云端访问大大扩展了可用选项，但也逐渐吞噬着相对有限的预算。不断提高的互联网速度提供了更多选择，并且毫无疑问将继续提供，对于那些迁移到云平台的用户更是如此。

普遍认为，现在大多数企业无论采用何种业务运营形式都依赖 IT 系统的稳定运转。一家制药公司可能会认为药品生产是其运营的关键，但保持模拟研究数据、控制生产线、执行库存、记账、库存运输、工资表和其他人事功能的 IT 系统是公司成败的关键因素。

虽然企业通常基于用户驱动的供应和弹性考虑云模型，但仍然非常需要快速周转和定义良好的服务模型等附加组件。在广泛的层面上，通过聚焦云消费者，可以说云服务交付有两个关键方面：

(1) 自动化

(2) 服务目录(Service Catalog)

自动化允许用户访问 Web 门户，并请求一个附加特定存储容量的新数据库服务器。在后端，自动化会利用虚拟化、REST API 以及功能强大的命令行和 DevOps 生成的代码，将过去需要几天或几周时间部署的完全不同的配置在几分钟内自动完成。

服务目录成为云消费者选择的必备菜单。随着企业在自己的运营中寻求类似云计算的服务水平，明确定义云消费者可用选项的服务目录已势在必行。这不仅是为云消费者，也是为端到端自动化流程的团队。因此，随着云继续影响 IT 的业务态度和需求，服务目录在业务/IT 关系中的重要性也将继续增长。

19.2 服务目录的关键要求

为使服务目录真正有用,它必须满足某些基本标准。可以说,数据保护方面最重要的标准有:

- 实用性
- 可度量性
- 可实现性
- 独特性
- 成本
- 价格

19.2.1 实用性

提供一个没有任何使用意义的功能的服务目录选项毫无必要。对于内部服务目录而言,每个服务目录选项必须与业务需求匹配,对于 XaaS 提供商则是与可供销售的服务匹配。通过确保所有服务目录选项都有其实际用途,组织可避免构建过于复杂和混乱的服务目录。

19.2.2 可度量性

无论 IT 服务是通过某些 DevOps 流程自动化部署的,还是仅作为模板开发用来保证服务的一致性,服务目录都反映了一个迈向正式交付的服务。在第 2 章中,曾讨论道:

如果无法度量(Measure)某项工作,就无法改进它。

同样,如果云服务提供商无法量化各项指标,则无法证明其正在提供云消费者所订购的服务。以下任何一项都视为至关重要的:

- 计费
- 成本
- 持续改进
- 持续监测
- 持续报告

除非可度量服务选项的交付,否则无法准确有效地执行服务。

19.2.3 可实现性

与服务水平协议(SLA)非常相似,服务目录选项必须实际地在技术、流程、自动化和业务可用人员方面交付。如果环境无法满足要求,服务目录选项就不应承诺持续的可用存储;同样,如果仍在磁带上执行数据备份,并且将磁带送到辅助站点需要花费 3 个小时，那么提供 1 小时内到辅助站点的备份恢复就毫无意义。

19.2.4　独特性

每个列出的服务目录选项必须是唯一的。在多个层次上提供相同的选项只会让消费者困惑，产生对不同服务的期望；如果本可为同一选项支付更少的费用，消费者会心生反感。

从简单设计角度看，拥有独特的服务目录选项可满足 IT 设计的基本原则，那就是：

系统没有更简，只有最简。

通过引入非唯一的服务目录项，只会使系统变得过于复杂，这反过来又可能影响自动化、感知的价值、效用、可度量性和可传递性。这并不意味着每个服务目录层的所有方面都应该是唯一的。例如，可区分使用同步和异步特性为多个服务目录层提供复制，或者更广泛地说，使用源和目标之间的延迟时间进行区分。

19.2.5　成本

企业应该了解交付此服务项目的成本。这既适用于 XaaS 提供商，也适用于为内部消费提供服务目录的业务。对于 XaaS 提供商来说，原因很明显：这允许企业随后对选项进行有效定价，并避免发生业务成本高于向消费者收取费用的情况。

即使对于仅为内部消费提供服务目录的业务，这也很重要。因为它允许企业准确地了解服务目录的实用成本，并提供一种机制，防止仅因为最高服务目录选项是一个可选择项而导致内部消费者订购过多的情况。某些服务目录选项将有效地共享资源。例如，备份服务很可能将短期(30 天)备份和长期(例如 2 年)备份写入同一保护存储。系统以及因此产生的交付成本，可能是基于 75% 的用户选择保留 30 天和 25% 的用户选择保留 2 年模式的架构。了解提供保留 30 天与保留 730 天的成本可更好地管理用户选项和容量增长。

19.2.6　价格

除了了解交付每个服务目录选项的业务成本，企业还应了解订购该服务的价格，特别是由于订购价格不可避免地包括 IT 控制之外的成本要素，例如，更广泛的人员费用、整体业务运营成本等。

与成本选项一样，这适用于为企业提供内部消费服务目录，也同样适用于 XaaS 提供商模式。对于 XaaS 模式，理由很简单：消费者是客户，客户必须付费才能使用服务。

对于内部服务目录交付，制定价格体系有两个可能重叠的原因。对于从事全面交叉计费的企业而言，IT 部门使用该机制，不仅可收回服务交付成本，而且可部分资助研发和新计划。对于那些非交叉计费的企业，价格体系至少可匹配成本体系，从而实现服务提供成本根据部门或用户的分摊。

19.3 服务目录等级和选项

服务目录倾向于使用几种不同的通用命名方法分类。两种最常见的命名方法是以编号或贵金属命名。因此，可能使用等级，如"第 1 级(Tier)""第 2 级""第 3 级"等，或"白金级""黄金级""白银级"和"青铜级"等。没有正确或错误的方法，但所采用的命名标准应保持一致，最大限度地提高清晰度。也就是说，不应使用"白金级""黄金级""白银级""青铜级"和"第 5 级"。因此，如果涉及业务，对于任何需要四层以上选项的特定服务类型，最好避免使用贵金属命名方法。然而，为便于讨论，本书将使用贵金属方法并保持三个级别："白金级""黄金级"和"白银级"。

用于数据保护的服务目录未必像"白金级""黄金级""白银级"和"青铜级"定义选项一样直接，而且可能并不一定要创建所有白金级选项和所有黄金级选项。接下来概述服务目录选项分类中可能使用的一些不同场景。

19.3.1 基于应用类型的服务目录

此策略侧重于基于应用类型的数据保护选项。取决于所用的应用程序，相同的服务水平名称可能定义多次，服务水平提供的具体内容因应用程序而异。表 19.1 列举一个基于该策略的细分示例。

表 19.1 应用程序类型的数据保护服务目录

服务水平	应用	供应商
白金级	数据库服务器	<ul><li>持续地存储可用性</li><li>将存储系统同步复制到二级和三级站点</li><li>每 15 分钟生成一次快照</li><li>快照复制到二级和三级站点</li><li>通过直接主存储到保护存储模块的每晚完整备份</li></ul>
	文件服务器	<ul><li>持续地存储可用性</li><li>在工作时间内将存储系统同步复制到二级站点；在工作时间之外允许最长 30 分钟的异步复制</li><li>在备份应用程序的管理下每 30 分钟生成一次快照，并自动复制到二级站点</li><li>快照"翻转"到数据保护存储中</li></ul>

(续表)

服务水平	应用	供应商
黄金级	数据库服务器	<ul><li>持续地存储可用性</li><li>在营业时间内同步复制到二级站点；在工作时间之外允许最多 15 分钟延迟的异步复制</li><li>在备份应用程序的管理下 60 分钟生成一次快照，并自动复制到二级站点</li><li>通过备份软件提供的数据库模块每晚完整备份到数据保护存储</li></ul>
	文件服务器	<ul><li>持续地存储可用性</li><li>异步复制到二级站点，任何时候都不允许超过 30 分钟的延迟</li><li>在备份应用程序管理下 60 分钟生成一次快照，并自动复制到二级站点</li><li>每晚 10 点生成快照作为备份"翻转"到数据保护存储中</li></ul>
白银级	数据库服务器	<ul><li>传统 SAN 存储</li><li>应用程序记录和日志的传输用于异步保持二级站点上的最新副本</li><li>SAN 管理的每日快照</li><li>每晚完整备份到数据保护存储</li></ul>
	文件服务器	<ul><li>传统的 NAS 存储</li><li>存储系统策略每天(4 小时)生成六个快照</li><li>每晚 NDMP 备份到数据保护存储</li></ul>

　　这允许为数据保护提供非常简单直接的服务目录，但是以灵活性为代价的。例如，如果需要将数据库放置在具有 24×7 同步复制的连续可用存储(Continuously Available Storage，CAS)上，但在工作时间之外的性能要求较低，并可通过标准数据库模块进行备份，那么会发生什么情况？这种情况下，需要使用白金级数据库服务选项，这将自动使用更昂贵的备份选项，在这一选项中数据直接从主存储器传输到数据保护存储器。

　　此选项带来另一个潜在挑战，使应用之间提供的保护级别更混乱。例如，考虑一下白金级选项。白金级数据库选项 24×7 同步复制数据到二级和三级站点，而白金级文件服务器选项仅同步复制到二级站点，在工作时间以外将复制变为异步。虽然相对于文件服务器，企业提供更高的关键任务数据库服务水平是完全合理的，但使用这两种选项服务的消费者可能更容易混淆基于应用类型提供的服务水平。

19.3.2　独立于应用类型的服务目录

无论应用或业务功能如何，此模型都提供相同水平的保护，表 19.2 是一个示例。

表 19.2　独立于应用类型的数据保护服务目录

服务水平	提供
白金级	• 连续可用的存储空间 • 城域连接数据中心之间的同步复制 • 异步复制到备选城市中的三级灾难恢复数据中心，最长延迟时间半小时 • 每半小时生成快照，且站点之间复制快照 • 使用针对应用或数据类型的最合适的高性能/最小化影响选项进行每日备份 • 备份自动复制到二级和三级站点；二级和三级站点的备份与生产站点副本保持时间相同
黄金级	• 连续可用的存储空间 • 城域连接数据中心之间的异步复制，最长延迟时间半小时 • 异步复制到备选城市中的三级灾难恢复数据中心，最长延迟时间 4 小时 • 备份自动复制到二级和三级站点；二级站点上的备份副本与生产站点副本保持相同的时间长度；三级站点的备份副本仅保留 7 天
白银级	• 受 RAID 保护的 SAN 或 NAS 存储，具体取决于数据类型(文件系统为 RAID-6，生产数据库为 RAID-1/RAID-10，非生产数据库为 RAID-6) • 将传输日志记录为用于数据库的城域连接数据中心之间的复制，或将传输日志记录为用于基于文件的数据的城域连接数据中心之间的异步复制，最长延迟 4 小时 • 使用应用或数据类型的最合适选项进行每日备份 • 备份仅自动复制到灾难恢复站点

虽然此模型进一步简化了服务目录，并允许订购者或消费者更容易地选择想要的内容，但此模型遇到了与之前选项类似的缺陷。例如，如果消费者需要更高级的可用存储或快照选项，但不需要更高级的备份选项，那会发生什么情况？

19.3.3　每个数据保护活动的服务目录选项

该模型为消费者/订购者提供了更多数据保护选项，允许被选项具有更高的细粒度，如表 19.3 所示。

虽然这提供了最大的细粒度，但可能导致订购者的"选项过载"，也就是说，由于提供了太多选项，可能视为更复杂。但此类服务目录必须考虑其他因素。

表 19.3 每个数据保护活动的数据保护服务目录

服务水平	适用于	提供
白金级	数据存储	连续可用的存储空间
	复制	同步复制到二级和三级站点
	快照	每 15 分钟生成一次快照,快照复制到二级站点。快照保留 7 天
	备份	每日通过主存储直接备份到数据保护存储或备份应用管理的快照翻转(取决于应用适用性)。备份自动复制到二级和三级站点
黄金级	数据存储	不可用(选择白金级或白银级)
	复制	异步复制到二级和三级站点,最长 15 分钟的延迟
	快照	每小时生成一次快照,快照复制到二级站点。快照保留 5 天
	备份	每日通过适当的模块或代理进行备份,并自动复制到二级和三级站点
白银级	数据存储	标准 SAN 或 NAS,具体取决于应用要求。RAID-6 用于基于文件的数据,RAID-1 或 RAID-10 用于数据库数据
	复制	仅限异步复制到二级站点,最大 30 分钟延迟
	快照	每天生成一次快照,不复制。快照保留 30 天
	备份	每日通过适当的模块或代理进行备份,仅自动复制到第三站点

首先,当每个服务目录项引用单个数据保护功能时,对于不同级别相同选项的选择更容易。例如,在表 19.3 中,金级数据存储选项被列为"不可用(选择白金级或白银级)",原因在于与之前提供的服务目录示例相比,黄金级可能与白金级选项相同。这种情况下,两者都将引用 CAS。

当数据保护服务目录也与数据存储服务相关联时,这可能成为一个小问题。例如,这可能导致提供如下内容。

- 白金级数据存储
  - 存储层:SSD
  - 存储保护:持续可用存储
- 黄金级数据存储
  - 存储层:10 000 RPM SAS,热点分层到 SSD(最多 10%)
  - 存储保护:持续可用存储

可根据潜在订购者的预期技术能力修改这些产品。为清晰起见,我们引用了之前的实际存储类型。在提供给订购者的实际服务目录中,这可简化为存储速度的"高性能"和"标准性能"等。

组织对服务目录的第二个考虑是提供这种级别的细粒度要求。要么仔细地解耦数据保护选项之间的依赖关系,要么合理执行可用选项,确保始终订阅依赖的选项。例如，一个"白金级"备份选项直接执行从主存储系统到数据保护存储系统的备份。这可能依赖于一种主存储系统，这种系统仅适用于白金级或黄金级数据存储服务目录选项的订购者。如果用户选择白金级备份选项但选择"白银级"数据存储选项，将如何协调？是在选择白银级数据存储选项时阻止白金级备份选项可用，还是将用户静默"升级"到白金级数据存储选项而不需要额外费用？

19.4　覆盖保留期

对于快照等形式的数据保护，将数据保护选项可用的保留时间锁定到所需的服务水平是可接受的。对于其他形式的数据保护，在处理数据保护服务的服务目录时，企业应该懂得自己必须为法律或合规要求提供多种保留选项。

例如，对于快照，如果白金级服务水平定义每 15 分钟生成一次快照，则每天会生成 96 个快照。白银级服务水平可能定义每 8 小时生成一次快照，这将每天 3 个快照。因此，保留仅 3 天的白金级快照共有 288 张，而保留 30 天的白银级快照总共 90 张应该是合理的。特别是，如果快照保持时间太长并且更新率太高会对主存储性能产生不利影响，这可能构建在解决方案中，而消费者无法了解到任何变化。

当涉及备份时，将保留时间硬编码到策略中是不可能的，甚至是不适合的。某些关键业务应用可能不需要长期保留备份，而其他重要性较低的应用或系统实际上可能需要最长的保留期。例如，关键业务数据库可能将较旧内容自动复制和/或存档到数据仓库。因此，对于关键业务数据库自身的备份来说，较短的保留期是可接受的，相反对于备份频率较低的数据仓库，则可能要求其月备份或年备份保留数月或数年。[1]

将备份和存档作为 XaaS 模式一部分的服务提供商，可能不会过多关注任何法律合规保留要求。例如，对于此类提供商，没有义务确保财务会计数据保留 7 年；法律合规保留成为服务订购者(即数据的实际合法所有者)的责任，订购者需要确保提供适当的保留期或采取适当的步骤定期导出/复制数据，从而满足合规对于数据保留的要求。

当服务目录作为混合云或私有云模型的一部分在内部提供，或服务目录仅为了简化服务访问时，责任更难确定。从服务目录中选择的订购者是否有责任确认正确的保留要求？对于传统的备份和恢复/存档模型，企业是否会执行相同类型的保留？服务目录会基于更容易理解的选项提供保留服务吗？例如，订购者必

---

[1] 如第 3 章所述，更全面的数据生命周期策略要求：如果不再需要数据，则将删除数据；如果必须保存很长一段时间，则将存档数据。但这未必是很好的实践，许多企业使用备份和恢复软件实现模拟的存档功能。

须在存储的数据是金融数据、法律数据、生命科学数据、开发数据还是临时数据之间进行选择，并且每种数据类型都有后端，而后端关联了一个最适合的数据保留策略。

　　无论如何实现，企业都应该准备为数据保护服务目录中提供的备份和恢复选项中应用的数据保留周期提供一些灵活性。

19.5　在服务目录中包括服务水平协议

　　到目前为止，企业一直关注的是服务目录提供的整体保护水平，例如快照频率、复制级别和备份频率等。但在服务目录中需要考虑另一个关键方面是相关的SLA。事实上，SLA 决定了服务目录中提供的选项。同步复制的服务产品意味着对容错的要求比异步复制高得多。正如在本书中确定的那样，单一形式的数据保护事实上是不充足的。无论是立即复制还是延迟复制，同步或异步复制仍然会复制损坏的数据。因此，与 RPO 特别是 RTO 相关的 SLA 将触发在每一层选择适当形式的数据保护的需要。这可能包括同步复制，以便在发生阵列故障时实现存储访问的自动容灾切换；也可能包括持续数据保护，以便在发生数据损坏事件时实现应用一致的日志回滚；当然还有传统的备份和恢复。

　　过去，需要为部署的每个系统或业务功能单独考虑 SLA，并精确定制每个SLA。然而，基础架构和应用程序的敏捷和自动化部署所驱动的目标产生了一种折衷：既要比较通用，又是与目录提供的不同实际服务水平关联的适当 SLA。

　　如表 2.2 所示，现代 IT 环境中的一项要求是确保 SLA 围绕可提供服务的场所设计。例如表 2.2 建立了一个基于数据位置的黄金级 RTO/RPO：

- 传统/私有云——1 小时
- 混合云——4 小时
- 公有云——8 小时

虽然具有较大预算的企业或具有较少关键要求的敏捷企业可能适应相同的SLA，前者通过在内部和云中使用同样或足够类似的基础设施保护数据，后者简单地使用所有 SLA 中最坏情况的 SLA。不管数据位置如何，许多企业将不得不根据数据和计算位置编写不同的 SLA。实际上，这仅是基于实际可用预算和资源创建 SLA 现有要求的类似扩展。也就是说，一个小企业可能希望所有系统都有 5 分钟的 RPO 和 RTO，但实际上这可能是无法实现的。"服务在哪里？"这个问题仅是沿着同样的路线考虑的另一个问题。

　　在不需要 24×7 服务的企业中，可能需要额外考虑服务于 RPO 和 RTO 的 SLA在运营时间内与时间外是否相同。使用服务目录的另一种方法可能是将要求快速RTO 和小的 RPO 的最高服务水平限制在那些需要 24×7 可用性或访问的系统上，尽管这么做仍然需要业务协议。

企业还需要在服务目录的上下文中仔细定义是否提供 SLA 或 SLO。SLA 定义了必须满足的刚性目标，通常存在内部或外部处罚的风险。另一方面，服务水平的目标就是一个期望的选项，不一定强制执行。当服务目录混合使用 SLA 和 SLO 时，应清楚地概述产品是协议还是目标，并且 SLA 和 SLO 在任何时候都不应在同一选项中混用。

19.6　建立数据保护服务目录

几乎每个企业对服务目录选项的态度都略有不同，这些态度根据业务，客户、需求和预算形成。对于跨国企业而言，那些几乎不可能被视为"白银级"数据保护选项内容，对于中小型区域企业很容易被归类为"白金级"。

为了保护数据，不熟悉构建服务目录的公司不应避用服务目录。相反，在更广泛的 IT 环境中，与整个 IT 相比，选择一个重要但相对狭窄的焦点开始。服务目录可作为一个形式化选项的优秀切入点。为一个 IT 服务成功开发和实施服务目录可为扩展到涵盖所有 IT 服务提供助力。如果企业是第一次接触服务目录，建议企业与具有服务目录架构和 IT 交付经验的咨询公司合作。

除了最小的企业外，服务目录很少由一个人从头到尾构建完成。通常服务目录是一个涉及 IT 和更广泛的业务人员的协作项目。IT 人员包括架构师、专家和负责目录的管理人员。涉及业务人员的数量和类型在很大程度上取决于组织的类型，可能包括以下人员：

- 法律顾问
- 财务总监
- 销售经理
- 关键业务的职能经理或其代表
- 项目经理

实际上，应该在 IT 和业务之间以独立于技术的方式讨论服务目录。业务不需要关注技术特性的细节，而需要描述可用性和保护要求，并接收以恰当的业务语言记录的服务目录，例如可用性百分比、数据保留要求和最大数据丢失等。只有当涉及后端 IT 服务目录时，才应记录服务目录产品的技术细节。

传统上，对于许多公司，存储系统、虚拟化系统以及备份和恢复系统通常在不同的更新周期上运行。例如，备份与恢复的软件和硬件需要更新而存储系统合同还有两三年的情况并不罕见，反之亦然。理想情况下，相比通过一系列系统更新部分构建服务目录，同时更新所有系统，基于最现代化的可用选项构建完整的服务目录更容易。[1]

如前所述，要使服务目录对组织有用，每个组件都必须具有以下特征：

- 实用
- 可度量
- 可实现
- 独特的
- 成本
- 价格

虽然数据保护服务目录的技术细节无疑将由 IT 架构师、专家和管理人员提供，但服务目录的要求最终必须由更广泛的业务提供。这无疑需要根据实际情况与 IT 协商。同样，业务与 IT 必须对简单 SLA 的实际限制和能力达成一致。这与服务目录是为内部消费开发还是由 XaaS 提供商提供无关。任何情况下，提供的服务目录选项不符合业务需求或与业务销售方式不一致，都将是毫无意义的。

服务目录总有两个版本：面向公共或消费者的版本，以及服务目录的企业内部版本。到目前为止，虽然示例中没有包含价格，但我们展示的服务目录选项更能代表面向消费者目录。服务目录的完整内部版本为业务和 IT 团队呈现了必须交付内容和成本的全景。

举例来说，如果只考虑表 19.3 中的白金级选项，这些选项可能包括如下的内部细节。

- 数据存储
  - 提供(实用程序)：CAS。
  - 可度量：100%同意正常运行时间，仅在 CAS 阵列上分配存储，由存储报告系统监控。
  - 成本：每月每 GB 是 X 美元。
  - 价格：每月每 GB 是 X+y 美元。
- 复制
  - 提供(实用程序)：同步复制到二级和三级站点。
  - 可度量：由存储报告系统监控的主要，二级和三级站点的 100%最新副本。
  - 成本：每月每 GB 是 X 美元。
  - 价格：每月每 GB 是 X+y 美元。

另一个需要考虑的因素是服务目录版本控制。几乎所有进入服务目录的内容都会发生变化，如下。

---

1 对于融合和超融合基础架构而言，这可能是一个令人信服的理由：一次刷新所有内容，部署高度集成的选项，并开发数据保护服务产品，最大限度地利用硬件/软件融合。

- 系统、电力、网络和人员配置的定价将随市场条件、转换率和竞争波动。
- 可用的新技术和功能。
- 现有技术已过时或由于时间原因而变得过于昂贵。
- 更新周期期间可能会修改维护和支持合同。

在更极端的情况下，供应商或服务提供商可能完全退出市场，或停止提供特定目录项目所针对的服务。

随着时间的推移，这些因素中的任何一个，以及其他各种因素都可能导致服务目录更新。根据更改的性质，消费者可能需要自动迁移服务选项，例如购买具有新功能的新存储。业务也可能需要维护服务目录的多个版本的交付功能，一直到以前可用选项的所有消费者都改为其他选项、完全停止使用该服务或在访问旧选项的合同到期后进行了迁移。

19.7　本章小结

虽然来自不同公司的服务目录常有一些相似之处，但开发数据保护服务目录的过程几乎完全取决于每个业务可用的人员和技术等特定资源，以及服务目录的预期内部或外部用途。

由于服务目录的形式化和约束性，许多 IT 部门都有抵制服务目录的倾向。然而，通过形式化可用的产品，实际上解放了 IT 部门，使其更容易提供、监测和维护一组定义良好的服务。不是将每个服务都作为一个完全定制的服务，而是自动交付或通过一组清晰的模板交付，从而加快供应和服务交付，并降低人为错误的风险。大多数 IT 部门，尤其是大型企业中的 IT 部门，将具有用于相同操作系统、相同数据库服务器和相同特定应用程序服务器的虚拟机模板。就数据保护服务的所有方面而言，为改善业务功能，一组清晰定义且易于重复的模板是值得开发的。

第20章 整体数据保护策略

20.1 简介

到目前为止，主要还是在研究数据保护选项或策略某方面的单一方法(指某一项具体保护技术或安全选项)。全面了解可使用的每种数据保护选项非常重要，这是因为只实现单一选项并不足以满足所有企业的需求，只能适用于最小众的市场或最晦涩难懂的业务。

如 1.4 节所述，数据保护不仅是单项活动，数据保护策略是根据要保护的数据分级要求，对业务的重要性级别和业务需求而采取或可能采取的主动式和被动式步骤的组合。

到目前为止，讨论过的数据保护分类包括：

- 持续存储可用性
- 复制(包括持续数据保护)
- 快照
- 备份和恢复
- 数据存储保护

公平地说，RAID 或对象存储等静态数据存储保护技术将始终作为整体数据存储策略的一部分，使数据能在磁盘驱动器等数据存储平台最基本部分发生故障时仍然可用。

本章将展示三个基于特定环境的多层数据保护方法的示例，但它们将为决策过程和经常涉及的规划数据保护技术问题提供一个通用基线。

20.2 整体数据保护策略示例

20.2.1 大型 NAS 保护

多层数据保护方法的最佳示例之一来自大型 NAS 存储。这些系统一直都很庞大，但随着横向扩展存储的增长推动了 PB 级系统的普及，NAS 所带来的数据保护挑战被证明是许多组织的常见问题[1]。

NAS 系统最简单的保护方法之一是生成每个文件系统的快照，如图 20.1 所示。

文件系统1　　　快照FS1-1

文件系统2　　　快照FS2-1

文件系统3　　　快照FS3-1

文件系统4　　　快照FS4-1

图 20.1　为 NAS 提供单一保护，制作快照

数据保护要求通常以 RTO 和 RPO 的要求为中心。务必牢记，RTO 指完成系统恢复所需的最长时间，RPO 指可接受的最大数据丢失量。基于业务成熟度和经营领域考虑的其他因素包括：业务连续性(特别是灾难恢复能力)和法律合规性要求。

因为快照数据几乎可立即可用，为响应文件系统损坏或数据误删除，单个快照可能实现出色的 RTO。然而这种情况下，基于建立快照的时间，RPO 可变区间较大。因此，更可能在一天时间内为活动文件系统建立多个快照，如图 20.2 所示。

一般情况下，都是单独规划每个文件系统(File System)生成的快照频次和数量，维护的快照数量及其生成的规律将完全取决于数据的重要性程度。有些文件系统需要每小时生成快照，有些甚至更频繁。快照保留(Retention)时间是一个重要的考虑因素，除非数据完全是静态的，否则快照不可能永久保留。一种典型的方法是使用时间层快照(Time-tiered Snapshot)，根据快照的生成时间提供不同的保留级别。例如，快照可配置以下频次和保留时间。

---

1 虽然此示例侧重于 NAS 保护，但同样适用于具有相同功能的 SAN 系统。

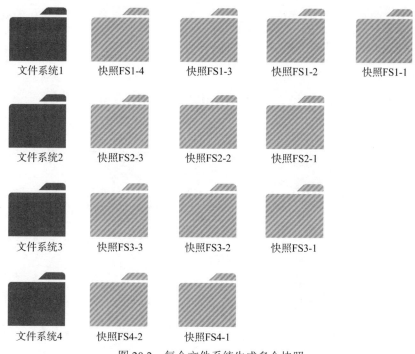

图 20.2 每个文件系统生成多个快照

- 每小时快照，保留 24 小时
- 每日快照，保留 7 天
- 每周快照，保留 14 天
- 每月快照，保留 3 个月

这些情况下，长期保留的快照是更频繁执行快照的指定实例。例如，每日快照可能只是在 18:00 生成的每小时快照，每周快照可能是星期六的每日快照，而每月快照可能是指定月份的第一周快照。

保留多个快照帮助企业处理日常 RTO 和 RPO 需求。基于这些需求而精心设计的快照方案，在文件系统级别的数据丢失或损坏中，快照几乎立即可用，并且快照的频率可根据每个 NAS 文件系统上保存的数据类型和关键性来满足业务 RPO 的需求。

然而，就本质而言，最常见的快照(CoFW 和 RoW)依赖于它们所保护数据的原始来源。虽然它们可提供数据保护(如文件被删除甚至是故意破坏文件系统)，但它们无法防止灾难性的底层存储故障，例如，三块磁盘在 RAID-6 LUN 中同时出现故障。

或在这一点上，可能很容易考虑使用 NAS 服务器的标准备份服务，如图 20.3 所示。

NAS 文件系统的定期备份将提供标准快照无法提供的一种保护形式，因为备份独立于主副本，因此可在发生故障时用于恢复主副本[1]。然而，它们在大数据环境中同样表现出大多数企业难以接受的局限性，即：

- 完成备份所需的时间(取决于数据集的大小)可能非常大(最明显的是与快照执行所需的时间相比)。
- 根据数据集的大小，从备份恢复所需的时间可能非常大。

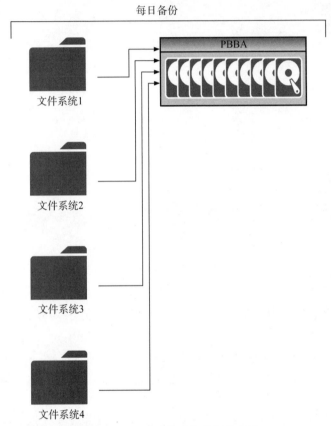

图 20.3　NAS 文件系统的每日备份

　　鉴于备份的频率较低(如每天一次)，更常见的情况是将它们用于 RPO 超过 24 小时的情况，或纯粹作为灾难恢复选项。如果企业的数据包含以小时甚至分钟计算的 RPO，则传统备份不太可能满足这些要求。同样，需要恢复整个备份(如文件系统受损的情况下)可能超过 RTO 和 RPO。

　　每个例子都仅有效地使用了两层数据保护，即基础数据存储保护(如每个文件系统分配的 RAID-6LUN)和单一更高级别的数据保护选项(快照或备份)。对于小型组织，甚至是希望保护测试/开发系统的大型企业而言，这可能就足够了。但具有额外的

1　这是"平台外"保护，即与主数据所在平台完全分离的保护措施。

RPO、RTO、法律监管合规或业务连续性要求的企业不会就此止步。

对提供数据灾难恢复功能有基本要求的企业可能考虑使用分层快照和备份，如图 20.4 所示。

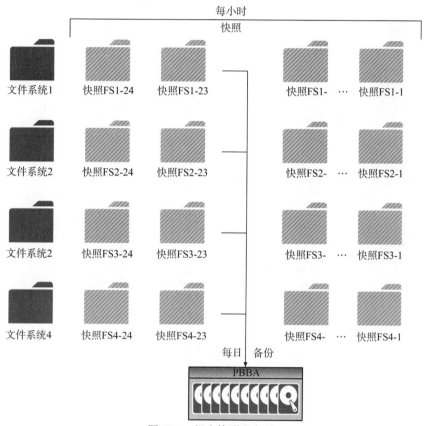

图 20.4　组合快照和备份

在这样的配置中，可通过单个 NAS 文件系统的每小时快照满足短期的 RTO 和 RPO 需求。可以想象，备份和恢复系统可实现较长期的 RPO 和 RTO 目标，灾难恢复功能也如此。

然而，再次回到快照数据保护的具体限制。足够频繁的执行快照将提供出色的 RTO 和 RPO，但无法抵御灾难性存储损失。备份和恢复系统不太可能满足严格的 RTO 和 RPO 要求，但提供了与原始存储平台分离的保护层，因此更适用于灾难恢复情况。

基于企业的运营需求或法律法规合规性要求，这种三层数据保护方法可能仍无法为企业提供足够的保护级别。特别是到目前为止，还没有考虑过数据保护的位置问题。假设企业需要在辅助站点中配置其数据副本以满足灾难恢复要求，可通过高速站点间连接(如光纤)进行备份，从而有效地制定数据保护解决方案，如

图 20.5 所示。

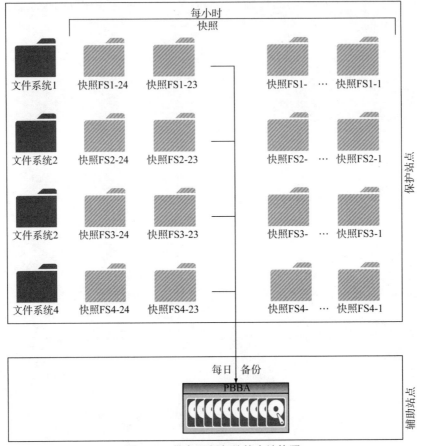

图 20.5　带有远程备份的本地快照

　　通过将备份发送到辅助站点，企业既能提供本地短期 RPO 和 RTO 选项，同时能满足一定程度的灾难恢复功能。对于某些特定企业，或大型企业的特殊类型数据，这完全可满足需求。

　　也会有一些企业，要么受到更严格的 RPO 和 RTO 要求的限制，要么受到法律合规需求的限制，无论从何处访问数据，传统恢复方式都是不够的(如果发生灾难，通过传统恢复方式恢复业务运营服务的速度太慢了)。

　　在这种场景下，可能需要使用复制，将 NAS 主机上的文件系统复制到辅助站点中的备用 NAS 系统，并使用类似的复制快照，这种配置类似于图 20.6。

　　在图 20.6 中，可看到生产站点上的一组文件系统，每小时都有一个快照。此外，基础文件系统已复制到辅助站点，并且每小时在生产站点上生成的快照将复制到辅助站点。

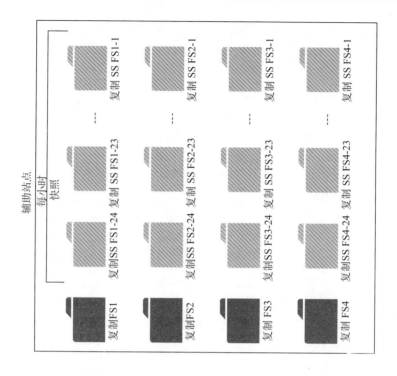

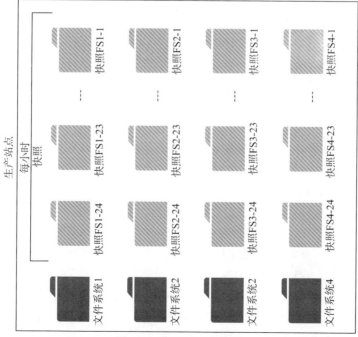

图 20.6　组合快照和复制

这样的配置提供了比先前讨论的方法更高级的数据保护策略。

- 防止本地快照出现偶然的数据删除或文件系统损坏，满足严格的 RPO 和 RTO 要求。
- 防止复制内容的灾难性存储故障。
- 主站点失效时的灾难恢复事件。

这似乎是一种适用于所有业务的多层数据保护方法，此外，有其他三个需要考虑的因素：脱离平台(平台外)、长期保留和法律法规合规性。

从平台的角度看，考虑所有数据保护策略都是由同一技术平台提供的：NAS系统。即使有复制目标，也没有实现"平台外(Off Platform)"保护，只是增加了一层硬件冗余。固件/操作系统升级导致的问题，或故意针对平台的恶意软件，仍可能导致无可挽回地损坏主数据和"备份"数据。

在理想世界中，备份不需要保留超过一个月或最多一年；任何需要长期保留的内容都将以不可篡改的归档格式存储。但包含全面归档策略的数据生命周期管理策略的使用范围有限，并非特定组织所有内部数据的规范，甚至大多数组织未使用该规范。即使那些使用了归档的组织，通常也会将其限制为特定类型的数据，例如，仅限电子邮件。这就形成了理想与可实现目标之间的差距，暴露了快照技术的局限性：面对不断更改的数据如何保证持久性。

例如，当数据的月度副本必须保留 7 年并且未使用存档时，安全的、与平台无关的选择是合并某种形式的传统备份过程。但可智能地利用快照和复制功能，将执行备份的频率优化至最低。

这可能出现类似于图 20.7 所示的配置：

- 每小时执行一次快照，并保留 24 小时。
- 指定每天的某一个每小时快照为每日快照，并保留 30 天。
- 文件系统被复制到辅助站点。
- 每小时快照复制到辅助站点，并保留 24 小时。
- 每日快照将复制到辅助站点，并保留 30 天以上。
- 在每个月末，该月的最后一个每日快照副本将写入备份存储[1]。

此级别的保护符合先前讨论所满足的相同 RPO 和 RTO 要求，还提供长期数据保护/保留。这种四层数据保护技术有一个额外好处：在正常的数据保护环境中，必须确保备份可在 24 小时内完成(事实上，企业通常希望在更短时间内完成)，因为所有日常数据保护和典型的灾难恢复方案都由快照和复制快照提供服务，备份仅用于满足长期的合规性要求。这使得备份可能耗费额外时间，消除或减少备份和恢复系统上设置的性能要求，以保护 NAS 系统上的数据(法律法规合规性要求有效地反映了上述长期保留需求，但应特别关注那些强制要求保留长期备份的企业；即法律未跟上现有技术的发展，也未强制要求使用最简单、最容易获得的技术)。

---

[1] 然后，可将此长期保留的备份迁移到云对象存储，以实现廉价的冷备份。

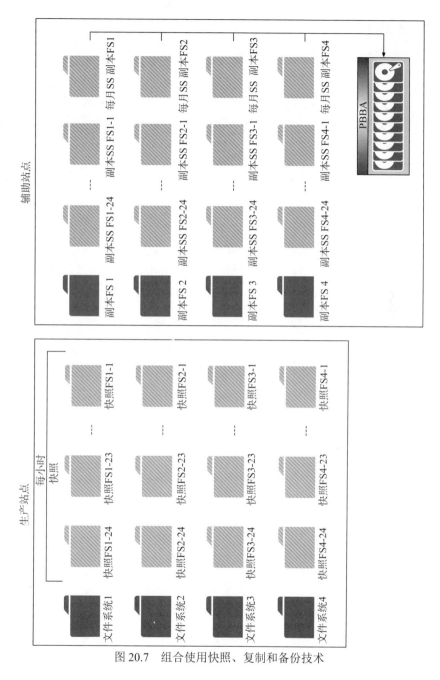

图 20.7　组合使用快照、复制和备份技术

应该注意，本节中的备份示例已经简化。如第 11 章的更详细讨论那样，通常使用复制、克隆或以其他方式复制备份，以确保数据保护策略中没有单点故障问题。

20.2.2　虚拟机保护

现在大多数企业的一个常见例子是，在虚拟机环境中提供全面数据保护服务所需的多层方法。

越来越多的虚拟化平台代表了大多数组织中的重要且混合的工作负载/空间。即使是最小的组织，也可通过在有限数量的服务器上运行多个独立主机来节省成本。

这通常在这些服务器上形成一个复杂的混合工作负载；根据业务的规模或运营要求，可能在同一物理服务器上运行生产和非生产虚拟机，并共享相同物理资源的负载可能是文件、打印、电子邮件、终端服务、特定应用程序、数据库或开发平台。

虚拟机保护的整体方法包含第 14 章中讨论过的几个(并非全部)技术，因此，可从一开始就讨论完整模型，而不是像对大型 NAS 保护那样一步步地构建。

一个虚拟化环境中的多层数据保护的高级示例如图 20.8 所示，各编号表示以下活动。

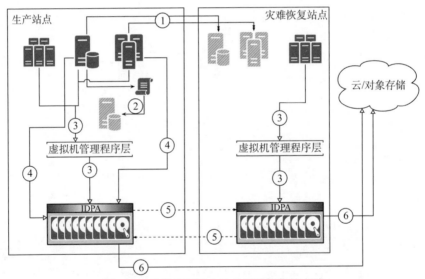

图 20.8　虚拟化环境中的多层数据保护方法

(1) 无论环境是运行在生产数据中心，还是在灾难恢复数据中心，运行的关键生产系统都需要通过跨站点复制保持同步。在发生灾难时，可在灾难恢复数据中心自动启动复制的系统，通常在几分钟内(取决于复制速度)保持崩溃一致的状态。这通常需要"弹性网络"或"弹性 VLAN"，以便生产站点和灾难恢复站点上的 IP 寻址方案相匹配，从而在不需要更改任何客户端服务或 DNS 详细信息的条件下，允许操作继续(注意，为节省带宽，仅将业务连续性工作集中在那些对运营至关重要的系统上，而非生产系统可能不会在站点间进行复制)。

(2) 关键的数据库或应用服务器都有持续的数据保护系统，这些系统通过应用程序感知的日志记录进行部署；这为同一站点中的设施提供支持，在发生数据损坏问题时，几乎可立即将虚拟机回滚到以前的检查点。日志系统甚至可用于触发与应用程序一致的虚拟机克隆，以便进行测试。

(3) 环境中的所有虚拟机，无论是生产还是非生产，都通过集成数据保护工具包(Integrated Data Protection Appliances，IDPA)的管理程序插件接收镜像级备份、提供"即时访问"[1]和文件级恢复等高级功能。

(4) 传统的基于代理的备份是针对以下情况执行。

　① 驻留在虚拟机中的数据库或复杂应用程序，需要的不仅是"崩溃一致性"的镜像级备份。

　② 没有使用归档系统，但需要对虚拟机的内容进行长期保留[2]。

(5) 在站点之间复制虚拟机的所有备份，以使备份系统不会成为环境的单点故障。

(6) 为长期目的而必须保留的备份将迁移到廉价的存储层，如云/对象存储。

上述体系架构不是为虚拟化系统提供多层方法的唯一方法。其他方法可能更多地利用集成虚拟机管理程序的存储快照系统，但根据之前对快照限制的讨论，这将局限于短期数据保留，以避免性能和/或容量问题，以及与没有"平台外"保护相关的风险。

20.2.3　关键任务数据库保护

公平地讲，最具爆炸性的数据增长发生在非结构化数据中，但结构化数据(即数据库)，仍常代表组织中最关键任务数据的来源。核心的、基本的业务功能通常依赖于利用组织内特定数据库的应用服务。因此，关键数据库服务器通常具有与之相关的极高程度的数据保护，并且需要以完全最小化甚至尽量完全消除任何性能影响的方式配置这种数据保护。

图 20.9 是一个配置示例。通常，关键任务数据库将采用集群事务技术，本节的示例配置也不例外。系统集群用于为生产站点提供数据库服务，每个集群节点都有到本地 SAN 的多个连接，以实现对路径故障的弹性保障。集群提供来自各个系统故障的本地容错能力，一个或多个承载数据库的服务器发生故障而不会影响业务运营服务。

1　可通过 IDPA 存储的读/写快照启动虚拟机，甚至不必还原到主存储。

2　通常会考虑使用基于代理的备份进行长期数据保留，以允许虚拟机管理程序技术或虚拟机容器格式的更改，否则可能导致较长时间后无法恢复或使用可恢复数据。

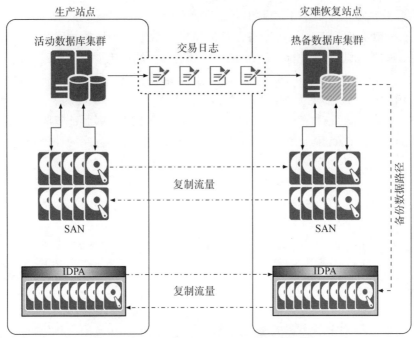

图 20.9　　数据库数据保护与热备份数据库

　　大多数数据库服务器都通过某种形式的事务日志传输，为企业提供高可用性选项。在此，本地或其他站点的备用数据库服务器在主数据库关闭前，通过从主数据库接收事务日志来保持更新，同步主数据库上执行的更改。这些事务日志会自动应用于备用数据库，使其与生产保持同步复制。

　　虽然图中显示了 SAN 复制，但当事务日志传送在数据库之间运行时，它未必是活动的，如有必要，它只是作为数据库服务器的一个选项存在于这个场景中(例如，SAN 级别的复制可用于在发生故障转移并且生产站点准备好再次从灾难恢复站点接管后，为故障恢复重新设置生产站点副本)。

　　为满足前述的在备份操作期间将性能影响降至最低的业务需求，在这种类型的配置中，从灾难恢复站点执行数据库备份是很正常的；来自主副本的应用事务日志由于其执行备份被延迟了，这意味着在备份过程中对生产数据库没有性能影响。备份完成后，将再次应用备用数据库服务器上的排队事务日志，并且在后台，备用站点上的保护存储系统应将备份副本复制到生产站点，以便备份也可受到站点故障保护。

　　然而，这种配置不一定完美。数据库供应商通常会围绕备用数据库服务器收取更多费用，这可能大大增加解决方案的成本。还存在其他潜在的缺点，包括：

- 次要数据库服务器上的日志保存空间需要足够大，以容纳备份运行时排队等候的所有事务日志。
- 如果发生站点容灾切换，则备用数据库服务器充当生产服务器时，将经历与数据库备份相关的任何性能影响。

- 在正常的生产站点操作中，数据库从损坏中恢复可能需要从"主"备份进行恢复，该备份只能从辅助站点访问。这可能对恢复造成带宽限制。
- 在最坏的情况下，实际上可能需要将数据库恢复到次要数据库服务器，然后将数据库复制回生产站点。

虽然不同数据库服务器将支持各种回滚选项来处理数据损坏，但可用的性能水平取决于平台。

图 20.10 显示了关键任务数据库系统的备用数据保护策略。

图 20.10 所示的示例配置避开了数据库级别的日志传送，转而使用集成在存储阵列级别工作的应用感知持续数据保护(Continuous Data Protection，CDP)。通常，CDP 通过拦截 I/O 操作和维护针对 LUN 执行的写入操作的日志来工作。这些操作被收集到日志中，这样当这些操作被应用到一个备用系统时，会得到一个与应用程序一致的副本。

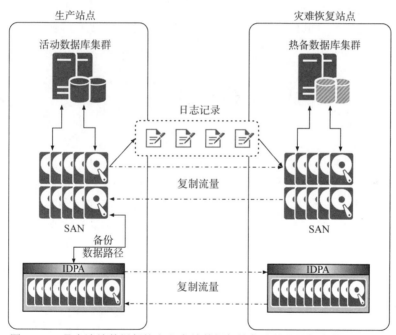

图 20.10　具有连续数据保护和主存储数据保护集成的关键任务数据库保护

CDP 系统不仅可用于向另一台主机提供应用程序一致性复制，还可用于针对受 CDP 保护的生产系统的"倒带(Rewind)"操作。因此，在数据库发生逻辑损坏的情况下，可通过停止数据库，回滚(在存储层)已执行的更改并重新启动数据库来便捷地进行恢复。

虽然 CDP 提供出色的 RPO 和 RTO，但通常企业仅在有限的窗口内构建 CDP 可恢复性，例如，24 或 48 小时的时间窗口。较长期的可恢复性仍然需要更传统的备份过程，即数据被复制到数据保护存储。在图 20.10 的场景中，展示了可通过利用主存储系统和 IDPA 之间的集成来实现备份。这种情况下，通常会在主存储系统和 IDPA 之间看到光纤通道链接，备份过程的工作方式如下：

- 数据库服务器触发备份过程
- 数据库进入热备份模式
- 主存储系统生成数据库所在 LUN 的快照
- 数据库退出热备份模式
- 主存储系统将快照数据库 LUN 传输到 IDPA

这样的备份过程使数据库服务器本身免于参与数据传输的需要。传统的数据库备份将看到数据库服务器从存储系统读取数据，并将该数据传输到保护存储系统。最终结果是数据库服务器本身就是传输管道。在此流程中移除数据库服务器，可消除对数据库的性能影响[1]，并通过将数据保护所需的路径数量减半，企业可显著提高备份性能。利用重复数据删除来减少传输需求，可进一步改进备份性能。或利用虚拟合成操作仅在 LUN 上传输自上次备份以来更改的块来进行备份，IDPA 在逻辑上将这些新块和之前的备份，合成为一组完整的新指针。

20.3　规划整体数据保护策略

客观上讲，企业是无法孤立地开展整体数据保护策略规划工作的。这既涉及为业务功能"数据仓库(Silo)"规划独立的数据保护组件，也涉及组织内所有业务功能的数据保护组视图。例如，考虑前面实例中概述的三种数据保护策略：大型 NAS、虚拟机和关键任务数据库保护。虽然貌似在实例中，是根据组织内的实施计划独立开发和修改这些策略，但必须构建完整的数据保护策略，同时了解解决方案如何相互影响，例如，所有这三种策略都依赖于跨站点复制：

- 生产/关键任务虚拟机
- NAS 存储和快照
- 备份副本/克隆
- 数据库内容

假设组织需要同时使用这些数据保护技术，那就需要综合考虑确定数据保护的带宽考虑因素；再去计算这些技术总共消耗的跨站点带宽。如果数据库保护需要至少 100MB/s 的吞吐量，则虚拟化保护需要至少 200MB/s 的吞吐量，并且 NAS 跨站点保护需要至少 150MB/s 的吞吐量，那么 1Gbit 链路是不够的[2]。当站点之间

---

1 也就是说，SAN 可支持多个同时访问它的应用程序。当企业在备份期间考虑对关键任务系统的性能影响时，这种影响几乎总是由于该关键任务系统参与数据传输造成的。

2 WAN/MAN 链路压缩技术可减少必须传输的数据量，在一定程度上缓解带宽需求，但总有局限性。

的标准操作也共享该链接用于生产通信时，情况尤其如此。每当涉及重复数据删除时，在恢复操作期间这一点就变得更重要了，因为在恢复期间处理数据流时，重复数据删除操作可能使完全足够的备份链接变得饱和。

第 6 章还介绍了在存储需求和性能方面，准确跟踪和分析数据保护容量的必要性。第 6.3.2 节讨论了预测规划中趋势报告的价值，这在使用混合数据保护技术的环境中变得更重要。虽然有些数据保护技术将在很大程度上彼此独立存在，但其他技术可能相互依赖[1]。考虑前述的大型 NAS 保护策略：由于长期备份是从复制的快照执行的，因此快照系统中的故障可能导致备份和恢复系统的级联故障。因此，虽然多层数据保护技术可提高组织内数据可用性和可恢复性的级别，但它们可能引入额外的依赖项，而这些依赖项需要加以理解、跟踪和规划。

20.4　本章小结

在现代企业中，仅利用单一数据保护策略几乎闻所未闻。在主机虚拟化前，很可能只是松散地协调数据保护策略：应用程序管理员在备用存储上保存生成的备份或数据库转储，存储管理员提供特定的 RAID 保护，操作系统管理员执行适当的传统备份(随着备份在功能上变得异构，备份管理员为企业内的所有操作系统提供集中保护选项变得越来越普遍)。

主机虚拟化以及随后的存储、网络和数据中心虚拟化，推动了更趋融合的基础架构规划(存储和虚拟化环境的精简配置，如需要存储管理员、虚拟化管理员、操作系统/应用程序管理员之间密切合作)。虽然企业可能尝试将存储管理、虚拟化管理和备份管理作为不同角色，但这三个领域的管理员必须紧密和定期地保持联系，以确保开发和实施兼容的整体数据保护策略，并确保这些技术不会留下缺陷，将企业暴露在风险中。同样，整体方法减少了昂贵的重叠功能的数量；单独计划的系统可能存在不必要的重复功能或保护，直接给企业带来财政负担。减少重叠可真正节省成本。融合基础架构的不断增长明确了对新型管理员——基础架构管理员——的需求；基础架构管理员结合了以前的多个孤立角色，不仅利于主要生产管理，还利于数据保护管理(可以说，无论是否使用完全融合的基础架构，基础架构管理员都会增加价值，在现代 IT 环境中，基础架构管理员也被认为对于开发和维护全面的数据保护策略是必不可少的)。

整体数据保护策略不再仅是 24×7 业务运营以及跨国公司或全球企业所需要的事情；整体数据保护策略对于现代 IT 环境是至关重要的。

---

1 例如，系统使用的 RAID 存储类型通常不会影响系统能否接收传统备份。

第21章　数据恢复技术

21.1　简介

尽管可在数据保护方面采用包括数据存储保护、快照、RAID、复制和持续存储可用性的任意组合在内的所有主动性防御技术和措施，但始终存在数据丢失的情形，因此，需要可执行的数据恢复(Recovery)程序。

如果把数据安全保护策略看成购买保险，那么数据恢复程序就是企业向其数据保护策略索赔的过程。一旦发生业务中断或数据坏损，则需要启动数据恢复程序。

与普通保单一样，数据安全保护"保单"在索赔时会附带额外费用。像购买保险一样，如果超出保护策略的程度(也就是恢复成本)，通常首先与是否对数据保护策略进行了足够的投资和规划紧密相关。

尽管恢复操作本身是以数据保护产品为中心的，但无论使用什么产品或技术都存在一些常见的恢复实践和注意事项。这些措施包括：

- 系统设计。在设计保护系统时，恢复需求和与 SLA 的关联程度是首要考虑因素。
- 最佳实践。恢复和灾难恢复过程中应遵循的过程和准则。
- 恢复测试的充分性。

本章将基于上述关键要求考察各种数据保护选项。

21.2　数据恢复与服务复原

数据恢复和服务复原(Restoration)之间的区别既是数据恢复最重要的注意事项之一，也是最容易忽略的考虑因素之一。数据恢复仅指从保护存储中恢复数据，而实现服务复原可能需要根据故障、存储和数据的性质不同付出更多努力。简单的情况可能就像恢复过程完成后启动应用程序服务。但对于更复杂的工作负载，可能涉及以下一些或所有示例：

- 跨多个系统执行恢复程序。
- 跨应用程序和数据库服务器协调服务启动或重新启动。
- 调整 IP 地址和重定向 DNS。
- 通知用户或消费者服务再次可用。

第 4 章中描述了数据保护系统的要素，技术只是其中之一，同时，还有五个要素，即人员、流程和文档、服务水平协议(Service Level Agreement，SLA)、测试以及培训。同样，除了将数据从一个源传输到另一个源或重定向访问数据的位置，服务复原中还涉及其他组件。

理解服务复原活动及其所需的时间，对于正确判断可提供给业务运营的实际服务水平目标(Service Level Objective，SLO)至关重要。例如，不能因为在 8 小时内从保护存储中完成数据读取，而仅预计数据库在 8 小时内恢复，却不考虑恢复后必须采取的一致性活动[1]，或在业务运营认为服务"复原"之前，哪些服务可能需要重置，或者恢复后还需要执行哪些非技术流程。

21.3　恢复人员角色

房屋装修期间，有一名优秀的油漆工在粉刷房屋时，可不溅出一滴水，也不错过墙上任何地方，同时工作速度还快得令人惊讶。但若供电系统出现电涌，房屋有一半需要重新布线，是否会仅因为这名油漆工是现场唯一的专家，就转身请他重新布线呢？

答案是否定的，同样，在数据保护方面亦是如此。即便是最好的、能提供 100%成功率的备份管理员，也不能仅因为他们是基础架构保护方面的专家，就在未经认证的情况下请他们端到端地恢复关键且复杂的数据库任务，这是否明智？

第 11 章曾提到一种新的备份形式，即采用混合方法集中保护存储，但核心备份管理员和应用程序管理员之间的控制是分散和共享的。虽然只谈论备份策略，但这同样适用于所有形式的数据安全保护体系。想一下存储管理员和应用程序管理员的情形[2]。混合方法在协调备份方面具有更大灵活性，但更重要的是允许通过更智能和高效的方法协调恢复工作。备份管理员能在更广泛的级别协调资源并协助恢复任务，并帮助执行那些不需要高度应用程序知识的恢复，从而避免打扰应用程序管理员恢复关键任务系统的工作。甚至可以说，在混合方法中，集中式保护存储的一个关键原则是确保备份管理员不会成为恢复瓶颈。

---

1 回顾一下数据库中使用的还原(Restore)与恢复(Recover)这两个术语。还原通常是指从保护存储/备份中提取数据，但恢复指的是实际通过回滚事务日志和其他详细信息恢复数据库中的一致性。

2 或更广泛地说，是基础架构管理员。

21.4　设计恢复

无论如何看待数据保护，都必须根据所涉及的数据或服务的恢复点目标 (Recovery Point Objectives，RPO)采取两种基本方法之一：

- 用于恢复的设计
- 避免恢复的设计

如果组织内的关键任务系统的 RPO 等于零或接近于零，主要设计原则就必须是不惜一切代价避免恢复。此类系统将利用持续存储可用性、复制和快照，在服务中断时实现实时或近乎实时的复原。虽然传统备份可能仍可用于这些系统，但传统备份可能用于较长期的数据留存要求、重新分配测试/开发环境甚至是大数据系统，而不是用于服务复原。这些情况下，使用传统的备份系统恢复服务，是架构故障或级联故障超出运营预期的迹象而不是设计有误。

对于与 RPO、RTO 和服务中断时间相关的 SLA 并不严格的系统，传统的备份和恢复系统将成为其操作恢复策略的一部分。因此，一个基本的设计原则是确保数据和服务能在企业规定的时间内恢复。仅靠 IT 部门是无法决定 RPO 和 RTO 的。

现在考虑一下使用重复数据删除技术的备份环境。许多远程办公站点通过带宽较窄的链路备份到单一中央数据中心，导致备份拓扑的爆炸式增长。如果实施源端重复数据删除，可大幅减少必须通过网络发送的数据量，降低带宽使用需求。例如，一个拥有 1000GB 数据、对集中存储数据具有很高共性的站点可轻松地通过最大可持续吞吐率为 10MB/s 甚至更低的链路备份。如果不使用重复数据删除技术，以 10MB/s 的连续速率备份 1000GB 的数据需要 28.4 小时。现在假设在任何时候最大变化率为 5%，并且变化数据的去重率为 5:1。一旦完成第一次备份[1]，每天只需要备份 50GB 的数据，只要在不到一小时的备份时间内通过链路发送 10GB 全新且唯一的数据。

考虑一下远程站点遭遇灾难性故障，并且所有数据都需要从中心站点回传的情况。重复数据删除技术本身并不能提高恢复性能。在前例中，即使最大限度地传输也需要 28.4 个小时才能将这些数据发送回来。如果这是不可接受的，就必须对系统进行相应的设计。例如，在远程办公室安装一个较小的重复数据删除系统，该系统充当本地缓存并将备份复制到中心办公室。在许多故障场景下，可使用本地缓存在 LAN(而非 WAN)执行恢复[2]。

---

1 如果考虑前述的集中存储数据的共性(指使用数据删除系统，详见其他章节)，正确计时的话可能不需要完整传输 1000GB。

2 如果服务水平允许，替代的恢复策略可能是"构建并发送"。通过高速 LAN 链路在备份目标/中心站点执行恢复，并将恢复的服务器或数据传回站点。这实际上是安德鲁·坦纳鲍姆(AndrewTanenbaum)声明的一个演变："永远不要低估一辆装满磁带的旅行车在高速公路上疾驰所需的带宽。"

可恢复性(Recoverability)或避免依赖业务数据的价值进行恢复,是任何数据保护系统的首要设计要求。在日常操作基础上,保护措施的执行速度非常重要。最终,业务部门将关注在出现问题时实现服务复原所需的时间。

21.5 恢复基础架构

21.5.1 自动恢复与人工恢复

随着通过门户的系统自动化、类似云平台的自动化和自动修复存储变得越来越普遍,自动恢复过程普遍进入数据中心。这些技术将在高可用性存储、持续数据保护和复制系统中普及,使智能存储系统能在存储系统发生故障时自动实现系统恢复。这当然不是什么新鲜事。RAID 系统长期以来一直使用热备,以便在没有管理干预的情况下,当单个磁盘发生故障时可重建卷。存储虚拟化允许管理员在更高的配置级别上更轻松地建立策略,使自动化和业务流程层负责处理实际操作。绝大部分IT行业开始考虑TB甚至PB级的全职员工(Full Time Employee,FTE)要求,但配置、管理和恢复方面的高级自动化技术,已允许一位管理员管理数十PB或更多存储。

自动恢复也可在备份和恢复环境良好的系统设计中发挥作用。支持恢复自动化的产品或业务流程层,可将应用程序、系统或备份管理员从必要但非常繁杂的常规恢复活动中解放出来,例如:

- 从生产备份重新启动开发、测试和 QA 系统环境刷新。
- 合规性常规测试。为满足法律要求,可能建立必要的恢复测试服务目录并定期执行。
- 预先安排的恢复活动。当预先知道所需的恢复时,构建一个自动恢复策略,在所需时间执行恢复可让管理员腾出手执行其他活动。

手动恢复将始终存在,但随着企业对其数据保护产品的灵活性提出更高要求,第三方编排(Orchestration)层更趋成熟,自动恢复将越来越受欢迎并广泛使用。

21.5.2 谁执行恢复?

决定由哪个角色执行恢复通常需要考虑以下几项因素。

- **数据复杂性**。执行特定恢复是否需要专业知识?随着数据或依赖于数据的服务日趋复杂或重要,需要专业知识的恢复机会也将增加。因此,数据库系统往往由数据库管理员而非服务台人员执行恢复。
- **系统架构**。数据保护系统及其集成到环境中的方式是否支持所需的恢复角色?例如,企业可能更希望所有最终用户数据都是自助可恢复的,但是如果环境要求具备管理员级别的权限才能执行恢复程序,则恢复可能需要升级到 IT 部门。[1]

- **产品架构和安全性**。确保数据不能被错误人员恢复是一项必要的考虑因素。一个允许任何用户执行恢复程序的产品听起来是一个好主意，但考虑一种可能性，如果一个办公室职员就有权启动数据恢复，而恢复的是首席财务官需要的预算规划数据，那么企业将毫无机密性可言。

- **终端用户培训**。用户在完成恢复前需要多少培训？理想情况下，如果最终用户希望对其数据(如办公室文档或电子邮件)执行恢复，则应集成这一功能，使其看起来是基本产品本身的一部分并且非常直观。例如，SaaS 备份产品可能向最终用户的电子邮件工具栏中添加"恢复"选项，允许最终用户执行自助恢复却不必维护整个备份产品。

特别是在磁带环境中，恢复功能通常仅限于非常有限的用户。这些用户可能是备份管理员、应用程序管理员或操作系统管理员，最多只能限制在少数帮助台人员。这减少了环境中恢复请求爆发的可能性。一旦请求爆发，将导致都在等待需要调用的磁带，或都在等待释放的驱动器。

由于基于磁盘的保护存储的增长，企业越来越多地看到允许用户驱动的自助恢复的好处。此方案中的"用户"可能并不意味着最终用户，而是为企业内的各类应用程序管理员和开发人员等配置自助恢复访问权限。

真正的最终用户自助恢复通常是为家庭驱动器上的文件和单个电子邮件考虑的。在企业级场景下，特定类型的数据仍需要专职管理员的干预，但随着成本的降低或运营效率的提高，允许用户恢复自己的基本文档和电子邮件可大幅将 IT 资源转移到战略活动上。成本的降低或运营效率的提高是 IT 部门的长远考虑。不过，很有可能的是，转向云端 SaaS 应用程序的企业将发现更多更频繁的机会授权给自助服务复原。

确保合法用户在规定时间可访问并使用企业部署的业务系统是一项架构流程和教育挑战，大部分挑战通常是在没有完全调查的情况下，假定需要特定级别的自助服务或恢复功能时遇到的。允许更多用户执行恢复，无论这些用户是特定的应用程序管理员、技术支持人员还是最终用户，都可能对业务中的运营效率有微小提升，也可能有深远改进。根据用户需要恢复数据的原因，正式请求恢复并等待数量有限的、忙于其他事务的操作人员完成工作可能减慢业务运营职能的响应速度，甚至因为降低生产效率而浪费业务资金。了解与自助服务复原相关的预期负载和/或成本并能跟踪它们也很重要。如果企业在执行恢复时，存在从云对象存储中恢复数据等有形成本，则必须以相同的方式预计、跟踪和核算该成本。

---

1 无论是私有、混合或公有云，迁移到云端的进行数据保护服务的企业，往往发现这种考虑特别重要。这种变化经常影响 IT 人员的配置结构。

21.5.3　恢复频率

执行恢复的频率越高，系统支持的恢复工作负载就越高。例如，当磁带是主要的备份和恢复机制时，通常意味着要构建备份环境，确保始终有足够数量的磁带驱动器用于执行恢复。一个有 10 个磁带驱动器的磁带库可永久配置两个驱动器为"只读"，从而提供更大的可用性保证，方便恢复。

当磁盘系统不用于保护存储时，磁带读写活动之间的物理限制大大减少。但简单地使用磁盘在恢复时不会进行空白检查。需要考虑的因素如下。

无论使用哪种存储类型：

- 保护存储可处理多少并发读数据流而不会降低性能？
- 到保护存储的网络连接对单个恢复流和并发恢复流有什么影响？
- 是否必须执行"内部事务"活动，从而降低为恢复请求提供服务的能力？
- 如果备份数据分层到磁带或云存储平台等较慢的长期存储，系统是否确保最常见的恢复请求来自在线存储，而不是近线或离线存储？
- 如果将数据分层到其他存储，是否以对用户完全透明的方式访问？

如果使用重复数据删除技术的存储：

- 如果重复数据删除是作为"后处理(Post-processing)"操作执行的，考虑的因素如下。
  - 使用重复数据删除和没有使用重复数据删除的备份数据的服务功能之间是否存在差异？
  - 后处理通常是 I/O 密集型，基于每天的平均数据传输，后处理的典型持续时间是多少？如果在执行恢复过程中运行后处理，这可能对恢复产生什么影响？
- 无论在线还是后处理类型的重复数据删除，考虑的因素如下。
  - 无论重复数据删除备份的完成速度如何，是否充分考虑了恢复过程中可能需要再水化的数据量以及完成此操作所需的时间？

21.5.4　数据保护的及时性

特别是考虑到传统的备份和恢复操作，大多数企业都希望在数据恢复的速度和备份的时间之间找到平衡。

大多数情况下，近期备份的内容越多，恢复的可能性就越大，恢复速度也越快。考虑以下基本备份环境：

- 每日备份，数据留存 6 周。
- 每月备份，数据留存 13 个月。
- 每年备份，数据留存 7 年。

暂且不谈数据管理和归档操作的优势，只是使用备份进行长期数据留存，上述类型的备份和留存计划在许多企业中也相当普遍。同样常见的是最常请求的恢复可能是过去 24~72 小时内备份的数据。因此，备份系统的设计应确保最近备份的数据能以最快的速度恢复。该时段的备份应处于联机状态，备份产品应支持在接到请求时立即开始恢复。

在架构中，主要磁盘备份有一种是暂时(Staging)存储，备份在移动到磁带之前会在磁盘上停留较短的时间。这时目标应支持至少 80%~90% 的最频繁恢复请求并从磁盘备份中提取数据，并相应地调整磁盘备份空间。

用于"暂存"存储的磁盘可能存在一定风险

虽然磁盘备份只是一个"暂存"区域，但持续运行且仅用于临时存储的磁盘的确会给整体环境带来风险。由于存储容量通常比受保护的整体环境低，因此必须快速移动数据，为即将到来的备份预留更多空间。一旦其中暂存数据的磁带驱动器发生故障，将在转移区域填满时导致备份迅速积压，甚至备份意外中止。此外，由于"暂存"操作是一个 I/O 密集型过程，通常在备份窗口外进行，因此可能妨碍恢复性能，甚至可能在数据移动之前阻止恢复。

所有备份存储在磁盘上的环境通常利用重复数据删除技术或在线重复数据删除技术将占用空间降至最低，这种操作很少需要考虑 80% 或 90% 规则。这是因为，昨天备份的数据将与 3 个月、12 个月或 5 年前备份的数据以同样的速度恢复。应该注意，执行后处理重复数据删除的重复数据删除系统可能具有完全不同的性能特征。这具体取决于能否从登录层或重复数据删除层恢复数据，以及在发出恢复请求时系统是否将 I/O 绑定来执行重复数据删除操作。后者可能严重影响恢复性能。

一种新的数据分层选项获得广泛关注，它将长期备份移动到基于云的对象存储，而不管采用的是公有云、私有云还是混合云。[1] 对于不经常访问的冷数据，云对象存储可代表一种比近线存储更便宜的存储机制。[2] 因此，随着"磁盘到磁盘到磁带(Disk to Disk to Tape，D2D2T)"的演进，"磁盘到磁盘到云端(Disk to Disk to Cloud，D2D2T)"正进入数据保护领域。云对象存储通常代表一种更便宜的存储选项，但代价是检索速度较慢。[3] 与长期的法律合规性需求相比，企业为业务部门操作恢复或"一切照常"恢复维护不同的恢复服务水平协议(SLA)完全合理。虽然操作恢复需要提高速度，但出于监管合规原因的恢复通常需要更长时间。毕竟，如果企业实现了从备份(而不是归档平台)的合规恢复，则长期留存所需的总容量通常会大

1　对于希望部署自己的多用途对象存储系统的企业来说，该分层选项通常是一个有吸引力的附加用例。

2　尽管并非总是考虑从公有云存储中检索批量数据的成本，但如果出现意外，可能对预算产生严重的负面影响。云分层存储可利用近线层作为长期恢复请求的缓存，这是一种很好的缓解技术。

3　第 11 章中还讨论过，磁带在用于长期数据留存时常没有得到正确处理，错误地扭曲了价格对比。

大超过操作恢复的容量。[1]这需要更便宜的存储，便宜通常意味着存储速度会变慢。因此在此类情况下，云对象存储作为仅用于合规所需的长期数据留存目标是相当明智的方法。

21.6　恢复步骤和建议

本节的大多数建议侧重于从备份进行恢复操作。也就是说，许多建议同样适用于需要人工干预的数据恢复操作，无论恢复是在备份产品中执行还是在快照、CDP、复制或持续存储可用性等其他形式的保护中执行。

本节的目的是超越任何单个产品可做什么或不能做什么这一简单话题，转而讨论应该做什么或不应该做什么这一更具挑战性的主题。

21.6.1　开始恢复前仔细阅读文档

虽然这可能只是简单地认为"接受恢复方面的培训"，但其实还有更多内容。如第 21.2 节所述，供应商提供的文档概述了产品内部恢复所涉及的实际步骤，但想要成功恢复功能甚至理解基本数据所涉及的内容，可能比仅按产品手册中的恢复说明进行操作要多得多。这意味着参与恢复的工作人员在需要执行恢复前，应该很好地掌握恢复步骤，并且应该有针对业务定制的运行手册或某些其他形式的说明，以处理与恢复程序相关的辅助工作，或备份产品之外的其他考虑因素。这可能包括：

- 需要咨询哪些流程或部门才能允许恢复？
- 需要在客户端或备份服务器上暂停哪些系统活动(如果有)以便恢复？
- 必须满足哪些安全要求才能进行恢复？具有更安全访问策略的站点可能自动将系统访问、访问权限与变更请求捆绑在一起。
- 关于恢复使用文件、用户邮箱、应用程序和数据库等各种常见情形下文件和数据应恢复到何处的组织标准或实践。
- 如何调取或访问未立即联机的备份？在基于磁带的环境中尤其需要考虑这个因素。
- 恢复结束时应遵循的程序或过程，特别需要区分成功/不成功恢复结束后需要采取的行动。

当然，这只是一个例子，不同规模的企业、不同行业或不同成熟度的企业之间的实际列表可能与此大相径庭。但这确实说明，公司建立的恢复程序应该是规

1　为方便起见，假定数据的初始大小为 50TB，并且没有增长。4 周的日增量备份/周全备份和 3.2%的每日变化率，将生成大约 240TB 的备份。另一方面，如果出于法律法规合规原因，必须保留 7 年的每月全备份，84 个月将生成 4200TB 的备份。

范的而不是特例。

21.6.2　选择正确的恢复位置

不言而喻，如果处理不当，恢复过程丢失的数据可能比恢复的多，或造成更大的中断。最糟糕的情况之一是将数据恢复到错误位置。如果备份系统支持定向恢复，这可能进一步加剧问题。因此，在启动恢复前确认恢复位置，并了解文件或数据预计恢复到的位置上存在的限制，是必不可少的环节。恢复位置可能包括：

- 数据的原始主机和原始位置
- 原始主机的另一个位置
- 具有相同文件系统位置/路径的备用主机
- 具有不同文件系统位置/路径的备用主机

每个选项各有优缺点。例如，在进行灾难恢复时，恢复到原始主机和位置的显然是至关重要的，但这对恢复意外删除或覆盖的关键文件或系统数据以及恢复部分删除的目录树也同样重要。

对于备份管理员、操作员或技术支持人员来说，恢复到原始主机的不同位置通常是一个有用功能。如果，最终用户不确定到底要恢复哪个文件，执行这样恢复就更有益。这种情况下，将整个目录树恢复到备用位置的情况并不罕见，用户要求在删除其余不需要的恢复数据前，在恢复后的目录树中筛选所需的文件[1]。

恢复到备用主机时，恢复到备用目录路径通常很有用，但并非必需。例如，在具有完全相同配置的生产和开发系统，可通过将生产数据的副本恢复到不同主机的相同位置定期刷新开发系统。同样，当最终用户提出恢复请求，并可引用要恢复的数据的确切文件或位置时，许多帮助台和操作人员将这些文件恢复到本地计算机，然后简单地将文件通过电子邮件发送给最终用户。

执行恢复时的一个建议是，在最终"执行"恢复前，执行恢复的人员应该始终提问这些问题：

(1) 是否选择了正确的文件/数据？

(2) 在运行恢复命令前，是否已登录正确的主机？

(3) 是否选择了正确的恢复位置？

(4) 是否将恢复到正确的目标主机？

这通常需要 30 秒或更短的时间检查，应养成执行这些检查的习惯，以防止可能发生的某些最严重的恢复错误。

---

1 此类恢复请求可由能处理更复杂搜索选项的备份产品或其扩展功能执行。由于最终用户的要求不明确，可能导致管理员或恢复操作员需要使用类似 Web 的搜索界面查找所有匹配的数据文件，并直接从搜索界面执行恢复程序。

案例说明：最不希望发生的恢复

Bob 是一家公司的顾问经理和备份管理员。星期五下午，一位顾问 Alice 找到 Bob。Alice 的 Linux 笔记本电脑升级补丁，但失败了。Alice 做了一些研究和测试，发现如果在没有执行恢复的情况下，重新启动笔记本电脑，很可能需要进行灾难恢复。而若可在重新启动前恢复根驱动器，机器就会正常工作。

Alice 在指定系统上打开一个终端窗口并确认了一些细节。但 Alice 的笔记本电脑遇到 DNS 问题，所以，Bob 通过 SSH 访问了 Solaris 备份服务器，手动调整备份产品中的一些安全设置以允许连接，然后返回到命令行恢复界面，选择要恢复的根文件系统并点击"开始"，为 Alice 恢复根文件系统做准备。这是再简单不过的工作了，Bob 想快些做完工作，然后回家度周末。

当有人进来告诉 Bob，大家无法登录到由 Solaris 备份服务器提供的桌面时，恢复已运行了约 5 分钟。Bob 浏览了一下恢复窗口，发现光标在/dev 区域内[1]。Bob 意识到在启动恢复前，没有从 Solaris 备份服务器退出。

Bob 在一个 Solaris 根文件系统上恢复一个 Linux 根文件系统，实际上，是恢复到备份服务器本身。

显然，Bob 没能度过一个轻松的周末，而是整个周末在办公室里解决一个灾难性错误。

从那个周末开始，Bob 再也没有轻易执行恢复流程。无论多么细微的工作，Bob 都会在开始前，问自己四个问题(指前面提出的问题)。

21.6.3 开展恢复用时评估工作

在帮助台环境中恢复标准文件时，SLA 应有效地提供用时估算。用户应该知道文件将在请求分配后 8 小时内恢复，或电子邮件将在一天内恢复。但对于更复杂的恢复，例如，必须由管理员执行的基础架构恢复，应提供恢复可能需要的时间估算。

21.6.4 恢复期间的进展更新

除了提供恢复可能需要的时间估算外，还应定期更新恢复进展情况。即使该更新"仍在进行，没有任何问题"也应报告。试想一个需要 4 个小时却在接近结束时失败的恢复案例。

如果未提供更新，则该过程可能如下。

- 09:30——要求恢复。
- 10:00——开始恢复，估计需要 4 小时完成恢复。
- 15:00——因为超过 4 小时数据仍未恢复，用户询问进展。告知用户存在错误，重新尝试恢复。

---

1 操作系统用于底层硬件访问的特殊设备，对于系统功能至关重要。

从某种意义上讲，执行恢复的人员并非唯一面临压力的人员，请求恢复数据的用户受到的影响更大。因此，随时向用户通报进展情况，是一项看似微小实则重要的任务，可对促进业务与 IT 部门的信任关系产生积极影响。

案例展示：避免弹片恢复(Shrapnel Recovery)

ABC 公司的一名高级用户，每次遇到数据丢失就惊慌失措，以至于他申请恢复时，都不停地"骚扰"IT 团队。往往在告知他大致需要的恢复时间后，他基本上每 5 分钟就与团队联系一次，或进来打扰执行恢复的责任工程师，甚至威胁道，如果没有"很快"恢复就会提出正式投诉。

当 IT 团队意识到问题更多源于"未知"，并开始在恢复期间提供定期更新后，他没有再试图对恢复过程进行干预。

21.6.5　在对恢复进行测试前不要假定已经完成

备份产品应该足够可靠，确保恢复可正常工作。不需要对全部的正确数据在所有可保证的系统上测试一遍。

但每当有新系统或新应用程序或一组新的备份要求时，都应在投入生产使用前，对这些系统、应用程序或备份要求进行全面测试。

换言之，如果一个企业在没有适当的变更控制和数据保护测试的前提下引入变更、新类型数据或新应用程序，都可能出现重大风险或灾难。

21.6.6　使用可以断开/重新连接的进程执行恢复

取决于数据量或所涉及的系统的复杂性，恢复完成时间并非一成不变。由于硬件或介质故障导致恢复失败足以令人沮丧，但仅因为恢复接口和备份服务器之间的连接丢失而导致恢复失败则更是浪费时间和令人愤慨。同样，因为恢复是从不可断开且不能中断连接的会话启动的，而被迫留在办公室尤其令人沮丧。[1]

21.6.7　了解恢复后的配置更改

这一点应在第 21.6.1 节中说明过。一旦数据恢复完成，可能需要执行恢复后的配置甚至更多恢复，以及系统复原。执行恢复人员应始终了解这些步骤是什么或应该通知谁，以便可执行这些步骤。

21.6.8　持续监测的影响

持续监测是有效的，但如果持续监测活动影响了性能，那么过度监测可能导致

---

1 备份服务器越来越多地具有 GUI，允许分开选择和启动恢复与恢复控制。但并非所有恢复都必须使用此类 GUI。在恢复客户端上启动的 CLI 和恢复可能无法完成这样的功能分离。

结果失真。因此,在执行恢复时,应仔细选择持续监测的级别。例如,要恢复几百个文件,那么一个文件一个文件地查看已恢复的内容可能没有什么影响。但是,如果要恢复 100 万个文件,则显示每个文件名都可能影响对恢复准确进度的了解 。

案例展示:受监视的恢复永远不会完成?

通过使用 9600 波特率通信控制台,在 Solaris 服务器上执行一次灾难恢复时,恢复似乎需要 6 小时才能完成。但当恢复最终"完成",并可再次访问服务器时,发现恢复实际上在 4 小时内完成,只是需要再花 2 小时显示所有已恢复的文件,一次显示一个。

即使没有其他原因需要报告恢复的完成情况,恢复过程也总是要持续监测。但可通过较小的干扰机制,甚至在牺牲一些粒度的情况下频繁监测,查看恢复进度。例如,与其查看大型文件系统的文件列表,不如定期检查恢复的文件系统大小,或者检查备份产品报告的已恢复的数据量,这样就可提供足够的恢复进度更新。

21.6.9 要有耐心

几乎每个人在成长过程中都会被告知"耐心是一种美德"。通常这是对想要更快、更早、更好地得到一些东西的应对。随着计算机、存储和数据传输速度的不断提高,耐心有时会被遗忘。这可归结为使用"暴力(指扩容)"方法解决问题。如果速度不够快,不需要优化,只要增加更多内存/CPU/硬盘就能解决问题。然而,从大数据的使用经验可看出,到某一点后给单个系统增加更多速度要么不切实际,要么毫无意义。有时问题必须优化。事实上,有时候等待是必需的。在执行恢复时尤其如此。

虽然系统的设计应确保恢复能在所需的 SLA 内完成,但奇迹总是有限的。无论数据恢复多么紧迫,通过最大可用吞吐量为 10MB/s 的链接恢复 100GB 的数据至少需要 2.84 小时。有时,中止恢复以诊断恢复"变慢"的原因可能不会导致性能改进,需要从头重新启动恢复。简而言之,在执行恢复时,总有一个上限阈值限制恢复的完成速度。企业应该知道并解决这个问题。

21.6.10 记录恢复的实时状态

有些恢复场景无法在一个工作班次内完成。特别是在重大灾难恢复的情况下,可能需要重建或重新调配整个存储系统、建立虚拟基础架构,然后需要执行恢复程序。单个员工可能无法执行整个端到端恢复,负责恢复的任何人员都必须记录进度和迄今遇到的任何问题,以便在其他人必须接管时能很好地了解当前进度。

21.6.11 记录错误和错误原因

特别是对于成熟的或受到法律法规合规性监管的企业,恢复后可能需要进行根本原因分析(Root Cause Analysis，RCA)。较小企业可能不需要执行 RCA，但无论如何都应该希望使每一次恢复更加流畅精简。

无论哪种方式，在恢复过程中遇到错误，都应予以关注且注意其解决方案或方法，并予以记录。如果错误导致需要供应商支持的情况，则还应注意支持案例的编号和最终解决方案。

21.6.12　不要假设恢复工作是考试

认证考试通常将应试者关在一间没有任何互联网接入、笔记或通信的房间里，要求根据记忆解决一系列问题。认证考试通常表现出死记硬背和一些解决问题的能力，但并不能反映在正常情况下面对问题时应该如何解决。因此，在生产中开展恢复时务必记住，在需要时要利用现有的任何信息或寻求支持。大多数情况下，固执并不能保证结果，也不能因为慌乱而不去评估其他选择。

IT 人员在很长一段时间内没有检查文档、搜索 Internet 或联系供应商支持从而在恢复过程中遇到严重困难，这种情况并不少见。一开始这是一个小问题，恢复窗口中有足够的空闲时间。但当恢复时间几乎用完时，最终这个问题可能成为一个关键问题。因此，为什么要把问题当作考试来对待，导致其恶化呢？

21.6.13　确保由专业人员执行恢复

除非通过类似于云平台的 XaaS 门户将恢复设计为完全自助服务，否则这些工作应由已进行了一定数量培训的特定用户执行。但最终用户可单击"恢复"选项卡直接从其电子邮件工具中恢复电子邮件，在 SaaS 环境更是如此。同样，随着恢复的复杂性增加，执行恢复人员的培训也应相应增加。这是曾在第 21.3 节讨论过的内容，数据库和复杂的应用程序的恢复尤其应该由专业人员，而不仅是在备份产品方面经验有限、在应用程序方面毫无经验的人员执行。

这样做的必然结果是，无论是通过正式还是非正式方式，都要确保员工得到充分培训。然而，常见情况是管理人员不愿意培训管理和操作存储和数据保护等基础架构的员工。

21.6.14　撰写恢复事件报告

这说明了环境的成熟和正规化。应用程序、业务功能和系统恢复是重要的业务，应有相应的记录。如前所述，这可能通过 RCA 进行，也可能是给管理层和适当团队发送简单的电子邮件摘要，告知他们做了什么、遇到什么问题、吸取了什么教训，同样重要的是，哪些工作正常完成。追踪支持案例或故障单的系统可能将生成的报告作为单据关闭的一部分。

21.6.15 更新错误的文档

无论多么希望文档的更新频率与环境的变更频率一致，但他们并未必是同步的。操作系统可能升级、备份代理可能升级，甚至应用程序也可能升级，但文档却可能仍然是几年前编写的。

因此，如果正在执行恢复，并且完成重新恢复所需步骤与记录不同，则应在文档中记录这些更改和导致这些更改的情况。注意，最好使用其他用例扩展文档，而非简单地假设遇到的情况是唯一可能的。例如，虽然确定某些步骤可能对特定操作系统和数据库是冗余的，但对于其早期版本来说，这些步骤可能仍是必需的。这些早期版本可能仍在使用，也许在几年后，可能需要花一天时间从中恢复合规性备份。

21.6.16 磁带的特殊考虑事项

虽然磁带的使用正在减少，但它仍出现在各种环境中，并有一些特别的考虑因素：

- **适应异地恢复介质**。磁带对湿度和温度的变化特别敏感。如果磁带的储存或传输方式与使用磁带的计算机房不同，在将磁带装入驱动器前，应让留出 24 小时使其适应新的温度和湿度。[1]如果在特别潮湿的环境中不这样做，可能导致磁带在存取时被破坏。
- **在开始恢复之前始终对磁带进行写保护**。"如果必须触摸磁带，请先写保护(Write-protect)"。策略很简单，从磁带库中取出磁带时，要求操作员启用"写保护"选项。除非操作员收到重新加载磁带并回收的特定请求，否则写保护选项将始终处于只读模式。
- **耐心**。耐心尤其适用于磁带。早些时候说过，在恢复过程中，应该有耐心。这尤其适用于基于磁带的恢复。磁带加载、卸载、存取操作都需要一定时间，不能操之过急。如果仍在环境中使用磁带，则应特别了解每个操作所需的时间。
- **在开始恢复之前调用所需的所有介质**。如果恢复需要使用当前存储在场外的介质，请确保一次性请求所有需要的磁带。即使所需的某些介质已经在现场，也要尽力避免出现恢复"挂起"，等待从场外调取介质的情况。
- **如果发生介质错误，请在其他地方重试**。如果特定驱动器中的磁带出现故障，则可能是磁带也可能是驱动器出现错误。如果磁带被"啃坏"，则需要从数据的另一个副本中恢复。这种情况下，应尽可能将其加载到另一个

---

1 在澳大利亚达尔文，一个距离赤道不到 1500 千米地方，有一家企业，把他们的"本地"磁带存储在离电脑室约 200 米的地方。即使是这么短的距离内，将磁带从保险箱运送到计算机室后也需要在使用之前适应新环境。

磁带驱动器中并尝试恢复，以防故障发生在磁带驱动器而非磁带上。

- **保留备份的副本数量**。恢复后的备份副本数量应该和开始时的数量相同。如果磁带在恢复过程中出现故障，并需要使用克隆/复制磁带进行恢复，则在恢复结束时，应生成一个新副本，以确保仍有两个可用的数据副本[1]。
- **将场外介质送回场外**。如果介质是从场外调取进行恢复，则应在恢复结束时将其送回场外。除非介质将在 24 小时内重新使用才不必这样做。介质被送到场外的原因是为了灾难保护。将介质保存在现场，希望在现场提供备份的所有副本，给企业带来了风险。

21.7　灾难恢复的考虑事项

前面提到的恢复的所有内容同样适用于灾难恢复，但在灾难恢复情况下，也有一些附加的建议和最佳实践。

21.7.1　维护备份

尽可能在执行主要维护任务前进行备份。系统修补程序、核心驱动程序更改、如果主要应用程序升级以及大量其他维护操作出现问题，可能造成重大损害。拥有一个尽可能新的备份以便在发生重大故障时从中恢复，可从根本上减少恢复时间和数据丢失量。[2]注意，基于正在执行的系统维护类型，在维护操作前，可能更需要快照等其他形式的在线数据保护。

同样，有一些重大的系统更改(如操作系统升级、数据库升级)触发数据格式变更。对这样的变更尽快执行系统的全新全备份也同样重要。这可显著降低恢复的复杂性，甚至可防止在重大系统变更后短时间内发生故障的恢复失败。

21.7.2　避免升级

灾难恢复不是对系统执行其他升级或变更的时间或地点，其目标是让系统恢复原状。这个过程中不应进一步引入复杂性。事实上，具有成熟 IT 流程(如遵循 ITIL)的企业，将明确禁止在灾难恢复时进行变更。

21.7.3　执行备份前阅读文档

灾难恢复是一项复杂的任务，需要在备份过程中执行准备步骤。例如，"灾难

---

1 这是另一个常见示例，说明磁带管理时并非总是执行最佳实践。如果未来某个时间点请求相同的数据，可能导致全部数据丢失。

2 在虚拟化环境中，这一点可能更关键。如果产品可利用追踪更改块进行恢复和备份，则虚拟机在维护周期失败后可能在几分钟或更短的时间内恢复。

恢复指南"不仅可提供执行灾难恢复的步骤,还可提供备份执行过程的详细信息,例如:

- 需要脚本导出的操作系统数据库。
- 默认情况下未备份的操作系统或应用程序文件。
- 使用时可能无法访问的密钥文件。

所有这些信息在备份过程中都应该知道并理解。事实上,这应该理解为是系统架构过程的一部分。

21.7.4 灾难恢复必须由管理员执行

虽然标准恢复通常可移交给技术支持人员甚至最终用户,但灾难恢复操作应该视为是与已失败的应用程序、系统和基础架构相关的管理员的基本活动(另见第21.3 节)。

21.7.5 使用兼容基础架构

恢复物理系统通常意味着恢复到相同的物理系统,即相同的 CPU、相同的适配器,不一而足。但支持"物理到虚拟"(Physical To Virtual,PTV)备份产品的恢复并非总是这样。在恢复过程中,以前的物理系统会转换为虚拟机。这甚至可能允许在支持的不同虚拟机管理程序类型之间恢复的过程中进行转换。虽然 PTV 恢复似乎与前面"避免升级"的建议相反,但当备份产品需要且支持时,应视为可接受的。无论是物理恢复还是虚拟恢复,其他注意事项包括:

- 确保分配相同的系统资源(CPU、内存等)。
- 确保分配相同或足够的存储。
- 确保共享基础架构不受恢复的影响。例如,如果将繁重的工作负载虚拟服务器恢复到已达到操作极限的虚拟机管理程序上,可能给环境带来更大问题。

21.7.6 了解系统依赖性

如 4.4.2 节所述,这结合了上下文感知恢复的需要、理解数据恢复和系统恢复之间的差异,以及系统依赖关系映射和/或映射表的重要性。在灾难恢复时,系统映射对于确保以正确的顺序处理系统,从而确保尽可能高效和快速地恢复业务功能至关重要。了解系统依赖性可协调多系统和多功能恢复,并为资源和系统提供适当的优先级。

21.7.7 保持文档的准确性

保持文档的准确性,可归结为两个因素:

(1) 数据保护系统的部署不应视为逃避记录所需系统组件(如授权许可证、应用程序配置等)的借口。

(2) 数据保护产品只能保护其所设计保护的内容。例如，备份产品无法在存储级别重建 LUN[1]。

对确保整体环境可恢复性至关重要的系统文档，应在现场和场外适当的安全位置存储。[2]同样，应根据公司和/或合规监管安全标准采取适当措施保护关键密码和授权许可证，以便在灾难恢复程序中使用。

21.7.8　凌晨 1 点，驾照在哪里？

尽管以上几点中有所暗示，但这一点值得特别提及。灾难恢复不仅是恢复数据。事实上，如果处理得当，数据恢复组件应该是整个过程中最直接、最少交互的任务。

最合理的灾难恢复计划可能因为最简单的原因而失败。如果数据保护软件或系统在没有授权许可证的情况下无法安装或激活所需的软件功能，该怎么办？像驾车需要驾照一样，企业级应用程序需要使用特定授权许可证激活，应始终确保灾难恢复文档包含数据保护系统使用的所有授权许可证的完整详情，以便在需要时可手动输入或复制粘贴需要的授权许可证。

21.7.9　灾难恢复演练

灾难恢复演练是一项重要的业务运营活动，应当定期执行以检查数据保护环境的健康状况。灾难恢复演练有几种方法。

- **模拟灾难**。提出"假设"情景，召集适当的人员和团队，制定恢复业务运营所需的安全保护措施。
- **就绪测试**。灾难恢复系统被隔离，并启动数据库等生产组件，确认灾难恢复程序或功能就绪。
- **业务支撑系统容灾切换**。单个主机或存储系统从故障站点切换到另一个备用站点。
- **业务功能容灾切换**。发票、在线购物/电子商务等整个业务职能从一个数据中心切换到另一个数据中心，并在规定的时段内投入生产。
- **业务运营容灾切换**。整体业务运营从一个数据中心切换到另一个数据中心，并在规定时段内投入生产。

实际上，以上所有演练在企业中各有用途。模拟灾难是一种很好的规划形式，

---

1 这通常被视为融合或超融合基础架构和软件定义数据中心的另一个优势。虚拟化和在超融合基础架构上运行的系统具有高度的移动性，并允许基础架构管理员执行端到端保护过程却不必考虑底层物理基础架构。

2 记住，该文档是整个环境恢复的蓝图。一旦被盗，将成为攻击者攻击整个环境的切入点。

就绪测试可用于验证记录的过程，而系统、业务功能和运营容灾切换，实际上都有助于业务证明它可成功地将功能从一个数据中心迁移到另一个数据中心。此外，系统、业务功能、运营测试等演练提供的证明同样重要。

灾难恢复环境实际上可运行部分业务运营系统。许多企业，特别是中低端企业在其灾难恢复站点中安装从生产站点逐步淘汰的设备。随着生产站点的增长，他们的做法可能导致灾难恢复站点实际上可能没有足够的计算或存储资源用于生产。

虽然最好在架构层避免这种情况，或在持续监测层发现这种情况，但当生产站点仍然工作时，在灾难恢复演练过程中发现问题好过等到真正的灾难恢复情况发生才发现。

对于需要为灾难恢复就绪情况提供监管合规性证明的组织，聘用外部审计员是灾难恢复演练的一项强制职能。小型组织或不受严格监管的行业可能不需要外部审计员，但定期聘请相关专家像武装押运一样监督并监测灾难恢复演练，对于提供恢复程序可靠性和准确性的反馈至关重要。

21.8　对保护环境的保护

大多数情况下，讨论都是围绕着主数据保护，无论这些数据是应用程序、业务系统还是核心数据。然而，环境中还有一类数据和系统需要保护，即保护环境本身。一个常见错误认为保护系统是非生产性的。虽然它们不像承载关键任务系统的数据库服务器一样是主要生产系统，却是真正的"辅助"生产系统。这是因为保护环境的可用性和可靠性对环境中整个基础架构和系统的可用性和可恢复性至关重要。或者换一种说法：保护环境永远不应成为环境中的单点故障。[1]

考虑一下存储复制。这不仅取决于目标存储系统的可用性，还取决于两个存储系统之间的链接。如果一家企业试图在承载关键业务功能的存储系统之间提供同步甚至细粒度的异步复制，那么当复制链接严重拥塞时，该企业将发现复制立即中断。因此，站点之间的单条链接很可能代表了业务的数据保护中的单点故障。事实上，这是企业寻求通过设计规避的最常见故障点之一。拥有备用链路或允许数据保护复制在单个通信通道故障中幸存下来的活动或活动链路并不是为环境"镀金"，而是在即使发生单点故障时，也可提供足够的保护。

同样，当考虑备份和恢复系统时，这些系统需要具有高度冗余特点，以确保主系统故障和保护系统故障这样的级联故障不会妨碍数据的可恢复性。这包括一些选项，例如：

- 确保基于磁盘的保护存储使用 RAID 策略，在一块或多块磁盘故障时仍能

---

1 如果这样，只有在企业同意承担风险后才可以做。

正常工作，保护数据不会因磁盘硬件故障而丢失。

- 确保重复数据删除保护存储具有超越简单 RAID 策略的自我检查和自我修复机制[1]。
- 确保生产系统的备份复制到另一个位置的另一个存储系统，无论这个存储系统是保护存储、云平台还是磁带技术。
- 确保与备份系统或任何保护系统相关的配置和元数据，在保护系统本身发生故障时可被复制和恢复，并在与生成的保护数据相同的生命周期内留存数据。

在保护"保护环境"本身时，通常未考虑的一项是日志文件。这些日志文件应在其保护的数据被保留的时间内通过备份或任何适当的机制保护。原因很简单。说故障已发生和能报告失败原因之间有很大区别。无论是保留两周的快照、保留7 年的备份还是保留 70 年的存档，只要数据保留，与执行的保护或存档操作相关的日志信息都应保留。如果在保留期内的任何时间点尝试提取数据遭遇失败，这将有助于执行更全面分析。当前日志允许分析故障是否由检索操作造成，但历史日志分析允许管理员或技术人员首先确定是否正确执行了保护。虽然理想情况下，此类故障应在事件发生时捕获，但针对长期数据保留只保留短期日志是一种不计后果的节省空间的方法，在进行根本原因分析和诊断功能期间会蒙蔽企业的双眼。

21.9　历史因素和数据迁移

在考虑数据保护时，备份特别表示为组织中的黏性产品。虽然企业可相对轻松地在网络、计算甚至存储供应商之间切换，但具有长期数据留存要求的企业往往发现自己非常不愿意更换备份产品。

在一个理想世界，事实不应该是这样。如第 3 章所述，成熟和全面的数据生命周期管理策略包括删除和归档，以减少需要保护的主要数据以及生成的备份数据的量，特别是减少备份所需的保留时间。图 3.2 特别突出了数据生命周期的一种高级但更成熟的方法，即：

- 创建
- 使用，然后
  - 删除或
  - 归档和留存/使用

---

1 除了 RAID 系统，具有常规校验以及存储疏散选项等自我检查和修复功能的存储在重复数据删除系统中至关重要。虽然传统的基于磁带的备份，甚至是基于磁盘的常规备份，都可能在单个备份或单个介质丢失后仍存在，但重复数据删除采用类似快照的方式，使用多个副本引用，并利用相同的存储数据，从而节省空间。如果没有额外的检查和修复能力，企业可能面临不可接受的风险。

● 然后删除

理想情况下，正在使用的数据才需要备份，归档使用自己的存储保护和数据留存锁定。

在业务部门中，对于数据而言，"删除(Delete)"通常是一个恶劣的词语，"归档(Archive)"的恶劣程度相去不远。随着业务中数据量的增加，对实施整体数据生命周期管理策略的根深蒂固的反感也在增加。最终结果是，通过备份维护长期的监管合规性数据留存要求的策略是不太理想的。

这种长期的数据留存需求会给备份带来长期的管理开销，而这些备份并没有像通常希望看到的那样得到很好处理。要求 7 年保留期和 5 年前写入的备份可能使用不兼容的介质格式，同时是由与当前业务中使用的有所不同的产品写入的。

正如第 12 章讨论并在 21.5.4 节中重述的那样，包括定期召回和测试、介质迁移和格式迁移在内的真正介质管理并没有被许多依赖磁带进行长期数据留存的组织采用。使用基于磁盘或基于云的格式进行长期数据留存可减少迁移所需的介质处理，降低仅在迁移过程中才会注意到介质故障的风险，并提高效率，从而缓解迁移过程可能的问题。

虽然备份通常可相对容易地在使用同一备份产品的不同格式之间迁移，例如从 LTO-6 迁移到云对象存储，但备份产品之间的迁移通常更具挑战性。一个"经典"方法是维护以前备份产品的最后一个用过的副本和足够的基础架构，使其能恢复数据。但这充满风险。通常迁移策略的一部分是停止为已废弃产品的支持和维护付费，但若一次恢复在晚些时候遇到问题，那么即便有，时间和材料或"尽最大努力"支持也可能非常昂贵。由于备份产品通常不能读取彼此的格式，因此其他迁移选项往往是对以前备份的材料进行整体规模的恢复和重新备份，或者使用某种第三方实用程序。这些实用程序可读取和有选择地在不同的备份产品之间进行转换。[1]

21.10　隔离恢复站点

主要黑客行为视为企业间谍活动的时代已经一去不复返了。有组织犯罪和其他攻击性恶意黑客越来越多地使用勒索软件等工具，向个人和企业勒索巨款。勒索软件可能是普通病毒或特洛伊木马病毒上的有效载荷。这种病毒或特洛伊木马不仅感染系统，而且对系统进行加密，并在用户支付了经过验证的款项之前拒绝移交解密密钥。

---

1 应当指出，某些备份产品实际上不允许将此类第三方恢复转换选项作为最终用户许可协议的一部分，其目的是阻止企业客户离开。

　　这种对消费者的攻击已经够糟糕了。考虑到最终消费者通常在数据保护方面缺乏效率更是如此。有报道称，消费者要么丢失了多年的照片和文档，要么被迫支付数百或数千美元才能再次访问自己的数据。这样的事几乎每天都在发生。

　　设想一下，不受控制的勒索软件感染了一个企业的文件服务器，可能对 PB 级数据进行加密。再设想一下，有组织犯罪故意通过社会工程和其他发现过程入侵一个组织，不仅可通过勒索软件加密数据，还可删除备份，从而强制企业支付数百万或更多的数据访问费用。这不再是科幻小说，而是不可避免的。实际上，在删除主存储数据之前系统地删除备份的情况已在多家公司发生。

　　这导致了数据保护隔离恢复站点(Isolated Recovery Sites，IRS)这一新策略。这些站点通常是关键业务数据通过保护存储写入的"黑暗"站点，其架构方式使用与合规锁定兼容并强制执行数据保留和安全性。例如，这可能意味着，备份在有限时段内从主数据中心或辅助数据中心复制。例如，网络每天只能在站点之间打开 4 小时。同时保护存储的操作是 WORM 的，即一旦写入不可覆盖、更改，甚至不可在过期前删除。因此，在发生重大破坏性入侵，IT 环境的数据完全丢失，公司可使用"只读"副本。这种环境可能代表一笔巨大支出。特别对那些被有组织犯罪视为关键目标的企业来说，为获得由恶意软件加密的数据的另一种选择付出更大代价。IRS 概念日益成为大型企业的必备需求。这种复制通常配置为在定期网络连接期间从 IRS 进行的"拉"复制。最关键的是，主备份系统不知道存在第三个 IRS 副本。因此，即使主备份环境受到破坏，也不会导致 IRS 副本受到破坏。

　　IRS 最有效、架构最佳的场景如下：

- 　使用最少数量的存储、基础架构和数据保护供应商
- 　使用聚合甚至超聚合的基础架构
- 　使用集中的数据保护存储
- 　数据保护技术在整个业务中都是标准化的
- 　系统有良好的文件记录和优秀的流程
- 　充分理解恢复角色

　　虽然 IRS 的构建和维护可不考虑上述任何一种原则，但构建站点时上述每种方法都可显著缩短恢复时间，并可简化 IRS 的持续维护。当然，关键是能针对经过供应商和合规认证的数据保护存储定义"数据留存锁"。这样即使恶意攻击者获得了系统的电子访问，他们也没有足够的能力删除或损坏数据。

　　需要注意，IRS 不是灾难恢复站点。典型的生产/灾难恢复站点关系仍然存在并保持不变。在图 21.1 可看到三个站点之间的基本高级关系。为简化起见，图中未显示 IRS 环境中的自动控制和测试系统。控制系统将启动网络链接，在预定时间后中断，并指示测试系统验证数据。

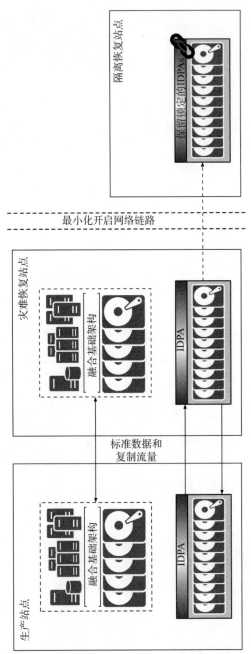

图 21.1 与生产和灾难恢复站点相比的孤立恢复站点

应在 IRS 环境中配置包括任何备份服务器灾难恢复功能的测试系统，以便自动恢复数据并验证该数据的完整性。这有助于不断确认在发生灾难性数据加密/删除的情况下可恢复(甚至可检测到)正在发生的此类事件，特别是在此类事件缓慢执行时。

IRS 不是针对站点丢失或站点破坏等常规灾难恢复情况，而是针对站点擦除这一特定场景构建的。它假定仍然存在生产和/或灾难恢复站点，并仍然拥有运行业务所需的设备。但系统或存储已被破坏，以至于大量数据要么被删除，要么为了恢复运营完整性而必须被删除。因此，在擦除这一紧急情况下，IRS 的主要基础架构中使用数据留存锁的保护存储将作为恢复源，而不是传统计算机、网络和主要存储在内的灾难恢复基础架构。

21.11　本章小结

数据保护不仅是一个主动过程。可采取多个步骤避免恢复数据的必要性。在任务关键型系统必须 24×7 可用的情况下，实际上不需要从备份恢复数据。不支持数据丢失，以及要求实时或准实时服务复原的系统将需要先进的数据保护技术，以允许连续复制、连续日志记录、连续可用性，并能比从备份(甚至可能是从快照中)更快恢复。

然而，对大多数企业来说，无论其规模或复杂性如何，从备份中恢复都是一个典型业务流程。对于小型企业，这可能是几乎所有系统的可选恢复技术。对于大型企业，这将适用于不需要 24×7 关键任务可用性的那些系统。IT 预算依赖不断缩减，为所有系统，甚至为开发、测试或非关键业务功能提供"白金级"服务的成本太高。没有任何首席信息官或公司董事会同意这种情况。

在可预见的未来，传统备份系统仍是数据保护环境的基石。同样，传统的恢复过程仍是数据保护环境的基石。

第22章 选择数据保护基础架构

22.1 简介

正如前面章节得出的结论那样，数据保护体系并非一种在企业间可大规模复制的通用方法。即便在同一种业务场景中，也很少出现单一数据保护产品能满足所有业务运营需求和数据可恢复性需求的情况。实际上，只要把 RAID 等基本数据安全保护技术仍视为整体数据存储保护方法的一部分，就不太可能出现"一招鲜"式的单一产品方案。

在规划数据保护基础架构时，有一个简单规则：要么是过时的保护环境，要么是领先的保护方案，但不存在既过时又领先的数据保护体系。

换句话说，虽然领先的解决方案有益于数据保护环境，但过于领先的方案产生的问题可能比所解决的问题还要多。因此，企业在制定数据保护策略时要慎之又慎。

22.2 数据保护从来都不仅与技术相关

如第 4 章所述，数据保护体系通常包括多个组成部分。这些组件包括：

- 人员(People)
- 流程和文档(Processes and Documentation)
- 服务水平协议(Service Level Agreements，SLA)
- 测试(Testing)
- 培训(Training)
- 技术(Technology)

人员、流程和文档、服务水平协议、培训和测试等组件都是独立于技术而单独开展的工作，技术只占数据保护体系的六分之一。无论企业投资了多么先进或全面的技术，如果没有其他五项非技术组件的同等投入，就无法实施全面的数据保护措施，之前进行的技术投资也将付之东流。

在回顾本章时，要记住这个重要的公式：六分之一的技术投入，六分之五的其他投入。关于这部分细节，请复习第 4 章的相关内容。更直白地说：如果企业没在那六分之五的内容上有所投入，那么，即使采用最好的技术也不会取得期望的效果。

22.3　数据保护从来都与技术相关

相反，为企业的业务环境选择数据保护方案本身就是一个技术问题。如果选择了错误技术，那么人员、流程和文档、服务水平协议、培训和测试的工作即使做得再好，也无法达到预期的实施效果。如果所部署的技术不适用于保护对象、不符合业务需求和目标且无法满足运营需要，那么该企业的数据保护体系只能依靠好运气，而不是依赖于准确和融合的安全技术架构设计了。

不管业务的敏捷性要求多高，都可快速选择相应的基础架构；但要取代后者移除某项基础架构，就是既需要时间又需要成本的工作了。虽然这一点在物理的、内部部署的基础架构中是可理解的，但在更抽象、更模糊的基于云计算的基础架构中，企业往往很难理解其原因。

经典案例：

有些企业高管为了"快速获胜"而求助于云计算战略。这些企业仅考虑将备份或存档等数据保护或数据管理元素迁移到云端，而从不考虑隐藏其中的潜在成本。与购买和维护集中备份数据存储相比，云平台方案每 GB 每月 3 美分的费用看起来非常便宜，但许多企业没有考虑需要执行大规模取回数据的需求，或者甚至将所有数据取回内部机房的成本。其实，云计算存储平台的写入和存储成本较低，但取回却昂贵或缓慢，或兼而有之。

一些针对归档存储场景的云对象存储基础架构似乎只收取了极少的数据存储费用，但对每月可取回的数据量实施了严格限制，这是供应商为避免支付高昂的出口带宽费用。

2016 年，一篇广泛传播的媒体文章以实例证实了这种风险[1]，即使在个人层面上想要从 Amazon Glacier 进行批量取回数据的用户，需要支付每 GB 支付 2.50 美元的费用。考虑一下，如果这类费用适用于公司，则公司需要紧急取回 10TB 的存档数据时，就必须支付 25 600 美元的费用。

这并不是说云对象存储不应成为企业战略的一部分，但这个案例确实有助于提醒企业："天下没有免费午餐"，无论使用哪种基础架构，转换总是要产生某种

---

[1] "我是如何支付 150 美元从 Amazon Glacier 下载 60 GB 数据的"。Marko Karppinen，https://medium.com/@karppinen/how-i-ended-up-paying-150-for-a-single-60gb-download-from-amazon-glacier-6cb77b288c3e。

成本，因此，企业需要明智且准确地选择合适的基础架构类型。

22.4　选择过程中需要考虑的范围

22.4.1　评估数据保护产品

在数据保护领域，建议对数据保护产品进行评估可能是很奇怪的，但不可否认，不同数据保护产品的运作完整性和可靠性之间的确存在巨大差异。很多时候，这种现象与产品成熟度有关，同一产品的 v1 版本可能无法提供与 v9 版本相近的功能，但产品的版本号自身不足以区分出不同的保护程度。实际上，需要评估所寻求的每种数据保护产品在多大程度上可满足企业的数据保护期望，请参考以下几个反面案例。

- **RAID 系统**：市场上有各种高质量的消费级 NAS 和 DAS RAID 系统，同时有很多十分便宜的类似产品，产品价格只有前者的一半甚至四分之一。如果只是追求 RAID-0 级性能，那些廉价消费级产品的工作表现就很优秀了，只是企业需要了解这些产品较差的可靠性。当 RAID 系统用于企业级数据安全保护，特别是需要使用不同的奇偶校验的场景下，这些廉价产品将不堪重负，甚至直接崩溃。
- **备份和恢复系统**：一些数据备份和恢复产品，在实现依赖性跟踪(Dependency Tracking)功能的设计上存在巨大逻辑缺陷。例如，产品可能自动删除数据留存时间窗口以前的备份副本，这貌似可很好地解决存储空间不足的问题，然而，留存时间窗口内的备份副本却依赖那些已删除的数据全备份(完整)副本进行系统恢复。
- **复制技术**：电子记录复制系统提供带宽压缩，但不支持物理或虚拟的复制工具所支持的集群模式，这会在数据保护框架中引入单点故障。单点故障问题是安全架构师们绝对不能接受的。如果任何一端的单点设备故障都可能导致站点数据存储复制故障的隐患，那么数据保护团队必须重新考虑提供给业务部门的 SLA 承诺。
- **数据保护存储**：使用了重复数据删除技术的数据保护存储，如果仅能提供标准 RAID 奇偶校验等较弱的完整性安全措施，这将是一项有风险的策略。重复数据删除与磁带技术相比减小了备份数量，因而，需要一套更高级的数据完整性保证方案，而不仅是一个防止硬盘故障的方案。

在评估数据保护策略的每个组成部分时，都需要遵循一个简单规则：策略的每个组成部分不会导致单点故障问题。要取得这种效果，既可部署具有单点故障管理(SPOFM)功能的产品，也可通过调整顶层安全架构设计的方法，例如，可采用将数据备份到备用介质上的方法(译者注：关于安全架构方面的信息，请参考CISSP AIO 第 8 版的相关细节)。

数据安全的问题越来越突出，导致安全技术更迭频繁，在数据安全市场上充斥着初创公司(团队)提供的所谓数据保护"革新"技术，回到本章的那段警句：要么是过时的保护环境，要么是领先的保护方案，但不存在既过时又领先的数据保护体系。初创公司看似可提供既便宜又具创新性的数据安全解决方案，但这些初创公司还会继续生存 1 年、2 年还是 3 年？这不是故意贬低初创公司，他们天生就是行业终结者，虽然也出现了一些有真本事的"独角兽"企业，但少之又少。数据安全保护技术相对复杂，很难分辨保护技术的有效性，加之数据保护行业的初创公司更是秉承"一经售出，概不退换(Caveat Emptor)"的营销理念，这使得在甄选过程中，买方需要擦亮眼睛，特别警醒。

22.4.2　框架产品优于单一产品

实际上，企业应该寻求可扩展并可定制的数据保护产品。单一产品提供的仅是设计者认为用户需要的全部功能，框架产品除了能执行设计者预期的所有工作外，还增加了一层定制化和可扩展的功能层。最关键的是，单一产品因为功能范围和总体价格的约束，往往要求企业调整其流程和工作流以适应产品的局限性；而框架产品具备很强的定制化和扩展性，可轻松适应客户的业务职能流程和管理需求。

大多数情况下，框架产品可轻松赢得企业市场。潜在买家越来越看重丰富的命令行界面或 REST API 接口等功能，以便集成到管理、自动化和协作工具中增强其原有功能。实际上，产品的框架模式对于向业务提供各种 XaaS 服务是至关重要的。可看到，如果使用的工具足够灵活，功能丰富的命令行界面可提供同样的可定制能力，REST API 接口在 DevOps 和 XaaS 服务模式中十分盛行。

22.4.3　真抓实干，拒绝空想

"真抓实干，拒绝空想"是任何工作的基本常识和理念，其含义不言自明。但由于数据安全与业务场景结合紧密，数据保护工作每天都会出现新威胁，加之数据安全保护解决方案更新频繁、令人眼花缭乱，因此，在规划数据保护基础架构时，最常犯的错误是在没有充分理解业务运营模式的情况下，(结合同行及产品厂商的信息后)主观假设了很多功能，而未真正确认这些功能的业务适用性和技术可实施性。

在数据保护历程的每一步，企业都应基于对产品已知的和研究得来的信息而非基于假设和臆想的信息，开展数据保护工作。

这适用于整个企业数据保护范围，例如：

- 了解持续可用的存储平台支持的操作系统信息
- 确定备份和恢复系统支持的数据库类型
- 了解应用程序对基于 CDP 的复制系统的支持
- 确认虚拟化系统的存储快照所支持的安全选项

对企业而言，能清晰地说明当前正在使用的各种操作系统、应用程序和数据库，以及需求列表中的任何计划内升级或变更事项，应该是一项相当简单的任务。这可能就像需求列表一样简单，如表 22.1 所示。

表 22.1　功能支持需求示例列表

功能	在用版本	计划版本
Microsoft Windows	2008 R2	2012 R2
Solaris	V10	V11
Oracle	11gR2	12c
Linux	SLES 11	RHEL 7
SQL Server	2008	2014
IP 网络	Cisco 10	Gbit N/A
光纤网络	Brocade 8	Brocade 16 Gbit
虚拟化技术	VMware vSphere v5.1	VMware vSphere v6

业务需求会因为各种因素随时间的推移而变化，那些依赖数据保护服务而提供关键业务职能的数据安全产品，需要特别关注当前和未来的兼容性变化，以及后续产品技术对 SLA 的支持。

22.4.4　功能性检查列表

在规划新的安全保护基础架构时，建立所需产品功能清单与确认产品满足需求同样重要。这已超出了确认服役产品的功能支持，而是确保产品在更大范围内满足业务需求。

表 22.2 提供备份和恢复软件评估标准的部分内容。就典型投标而言，这可能被视为产品功能需求列表的基线。

一定要避免供应商的合同绑定或技术锁定(Don't Lock-in)。

企业在获取通用需求列表和强制需求列表时，针对不合规回复，应允许产品供应商积极答疑，接纳替代选项。

例如，即便是"贵厂商的产品是否支持增量备份？"这样直白的问题，也不会像企业想象的那样简单。一些高级重复数据删除产品实际上每次都会以增量备份的成本、时间或资源执行全备份，因而消除了对增量备份或差异备份的需求。这不是传统意义上的"合成式全备份"，而通过指针在备份时生成的自动合成式全备份。

简而言之，不要轻易将一个产品从名单中删除，因为该产品是从全局架构的角度(而非从一两家客户企业的问题角度)考虑问题。

22.4.5　数据保护也是一个内部功能

如前所述，数据安全保护策略是一项多层次活动，但其中一个层面是业务环境中合理的系统设计、架构和升级。企业经常担心数据保护供应商是否支持那些的已退役的操作系统或数据库。

经典案例

2020 年，仍经常遇到企业寻求基于 Windows 2003 甚至 Windows 2000 等操作系统的数据保护解决方案。而微软公司早在 2010 年停止支持 Windows 2000 系统，并在 2015 年停止对 Windows 2003 系统的支持。

继续允许使用那些没有原厂商支持的产品为业务职能提供运营支持是草率的、鲁莽的甚至是愚蠢的决策，但责任非常明确且不可推卸，而且通常没有任何借口。很少能够看到，原厂商没有按照惯例提前发布产品支持时间表，或者原厂商在没有提出足够警告的情况下，就放弃对某个产品支持的情况。通常，发生这种情况都是因为围绕特定操作系统开发关键业务系统功能，但没有分配升级维护预算而无法保证系统功能的持续支撑。企业使用这样的系统继续服役缺乏必要的合理性。

表 22.2　公司备份和恢复软件的评估标准的示例列表(子集)

功能性	强制或可选
控制和管理	
集中管理	强制
混合	可选
支持远程管理	强制
支持集中管理多个服务器(如有必要)	强制
支持 REST API	可选
支持 CLI	强制
备份级别	
全备份	强制
增量备份	强制

(续表)

功能性	强制或可选
差异备份	可选
合成式全备份	可选
文件系统备份类型	
在线	强制
在线文件系统快照	强制
基于块的在线备份	可选
数据留存策略	
自动依赖项跟踪	强制
介质池支持	
不同位置的数据分离	强制
不同保留期的数据分离	强制
任意数据分离	强制
虚拟化支持	
虚拟机监控程序映像级备份	强制
客户代理级支持	强制
从映像级备份进行文件级恢复	强制
从映像级备份中恢复数据库	可选
从保护存储打开电源	可选
备份的更改块跟踪支持	强制
对恢复的更改块跟踪支持	强制
云平台支持	
备份到云对象存储	可选
复制到云对象存储	可选
重复数据删除支持	
源(客户端)重复数据删除	强制
目标重复数据删除	可选
嵌入数据库代理中的重复数据删除	强制

　　应该注意,考虑到目前市场上管理程序数量众多,在 IT 基础架构中使用每类管理程序的企业都应该非常谨慎地区分,以免出现严重误解。简言之,担心原厂商不再维护操作系统、应用程序或数据库的企业,更应关注其内部流程,以及保证升级和变更的预算。

22.4.6 减少供应商而非产品的数量

鉴于企业可能需要考虑所有不同的数据保护选项，产品最小化是可取的，但企业需要使用的产品数量始终存在极限。例如，市场上没有单一备份产品可简单叠加成持续可用的存储。由于数据保护策略中始终需要一定数量的产品，因此，可通过减少供应商数量达到减少产品数量的效果。这允许企业与其供应商之间建立更多战略伙伴关系，并在数据保护不同层面加强协作。例如，如果多家存储供应商提供的系统都满足要求，但其中一家供应商与正使用的备份和恢复软件来自同一家供应商，通过选择同一家供应商，可与既有产品很好地集成。2014 年针对全球 3300 家企业的调查表明[1]，企业的数据保护供应商数量不同，实际用于数据安全保护的 IT 预算总额也会不同：

- 一家供应商——占 IT 预算的 7.04%
- 两家供应商——占 IT 预算的 7.32%
- 三家或更多供应商——占 IT 预算的 8.91%

此外，企业遭遇的中断次数似乎与公司使用的数据保护供应商数量相关。

发生数据丢失事件的公司：

- 24%——一家数据保护供应商
- 33%——两家数据保护供应商
- 38%——三家数据保护供应商

发生意外系统中断的公司：

- 42%——一家数据保护供应商
- 52%——两家数据保护供应商
- 54%——三家或更多数据保护供应商

虽然各家公司的经验有所不同，但通过部署同一供应商的系列集成产品而不是部署那些毫无关联源头的产品，可实现更强的可靠性和可兼容性。这种做法并不能完全消除数据安全风险，但有助于将其影响最小化。

22.4.7 理解成本概念

数据保护策略不同，实现成本(Cost)的差异也很大。如前所述，替换数据保护产品或策略不可能既廉价又容易。这意味着了解新的数据保护环境相关的各种成本非常重要，了解当前数据保护环境相关的成本也同样重要。

如果要进行成本比较，应将其与直接成本和间接成本进行比较。这包括与员工相关的成本，该成本不仅包括运营特定服务需要的员工数量，还包括培训和资

---

1 EMC 全球数据保护指数，由独立研究分析公司 Vanson Bourne 于 2014 年开展调查。参考 http://www.emc.com/collateral/presentation/emc-dpi-key-findings-global.pdf。

格认证要求的费用和时间成本等。

同样重要的是，要进行"苹果对苹果(Apples with Apples，等同比较)"般实际数据存储量每 GB 成本的固定费率比较。例如，假定过程中的存储去重率为 8:1，比较 100TB 的数据重复删除存储和 100TB 标准存储的每 GB 成本，则实现 8:1 复制速率的 100TB 数据重复删除存储设备应与 800TB 标准存储相比较，而非与 100TB 的标准存储比较[1]。

同样，将任何形式的磁盘与磁带保护存储进行比较需要包括如下的详细信息：

- 磁盘系统和磁带库的电力需求
- 计算机房设备的每个机柜物理占用成本
- 磁带处理费，包括
  - 从站点删除
  - 返还主站点
  - 异地存储
  - 与介质迁移相关的 FTE 成本
  - 与介质检查相关的 FTE 成本
- 磁带复制时间
- 磁盘存储复制时间、带宽要求和成本

粗略成本通常很容易计算出来。但细节决定成败。成本比较非常繁杂，但在不同数据保护技术和产品之间进行准确和全面的比较是必不可少的。

22.5　本章小结

假设企业使用了多个不相关的组件，则备用存储更新和备份/恢复产品更新等数据保护方案通常需要在多个购买周期中实现。如果改用融合基础架构可大大简化数据保护计划，但对于许多企业来说，这仍是一种相对陌生、需要尝试的方法。此外，随着许多组织使用私有云、混合云或公有云应用不断增加，数据保护的边界也在不断变化。

很少有企业是独一无二的。例如，几乎每个选择新数据保护产品的企业都会在同一垂直行业中的其他公司那里寻求参考意见。因此，设计数据保护基础架构过程中，可参考的最佳方法归纳如下：

- 不要想当然。
- 不要忘记数据保护解决方案的非技术方面。
- 根据业务运营职能要求做好功课。

1　此外，非重复数据删除解决方案与重复数据删除解决方案的网络复制带宽成本也应纳入成本比较中。

- 了解初始和未来成本。
- 企业的战略和运营决策。
- 准备评估那些不符合企业对"完美"策略的设想的战略或架构方面的建议，即准备好跳出框框思考。

第23章 闪存对数据保护的影响

第一套硬盘驱动系统是在 1956 年发布的。当时的 IBM 350 磁盘系统有 50 张 24 英寸的盘片，总容量为 3.75MB，转速为 1200 RPM (转/分)。

迄今为止，性能最高的硬盘驱动器转速为 15 000 RPM，60 年来净增长 13 800 RPM。多年来，为提高硬盘驱动器的性能，做出了很多性能改善措施，包括 RAID/条带化技术、缓存技术以及不断改进的接口，当然还有更高的转速。然而，考虑同一时期内 CPU 和内存的性能改进比率，第一台硬盘驱动器和当前顶级硬盘驱动器之间的实际性能改进比率几乎可忽略不计。

如果考虑硬盘驱动器可实现的传输速率，即使是转速为 15 000RPM 的驱动器也只能提供 167 ~258 MB/s 之间的持续传输速率。

特别是在实际生产环境中，组织经常关注的存储性能特征是驱动器每秒可处理的输入/输出操作数量(Input/Output Operations Per Second，IOPS)。通常终端用户计算机使用 7200 RPM 的 SATA 驱动器，将提供 75~100 个 IOPS，而那些 15 000RPM 的高性能 SAS 驱动器被认为可提供 175~210 个 IOPS，其平均值通常在 190~192 个 IOPS 之间。

使用传统硬盘驱动器实现高 IOPS 的公认方法，是将大量硬盘驱动器组合在一起。通过这种方式，可提供足够多的 IOPS 以满足应用程序的性能要求，但也可能导致磁盘存储容量方面的过度配置，这种情况时有出现。

相反，当固态硬盘在 2008 年左右进入市场时，固态硬盘的性能已达到 5000 多 IOPS，而且商用固态硬盘现在通常能为每台设备提供 50 000~100 000 IOPS 的性能[1]。即使在 SATA-3 接口上，500MB/s 的持续读写速度也很常见。基于 PCIe 的闪存存储进一步提高了性能，使业界标值在 2016 年达到了新速率：密集型闪存存储系统能以 10 000 000 IOPS 的速度提供持续的存储性能。

磁带技术之所以长期以来一直主导备份领域市场，是因为其每 GB 的性价比非常有利于备份工作。然而到目前为止，传统硬盘的容量已超过性能更高的固态硬盘同类产品，正在占领主存储系统的主流市场。

现在的情况不再是固态硬盘的容量无法与传统硬盘驱动器匹敌，当前传统硬

---

1 当然，单一 SSD 提供的实际 IOPS 数量将取决于整体系统性能。

盘的容量峰值为 8~10TB,而固态硬盘的容量已达 15TB 以上,存储制造商预计这种容量/密度比将在一段时间内继续增加。虽然 10TB 或 15TB 的 SSD 成本大大超过 8TB 或 10TB 的硬盘驱动器,但两者间的性能相差甚远。不过,有一种技术可更高效地提高固态硬盘的成本收益,这种方法在"全闪存"的专用主存储系统中越来越常见:重复数据删除(Deduplication)技术。

如前几章所述,重复数据删除技术的工作原理是消除数据之间的相同部分(Commonality),从而减少占用的总存储空间。根据数据相同部分的份数,重复数据删除技术的去重率可能变得相当高,例如,需要部署 100 台由标准模板构建的 Windows 虚拟机,每台虚拟机的大小为 100GB。在部署这些系统时,每台虚拟机实际上都是彼此的字节级副本,只有一些注册表详细信息和基本配置设置不同。如果采用密集资源配给(即预先分配的所需容量)存储,100 台×100GB 虚拟机将占用 10 000GB(9.76TB)的存储空间。然而,在存储阵列上使用全局重复数据删除技术后,这一数字将急剧减少。假设已部署的基本镜像的重复数据删除去重率仅为常见的 2:1,[1]可能误以为这需要 4.88TB 的存储。请记住,尽管这些虚拟机中的每个镜像都会相互删除重复数据,并且在最初部署的场景中,虚拟机之间的通用性是非常高的。实际上,虚拟机映像之间的相同部分可能高达 99.5%,即使第一个虚拟机只存储 50GB 的数据,每个后续虚拟机最初只需要 0.5GB 的额外主存储。100 台×100GB 虚拟机使用重复数据删除技术后,总的占用大小为 99.5GB(事实上,这类存储已被证明是全闪存存储虚拟桌面基础架构的常见工作负载)。当然,在系统部署后,因为虚拟机用于不同的业务职能,最终可能导致虚拟机之间出现巨大差异。事实上,由于不同的操作工作量和相同/接近副本的数量减少,通常会看到主存储系统使用重复数据删除,其去重比在保护存储应用程序中看到的要低一些。

随着全闪存(All-flash)存储的应用日趋普及,以及利用重复数据删除技术实现了与传统的磁盘存储系统同等的价格(甚至更便宜),将看到数据保护领域中的很多发展和变化。

闪存存储系统(尤其是使用数据重复删除技术的闪存存储系统)将对数据安全保护产生显著影响,常见的几个关键示例包括:快照(Snapshot)、数据复制(Replication)、持续数据保护(Continuous Data Protection,CDP)以及备份/恢复(Backup/Recovery)等。

考虑第一个受影响的技术:快照。第 10 章描述了各种快照技术,例如,第一次写入时复制(Copy on First Write,CoFW)、第一次访问时复制(Copy on First Access,CoFA)和写入时重定向(Redirect on Write,RoW)。这些快照技术中的每一种都具有

---

1 虚拟机密集配给且大部分空配的情况不太常见,然而这种情况下,第一轮的重复数据删除率可能是 10:1 甚至更高,为简单起见,本书使用了 2:1,主要考虑了第一组数据的最坏情况。

特定的性能含义，例如，CoFW 通常使用在写入频率较低的场景，因为在快照处于活动状态时对原始文件系统或 LUN 执行的任何写入都会触发三个高级别的 I/O 操作：即读取原始数据，将原始数据写入快照存储池，然后将新数据写入原始位置。[1]

在维护活动快照或释放过期快照的情况下，无论数据多么小，都会涉及某种形式的性能开销。在传统磁盘上，如果存储系统管理数百个或更多快照，即使对单个快照的性能影响很小，总体性能影响也会迅速扩大。虽然这些性能影响在逻辑上仍存在于全闪存系统中，但考虑到全闪存系统的 I/O 性能，其影响程度将显著下降。这将允许保留更多快照，并且不必担心维护任务影响系统性能，所以当整个全闪存存储比传统磁盘系统运行快几个数量级时，不会感到快照处于活动状态时(如 CoFW)写入所需的 I/O 操作数目的增加。事实上，为优化闪存而设计的系统会避开传统的快照选项(如 CoFW)，而是使用动态指针表(Dynamic Pointer Table)访问任意快照，对性能影响甚微甚至没有。随着对快照存储池使用重复数据删除技术，维护更多快照的容量成本也随之降低。

同样，在全闪存重复数据删除的存储环境中，也应该看到复制技术得到的收益。正如过去十年或更久时间里所观察到的，在备份环境下使用重复数据删除技术，复制那些进行过重复数据删除的数据大大降低了总体带宽要求。对 1TB 数据进行重复数据删除，降至 100GB，所需的带宽将远低于 1TB 原始数据所需的带宽。再加上带宽成本下降，这将帮助组织复制更多数据，为更多系统和业务职能提供更高的可用性和容错能力。

持续数据保护(CDP)技术在全闪存系统可找到新的实用领域。由于日志保存在闪存上，快照允许访问任何时间戳的日志数据，因此某些系统可能为了短期保留而从备份和恢复切换到几乎完全依赖 CDP；这当然取决于确保 CDP 副本足够"脱离平台(Off Platform)"，以提供针对主存储系统故障时的保护。

在备份和恢复系统中，将看到闪存存储带来的巨大挑战。从闪存传输速度，甚至包括为读取操作再水化数据，大大超过了从基于硬盘驱动器的存储进行正常读取的速度。闪存可能推动更多数据源(或至少是分布式)采用重复数据删除技术，这将不断降低备份数据传输所需的网络带宽，否则备份全闪存数据将是一个繁杂而缓慢的过程。

在线式、分布式和源位置的重复数据删除技术迁移到 PBBA 和 IDPA 的全闪存数据保护存储是长期且缓慢的，但终会全面部署。这正如磁带最终被磁盘取代一样，数据保护存储中的磁盘也可能被闪存取代，以推动下一代存储性能的提升。

闪存存储最初是通过分层方式引入存储系统的。当数据被更频繁访问时，数据将从传统磁盘存储提取到闪存，以加快访问的操作速率，而当数据不再需要频

---

1 注意，这不包括为快照或任何 RAID 系统所需的底层多 I/O 操作更新指针，特别是在子块更新中。

繁访问时，就会进行反向移动。这似乎也是将闪存引入数据保护存储的合理方式。这将为数据保护存储提供更多辅助使用案例，增加其对组织的实用性。在大数据系统中，关键数据库的备份可能被推入闪存以进行高速访问，而以交互方式访问大数据集(如虚拟机"即时访问(Instant Access)"技术)可能在请求开始时看到重复删除后的数据复制到闪存层，从而允许对数据进行更快的随机访问。

　　数据保护存储最终也会"全闪存"化吗？对于数据保护体系来说，这可能是一个长期项目：由于数据保护体系已在利用重复数据删除技术，并且这样做可在逻辑上存储数百或数千个类似的数据副本，鉴于目前高密度闪存的总体经济效益较低，马上切换到全闪存数据保护存储的意义不是很大。如果闪存存储的价格下降，使得每 GB 的闪存和没有重复数据删除的传统硬盘存储成本相当，那才可能是全闪存数据保护存储成为主流的转折点。在此之前，数据保护存储中的闪存层似乎是一种更合理的技术趋势。

　　毫无疑问，闪存存储将改变数据保护活动的发展态势，尤其是 CDP、快照和数据复制等技术都将从中获益。尽管备份和恢复服务在处理全闪存数据时会面临一些挑战，但将闪存层引入数据保护存储的新用例，将带来额外好处，有效降低数据保护存储的用户感知(Perceive)成本。

第24章 结 束 语

人类经历了不同的历史时期，经常谈论的有石器时代、青铜时代和铁器时代，每个时代都是以最常用或最重要的生产资料命名的。由于当时的文化或地理背景的不同，某些"时代"相对模糊，还要加入其他要素，例如，欧洲文化通常被归类为中世纪等。在 18 世纪，人类进入工业时代。

如果用最常见的资源命名时代，人类目前正处于信息时代早期。这样的现实情况迫使数据保护成为一种对于任何企业都非常重要的关键活动：基础架构可重建、替换或取代；人员可重新聘用、客户也有新旧交替，但真正的价值就存在于数据之中。想一想，一家现代企业倒闭时会发生什么？基础架构将以极低价格出售、员工离职遣散，而真正的核心交易将发生在知识产权之上：企业的信息(Information)资产。

有人可能会说，现在最坚挺的资源是金钱(Money)，然而，在相当长一段时间内，社会就已不再使用黄金计算财富了，甚至可认为，金钱也是一种信息。

在 IT 行业的发展历程中，数据保护的根本原因都惊人地一致：坏事总会发生。然而，就其本身而言，这个根本原因早已不再是推进数据保护创新的唯一驱动力了。数据保护也许可看成一种新式保单，但寻求创造性地利用其 IT 投资并希望推动成本优化的企业，越来越多地将数据保护视为实现这些目标的手段。因此，数据保护也成为围绕数据移动和数据处理新流程的推动者。

近年来，云计算技术似乎成了某种灵丹妙药。然而，在云计算环境中，数据存在哪里可能并不重要，但企业必须在某种程度上高度参与到云计算平台的数据保护体系中。即使在最极端的"一切即服务(X as a Service)"模型中，这也只意味着选择了正确的数据保护策略，但对大多数企业而言，在未来一段时间内，企业需要切实的参与安全保障工作，确保数据保护体系的顺利之实施。

数据保护体系并非一个放之四海而皆准的策略，这将是一个不断演进的主题。目前常见的数据安全方案，在十年前几乎是闻所未闻的；毫无疑问，十年后，数据保护体系将再次展现出一幅全新景象。

数据保护体系应该是一个渐进式的、适应性强的多层次模型，使用合理的工具、实现编排和自动化，并与最重要的层面相集成：持续监测与报告，如图 24.1 所示。理想情况下，当企业构建的系统框架随着业务需求而变化时，应该将提供安全保护的适当产品融入保护层，同时，不再需要的产品应可在不中断业务运营的情况下平稳退役。持续监测/报告层和编排/自动化层作为数据安全保护体系的可视化层，要像池塘水面上的鸭子一样清晰可见、一目了然。

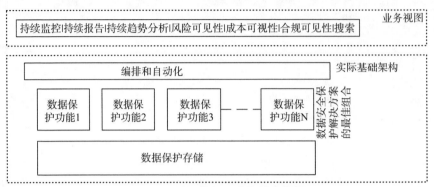

图24.1　数据保护环境的整体视图

真正有效的数据保护必须从整体上考虑全数据生命周期的安全性以及所有必需的 SLA。数据保护体系不单是一套 RAID，不仅是纠偏编码(Erasure Coding)，更不是单纯使用持续可用性、复制、快照或备份等相关要素中的某一项。是所有上述数据保护体系要素的紧密耦合，是采用经过深思熟虑的和可度量的方法组合在一起，最终能满足业务运营的所有需求。目前，随着闪存/固态存储的日益普及，企业也看到数据保护领域中新的挑战和机遇。挑战是指在云计算、大数据、虚拟化和融合技术的基础上，数据保护现在需要匹配性能突飞猛进的存储系统，打破长期以来停滞不前的现状。机遇是因为闪存的低延迟和惊人的访问速度，催生了更敏捷的数据保护方法，也适用于存在数据保护存储上的辅助用例。

现代数据保护体系需要可优化的、恰当的和可集成的技术，但这只是涉及技术的某一部分，同样，虚拟化、云计算和聚合基础架构都在促使企业拥有能驾驭整个基础架构堆栈的基础架构管理团队。大数据正在推动企业寻找更有效的方法移动和保护数据。而这一切都是由于数据资产对企业的价值不断上升，这使数据保护倡导者的角色成为企业走向成功的关键。

综上所述，基于框架和可扩展性的敏捷、集成的数据保护体系不再是一种奢侈品，而是现代企业生存与发展的必需品。

附录A
术语和缩略语词汇表

术语	描述
CapEx(资本支出)	前期基础设施或组件投资，通常在较长预算周期(如 1~3 年)内进行
Cascading Failure(级联故障)	一系列超过体系结构保护限制并导致数据丢失的两个或多个故障。例如，镜像中的第二个驱动器在前一个故障中替换第一个驱动器时发生故障，就是级联故障的一个例子
CDP(持续数据保护)	指与存储目标的实际写入流同时发生的复制形式。将写拦截器或拆分器插入数据路径中，用于目标存储系统的写操作也提交到备用存储系统。CDP 可是同步的(将确认信息回送给发出写操作的系统前，需要从主目的地和次要目的地获得写确认)，也可是异步的(在确认信息回送给发出写操作的系统前，只需要获得主目的地的写入确认)。对次要目标的写操作，可根据链接速度和/或配置的计时器在特定时段内进行缓存和发送
CLI(命令行界面)	可在命令行上执行的实用程序和选项(如 Windows 提示符或 PowerShell、UNIX shell/终端)
DevOps(开发和运营)	软件开发活动主要是为在一个组织内自动执行 IT 服务而设计的。软件开发活动要求开发人员和其他 IT 人员(尤其是基础架构人员)之间高度集成，并使用由所用基础架构供应商提供的功能强大的 API。DevOps 起源于敏捷开发方法，强调有规律的增量发布周期和持续的反馈和改进，而不是常年累月的大型开发
IOPS(每秒的输入/输出操作)	一种报告存储系统可执行的平均读/写操作数的通用机制。这在很大程度上取决于存储系统和工作负载，因此关键指标通常包括持续性和峰值。虽然还有其他因素，但从广义上讲，存储系统提供的 IOPS 越多，任何与存储相关的处理速度就越快

(续表)

术语	描述
LUN(逻辑单元号)	提供给操作系统的一种逻辑可寻址存储区，通常来自 SAN。虽然最初的 LUN 仅用于指代存储目标的特定 SCSI 地址，但现在通常用于指代 SAN 提供的逻辑磁盘
NAS(网络连接存储)	与 SAN 的概念类似，NAS 具有许多与访问系统无关的高级数据保护选项和管理，因此 NAS 的重点是基于文件的存储，而非基于块的存储
OpEx(业务支出)	短周期运行成本，如能源、备份介质(使用磁带时)以及最近云计算的单位成本，通常每月发生一次
Parity(奇偶性)	用于在存储系统中实现冗余的一种机制：奇偶校验是根据实际数据计算的，并且数据和奇偶校验都被写入。通常与 RAID 关联
RAID(独立磁盘冗余阵列)	一种保护存储在磁盘(硬盘驱动器或固态硬盘驱动器)上数据的机制，即使一个或多个驱动器发生故障，数据仍然能被读取。所需驱动器的数量、可同时发生故障的驱动器的数量以及 I/O 惩罚完全取决于所选的 RAID 级别。第 16 章详细介绍了独立磁盘冗余阵列
REST API	允许在被访问的系统和访问系统的应用之间进行无状态交互的编程接口。因为允许高度的可伸缩性和可扩展性，这受到 DevOps 和敏捷开发的青睐，在基础设施环境中尤其如此
Retention Lock(保留锁定)或 Governance Lock (管理锁定)	在写入时指定的保留时间或发出两步删除(数据管理员的命令和安全管理员的授权)之前，不能删除或修改数据的选项。这两种情况都包含在不同的政府监管定义中。某些情况下，可能需要完全基于保留的锁定，而在其他情况下，可能允许以安全人员为特征的双角色删除
ROI(投资回报)	由于实施特定流程、运营变更或部分基础设施而获得的具体效益(有形/可测量和无形)
RPO(恢复点目标)	允许丢失的数据量。如果 RPO 为 1 小时，则表示从最新的备份或数据生产活动执行恢复时，最多允许丢失 1 小时的数据
RTO(恢复时间目标)	执行指定恢复所需的最长时间。对于 RTO 倒计时是从发出请求时开始还是从恢复实际开始，这将因组织而异
SAS(串行连接的 SCSI)	SCSI 接口的原始形式(参见下面 SCSI)是并行的，这意味着多个设备可在一个链中连接在一起。SAS 是作为 SATA 的一种变体开发的，允许存储模块中的每个驱动器直接连接到存储底板，而不是按顺序连接

(续表)

术语	描述
SATA(串行 ATA 或串行 AT 嵌入)	一种商品级/消费级存储附件机制,常见于台式机和笔记本电脑,以及一些面向中小型办公室/家庭办公室的低成本存储系统。SATA 是经典的 IDE 连接机制的扩展,通过将每个驱动器直接连接到计算机的存储背板,可提供相当高的吞吐量
SCSI(小型计算机系统接口)	一种通用的连接协议(有时是物理接口),通常用于计算资源和存储系统之间的通信
SAN(存储区域网络)	一种磁盘阵列,表示从大量物理设备组装到多台主机的逻辑块存储。SAN 除了具有各种 RAID 级别外,通常还具有高级数据保护功能,所有这些级别都可独立于已映射到存储的主机进行管理
SLA(服务水平协议)	双方为达到特定操作目标而签订的合同。例如,在备份和恢复中,SLA 通常表示为备份时间、故障率和 RPO/RTO
SLO(服务水平目标)	优先的业务目标,这些目标不一定有合同义务
SSD(固态磁盘)	闪存或基于内存的存储技术(与传统的"旋转磁盘"相反)
WORM(一写多读)	传统上,WORM 是磁带的代表,是指在数据写入后对其应用合规性级别的保留锁定,以保证在由业务的存储、法律或法规合规性要求设置的特定时间范围之前不会进行修改或删除
ZLO(零损失目标)	有时指可用性要求为 100%的系统